信息技术

Information Technology

张保华　朱宝生 ◎ 主编

王　侃　程　剑　王美琼
李斐斐　丁　艺　严正宇 ◎ 副主编

人民邮电出版社

北　京

图书在版编目（CIP）数据

信息技术 / 张保华, 朱宝生主编. -- 北京：人民邮电出版社, 2023.9
高等学校应用型特色规划教材
ISBN 978-7-115-62349-2

Ⅰ. ①信… Ⅱ. ①张… ②朱… Ⅲ. ①电子计算机－高等学校－教材 Ⅳ. ①TP3

中国国家版本馆CIP数据核字(2023)第135042号

内 容 提 要

本书分为基础篇和拓展篇两部分，共 11 章。第一部分为基础篇，首先介绍信息和计算机的基础内容，然后详细介绍文档（Word）、电子表格（Excel）、演示文稿（PowerPoint）等办公软件的应用及基本操作，最后介绍信息安全的相关内容。第二部分为拓展篇，首先介绍大数据、网络与云计算、人工智能、物联网等领域的技术和相关应用，然后介绍程序设计的基础内容，并配有代码示例。

本书提供微课视频、电子课件、任务素材、拓展阅读、教学设计、习题答案等数字资源，易教利学，不仅可以作为零基础读者学习信息技术的自学用书，还可以作为信息技术相关课程的教材。

◆ 主　　编　张保华　朱宝生
　　副主编　王　侃　程　剑　王美琼
　　　　　　李斐斐　丁　艺　严正宇
　责任编辑　张晓芬
　责任印制　马振武

◆ 人民邮电出版社出版发行　北京市丰台区成寿寺路 11 号
　邮编 100164　电子邮件 315@ptpress.com.cn
　网址 https://www.ptpress.com.cn
　三河市兴达印务有限公司印刷

◆ 开本：775×1092　1/16
　印张：20.5　　　　　　　　　　　　　　2023 年 9 月第 1 版
　字数：492 千字　　　　　　　　　　　　2024 年 8 月河北第 2 次印刷

定价：64.80 元

读者服务热线：(010)81055493　印装质量热线：(010)81055316
反盗版热线：(010)81055315

前　言

"信息技术"课程是一门面向高等职业教育各专业学生的公共基础课程。本书严格按照新课标要求编写，全面贯彻新课标中关于教材、教法的核心思想与指导意见，落实国家关于职业教育相关文件的精神。信息技术教学是推进我国建设"网络强国、数字中国"的重要工作。

本书内容符合教育部高等职业学校信息技术课程标准的教学要求及课程设置要求，读者定位准确。本书内容设计合理、结构清晰、层次分明、架构完整，将信息技术的基础概念、专项技术知识引入实际应用，并进行了内容整合与统一规划。

读者通过学习本书，能够增强信息素养、提升计算思维、培养数字化创新能力、树立信息社会正确的价值观、增强责任感，为其职业发展、终身学习奠定基础。本书的编写团队多年来一直扎根教学一线，积累了丰富的教学经验，在编写时充分考虑了零基础读者的认知特点，以适配他们的认知规律为要求，以企业所需人才必备技能为目标，将工匠精神、优秀企业文化等元素融入案例素材，强化对高素质信息人才"安全可靠、自主可控"和自主创新意识的培养。

本书由基础篇和拓展篇组成。基础篇是必修内容，是零基础读者提升其信息素养的基础，包含信息概述、计算机基础、文档处理应用、电子表格数据处理应用、演示文稿应用和信息安全这6个单元。拓展篇是选修内容，是零基础读者深入理解信息技术、培养职业能力的基础，包含大数据技术、网络与云计算技术、人工智能技术、物联网技术、程序设计基础这5个单元。各校教师使用本书作为教材时，可结合地方资源、学校特色、专业设置和实际课时，自主确定拓展篇教学内容。

本书配套有微课视频、电子课件、任务素材、拓展阅读、教学设计、习题答案等数字资源，可通过扫描并关注下方的"信通社区"二维码，回复数字62349进行获取。本书配套的数字课程"计算机应用基础"已在国家职业教育智慧教育平台上线，读者可以登录网站进行在线课程学习。

"信通社区"二维码

编写团队在编写过程中参考了大量国内外相关文献，受益匪浅，特向这些作者表示诚挚的感谢！由于编写团队水平有限，本书难免存在疏漏与不足之处，敬请广大读者批评指正。

编 者

2023 年 7 月

目 录

· 基础篇 ·

第 1 章　信息概述 ··· 1

  1.1　信息的概念 ·· 1
    1.1.1　信息的定义 ·· 1
    1.1.2　信息的属性 ·· 2
  1.2　信息的载体与表现形式 ·· 3
    1.2.1　信息的载体 ·· 3
    1.2.2　信息的表现形式 ·· 3
  1.3　信息的分类 ·· 3
    1.3.1　动态信息和静态信息 ·· 3
    1.3.2　直接信息和间接信息 ·· 5
    1.3.3　社会信息和非社会信息 ··· 5
    1.3.4　数字化信息和非数字化信息 ··· 5
  1.4　信息的处理和应用 ·· 6
    1.4.1　信息的处理 ·· 6
    1.4.2　信息的应用 ·· 7
  1.5　信息的交换 ·· 7
    1.5.1　信息交换的概念 ·· 7
    1.5.2　信息交换格式 ··· 8
  1.6　信息的检索 ·· 9
    1.6.1　信息检索概述 ··· 9
    1.6.2　常用的搜索引擎 ·· 10
    1.6.3　信息搜索指令 ··· 12
    1.6.4　搜索引擎应用 ··· 14

习题与思考 ··· 16

第 2 章 计算机基础 ··· 17

2.1 计算机概述 ··· 17
  2.1.1 发展历程概要 ·· 17
  2.1.2 计算机的发展趋势 ··· 21
  2.1.3 计算机在现代信息技术中的角色与作用 ····························· 22

2.2 计算机的组成 ··· 25
  2.2.1 冯•诺依曼体系结构 ·· 25
  2.2.2 硬件系统 ·· 26
  2.2.3 软件系统 ·· 28

2.3 计算机工作原理 ·· 32
  2.3.1 计算原理 ·· 32
  2.3.2 数据及程序存储 ··· 39

2.4 计算机的分类 ··· 40
  2.4.1 客户端计算机 ·· 40
  2.4.2 服务端计算机 ·· 41
  2.4.3 嵌入式计算机 ·· 42

2.5 计算机的应用 ··· 44
习题与思考 ··· 45

第 3 章 文档处理应用 ·· 46

3.1 文档处理概述 ··· 46
  3.1.1 Word 简介 ··· 46
  3.1.2 文档通用处理流程 ··· 50

3.2 基础排版有章法——制作投标函 ·· 51
  3.2.1 任务设置 ·· 51
  3.2.2 任务实现 ·· 52
  3.2.3 能力拓展 ·· 54

3.3 图文混排有技巧——制作公司介绍页 ······································ 59
  3.3.1 任务设置 ·· 59
  3.3.2 任务实现 ·· 59
  3.3.3 能力拓展 ·· 70

3.4 表格排版有妙招——制作标书检查清单 ··································· 77
  3.4.1 任务设置 ·· 78
  3.4.2 任务实现 ·· 79

   3.4.3 能力拓展 ··· 87
 3.5 长文档排版更高效——标书长文档制作 ··· 89
   3.5.1 任务设置 ··· 90
   3.5.2 任务实现 ··· 90
   3.5.3 能力拓展 ··· 100
 3.6 文档在线协作 ··· 107
 习题与思考 ··· 109

第 4 章 电子表格数据处理应用 ··· 110

 4.1 电子表格软件概述 ··· 110
   4.1.1 Excel 简介 ··· 110
   4.1.2 电子表格通用处理流程 ··· 112
 4.2 电子表格创建有章法——创建项目人力资源信息表 ··· 116
   4.2.1 任务设置 ··· 116
   4.2.2 任务实现 ··· 117
   4.2.3 能力拓展 ··· 123
 4.3 数据计算有技巧——制作项目人力成本结算表 ··· 130
   4.3.1 任务设置 ··· 131
   4.3.2 任务实现 ··· 131
   4.3.3 能力拓展 ··· 137
 4.4 数据分析有妙招——项目结算清单数据统计分析 ··· 141
   4.4.1 任务设置 ··· 141
   4.4.2 任务实现 ··· 142
   4.4.3 能力拓展 ··· 146
 4.5 数据可视化更直观——项目结算清单图表制作 ··· 160
   4.5.1 任务设置 ··· 160
   4.5.2 任务实现 ··· 160
   4.5.3 能力拓展 ··· 161
 习题与思考 ··· 166

第 5 章 演示文稿应用 ··· 167

 5.1 PowerPoint 概述 ··· 167
   5.1.1 PowerPoint 简介 ··· 167
   5.1.2 演示文稿通用处理流程 ··· 169
 5.2 演示文稿有逻辑——项目实例 ··· 171
   5.2.1 演示文稿制作原则 ··· 171

  5.2.2 项目实例制作实现 173
  5.2.3 拓展演示文稿的功能表现 183
 习题与思考 198

第6章 信息安全 199
 6.1 信息安全概述 199
 6.2 信息安全技术策略 201
  6.2.1 信息加密技术 201
  6.2.2 病毒检测与防范技术 205
 习题与思考 207

·拓展篇·

第7章 大数据技术 209
 7.1 大数据概述 209
  7.1.1 大数据的概念 209
  7.1.2 大数据的特点 210
  7.1.3 大数据的结构 211
  7.1.4 大数据与物联网、云计算、人工智能 212
 7.2 大数据技术发展史 212
 7.3 大数据处理的基本流程 213
 7.4 大数据的主要技术 216
  7.4.1 大数据采集 216
  7.4.2 大数据预处理 216
  7.4.3 大数据存储 217
  7.4.4 大数据分析 217
 7.5 大数据分析的主流算法 217
 7.6 大数据技术在生活中的主要应用 218
 习题与思考 219

第8章 网络与云计算技术 220
 8.1 信息网络 220
  8.1.1 信息网络基本概念 220
  8.1.2 网络空间发展 221
 8.2 通信技术 221

8.2.1 通信技术基本概念 221
8.2.2 通信系统分类 222
8.2.3 通信网络性能指标 222
8.3 计算机网络 223
8.3.1 计算机网络基本概念 223
8.3.2 计算机网络分类 224
8.3.3 OSI 参考模型 226
8.3.4 TCP/IP 模型 227
8.4 云计算技术 228
8.4.1 云计算概述 228
8.4.2 云计算关键技术 230
习题与思考 231

第 9 章 人工智能技术 232
9.1 人工智能概述 232
9.1.1 人工智能概念 232
9.1.2 人工智能发展简史 232
9.2 人工智能的关键技术 233
9.2.1 模式识别 233
9.2.2 人工神经网络 235
9.2.3 机器学习 236
9.3 人工智能的应用 237
习题与思考 238

第 10 章 物联网技术 239
10.1 物联网概述 239
10.1.1 物联网的发展历程 239
10.1.2 物联网的概念 240
10.1.3 物联网与互联网的关系 240
10.2 物联网体系结构 240
10.2.1 物联网感知层 241
10.2.2 物联网网络层 241
10.2.3 物联网应用层 242
10.3 物联网感知技术 242
10.3.1 传感器技术 242
10.3.2 RFID 技术 246

10.4 物联网通信组网技术 248
　　10.4.1 ZigBee 技术 248
　　10.4.2 NB-IoT 技术 251
　　10.4.3 LoRa 技术 253
10.5 物联网技术应用 254
习题与思考 255

第 11 章　程序设计基础 256

11.1 程序设计概述 256
　　11.1.1 程序设计的基本概念 256
　　11.1.2 程序语言翻译基础 257
　　11.1.3 程序语言的字符集 259
　　11.1.4 程序设计结构 261
　　11.1.5 数据结构与算法 264
　　11.1.6 文件 276
11.2 Python 程序设计基础 276
　　11.2.1 Python 基础知识 276
　　11.2.2 Python 程序控制结构 287
　　11.2.3 Python 函数与模块 295
　　11.2.4 面向对象编程 302
　　11.2.5 Python 编程实例 308
习题与思考 315

参考文献 317

基础篇

第1章

信息概述

本章导学

◆ 内容提要

本章共分为 6 节，系统、全面地介绍信息的由来、概念、属性、表现形式、分类等内容，重点介绍不同情况下信息的搜索方式。

◆ 学习目标

1. 了解信息的由来。
2. 理解信息的概念、属性、分类等内容。
3. 掌握信息的定义、表现形式、处理及交换过程。
4. 熟练掌握信息的搜索方式，能灵活运用搜索方式查询资料。
5. 增强信息意识，提高信息素养，树立正确的信息价值观。

1.1 信息的概念

20 世纪初期，信件和口信、声音和影像、新闻和通知、数字和图表、信号等形式的内容无法用一个简单的词来概括它们。到了 1948 年，贝尔实验室的工程师开始使用 Information（中文为信息）一词来表达一些技术性概念，比如信息的数量、信息的测量等。后来信息论的创始人克劳德·艾尔伍德·香农（Claude Elwood Shannon）也采纳了这个词。

要想将 Information（信息）应用于科学领域，就必须给它赋予特定的含义。1948 年 10 月，香农在《贝尔系统技术学报》（*The Bell System Technical Journal*）发表的论文"A Mathematical Theory of Communication"（《通信的数学理论》）通常被人们看作是现代信息论研究的开端，为现代信息论的发展提供了重要的理论基础。

1.1.1 信息的定义

当我们在生活中听到"信息"这个词时，脑海中出现的其实是蕴含着信息所包含的信号。虽然我们生活在信息时代，但大部分人并不清楚信息到底是什么。

信息不仅体现了人类对自然世界事物变化和特征的反应，而且体现了事物之间相互作用和联系。从不同角度和不同层次来看，人们对信息概念有着多种理解。香农在论文《通信的数学理论》中提出："信息是用于消除随机不确定性的东西"。控制论的创始人诺伯特·维纳（Norbert Wiener）则认为："信息是我们在适应外部世界、感知外部世界的过程中与外部世界进行交换的内容。"

客观上，信息能够反映事物的真实情况，可以帮助人们理解和掌握真实情况。主观上，信息是可被接收和利用的，并（可能）指导人们的思维及行为。

1.1.2 信息的属性

信息必须依赖于载体而存在，具有客观性、普遍性、中介性、价值性、时效性、依附性、可传递性、可处理性、可共享性等特征。

1. 客观性

信息是事物特征和变化的客观反映。由于事物的特征和变化不受人类意志的影响，是一种不会因为人类意志的变化而变化的客观存在，因此，反映这种客观存在的信息具有客观性。

2. 普遍性

由于信息是事物存在方式和运动状态的反映，因此，信息是普遍存在的，并跟随事物的运动而运动，即信息无处不在、无时不有。

3. 中介性

信息是物质及其运动状态变化的表征，但信息又局限于物质本身。信息可以来源于精神世界，比如人类的思维就是一种信息，人类对问题的思考方式以及人类的思想、意志、情绪等都是信息。精神世界产生的信息具有一定的独立性，并可以被保存、复制或重现。信息具有中介性，普遍存在于物质世界和精神世界之中，是连通人类主观世界和客观世界的桥梁和工具。

4. 价值性

信息是人类社会发展的重要动力，是为人类服务的。它不仅可以为人类社会提供重要资源，还可以让人们通过它认识和改造客观世界。信息之所以能成为一种社会资源为人类所用，是因为它具有价值性。信息的价值性使得人们不断接收新的信息，获得新的知识，实现更高层次的发展，从而达到认识世界、改造世界的目的。信息价值的大小取决于信息所含的知识量。

5. 时效性

信息是事物存在方式和运动状态的反映，会伴随着客观事物的不断变化而变化，因此，人们获取信息的目的是利用信息。信息只有在特定的时间、地点和条件下被传递出来并适用于需求者，才有存在的价值。信息的价值在于能够被需求者用来为社会创造出更多的财富。然而，信息的价值会随着时间的推移而逐渐减小，因此，时效性是信息的重要特征。

6. 依附性

信息是一种抽象的运动，这种抽象的运动包含特定的内涵。当这种抽象的内涵不能被人感知，也不能被传递时，它就不能被称为信息。真正意义上的信息不能单独存在于载体之外，必须借助于载体才能存在、存储和传递。信息和信息载体密不可分，如果将信息和信息载体分割开来，那么两者都会失去存在的意义，如光盘及其所存储的视频。

7. 可传递性

信息的可传递性体现在两方面：一方面，信息要依附于一定的物质载体，借助信道进行传递；另一方面，人们必须依赖于信息的传递来获得信息。

8. 可处理性

信息是事物存在方式和运动状态的反映，但这种反映有时是错误的或表象的。人们若要正确利用信息，就要对其进行收集、加工、整理、抽象和概括。通过整理筛选、去粗取精、去伪存真、由此及彼、由表及里的方法对信息进行加工和转化，使其展现效果更好。例如，拍摄的视频通过后期处理可以展现出更好的效果。

9. 可共享性

信息与一般的物质资源不同，它不属于特定的占有对象，可以被多人共同使用的，比如实物在转赠之后，就不再属于原主人；而信息通过双方交流后，可以同时属于交流双方。因此，信息的可共享性是通过传递、扩散来实现的。

1.2 信息的载体与表现形式

信息是通过载体表现出来的，我们听到的声音、看到的景象、读到的文字都蕴含着丰富的信息，所以说，信息离不开载体。

信息的载体有两种：一种是呈现信息的媒介，如文字、声音、图形、图像、视频等；另一种是指存储和传递信息的物理介质，如纸张、胶片、磁盘、光盘等。

1.2.1 信息的载体

信息载体是指在信息传播中携带信息的媒介，是信息赖以存在的物质基础，即用于记录、传输和保存信息的实体。信息载体包括运用声波、光波、电磁波来传递信息的无形载体，以及运用纸张、胶卷、胶片、磁带、磁盘传递和保存信息的有形载体。

信息本身不是实体，只是消息、情报、数据和信号中所包含的内容，必须依靠某种媒介进行传递。信息载体的演变促进了人类信息活动的发展。

1.2.2 信息的表现形式

信息表现为在音信、通信系统中被传输和处理的对象，人们可以通过获得、识别自然界和社会的不同信息来区别不同的事物。

信息的表现形式反映出客观世界中客观事物的运动状态和变化。基于客观事物之间相互联系和相互作用的表征，信息可以更好地将客观事物的运动状态和变化的实质内容表现出来。

信息的表现形式反映出事物内部的属性、状态、结构及它们之间的相互联系，以及事物与外部环境的互动关系，从而有效降低事物的不确定性。

1.3 信息的分类

1.3.1 动态信息和静态信息

动态信息和静态信息是相对而言的。

1. 动态信息

动态信息是指反映某项工作、某个活动的进程或某一事件的发展情况。动态信息的内容着重说明已经发生或正在发生的客观情况，它涵盖了已经发生的事件或正在进行的活动，比如会议的举办、科研成果的发布、知名人物参加的活动。动态信息可以让人们可以更好地了解当前的客观情况，以采取有效措施来应对这些变化。

动态信息强调时效性，其生命周期很短。动态信息的收集、加工、存储和传递与其他类型的信息不同，它对接收主体的要求很高。人们需要具备相关的知识背景和分析能力，才能判断和利用动态信息。

与其他类型的信息相比，动态信息最突出的特点是它以描述事物运动变化过程为目的，因此，并非所有的信息都是动态信息。此外，动态信息还有许多鲜明的特点，归纳起来大致有以下6个方面。本书以信息工作者为例，介绍动态信息的这些特点。

（1）变化性

变化性是动态信息最显著的特征。它是指信息工作者应随着事物、事件的发展而采集信息，追踪事件的全过程及每个重要的变化。这是一个连续的、完整的过程，信息工作者在这个过程中要能够准确地捕获每一个细节的变化，以便更好地描述事件的发展过程。信息工作者描述事件时不能有头无尾、半途而废，特别是对于正在报送的事件，一定要有事件的最终结果，或与其相关的决策在实施后的效果，这样才能使关注者及时、准确地掌握事物发展动向，并根据实时情况做出适当的决策或修正决策，最终达到解决问题的目的。

（2）广泛性

一切客观事物都处于不断地发展之中，而客观事物在某一时间和空间内的发展情况，以信息的形式反映出来就是动态信息。动态信息具有广泛性，其体现形式多种多样，诸如社会动态、工作动态、重大活动、思想动态等。

（3）时效性

时效性是时间和效果的统一，它是动态信息的"生命"。没有时效性，动态信息就无法发挥其价值。当客观事物处于持续的变化之中时，动态信息作为客观情况，要及时反映客观事物变化状态。如果不能及时发现和处理动态信息，等到信息被传递给需求者时，客观事物已经处于新的状态之中了，这将会导致决策的滞后，甚至造成巨大的损失。把握住动态信息的时效性，也就掌握了动态信息的关键。

（4）记叙性

动态信息虽然可以反映客观事物的变化，并从中体现出客观事物发展的趋势，但它注重反映客观事物已发生的变化和正在发生的变化，而不能对客观事物发展进行分析。此外，动态信息也不强调对客观事物进行演绎和归纳、抽象和概括，而是注重对事物发展状况进行跟踪、如实报道，因此，准确反映客观事物的发生、发展、终结，以及其进程、规律、特征、效应等，是动态信息的核心要义。

（5）初级性

动态信息往往是原始的信息材料经初步加工而成的。例如，在反映一个地区、部门或单位的工作动向和面临的问题时，动态信息能够起到及时沟通的作用，为信息工作者提供有价值的信息，帮助他们实时掌握具体情况并迅速作出反应。需要注意的是，动态信息的初级性是就其处理的方法而言的，信息工作者必须具备敏锐的观察力和强烈的责任感，才能更好地洞悉事件变化的本质。

（6）简明性

动态信息重在简单明了地反映客观事物的情况。例如，信息工作者在传达事件情况时，一般要简短、清晰易懂、目的明确地快速传达重要信息。

2．静态信息

静态信息是不随时间变化而变化的信息，能够长时间保持其原有状态。例如文献资料就是一种静态信息。

静态信息是反映历史情况的，即反映已经发生的活动的相关情况，从而使人们更好地了解历史情况。

1.3.2 直接信息和间接信息

从信息的获取渠道来看，信息可被分为直接信息和间接信息。

直接信息是指信息和信源的状态无联系，不需要作解释。间接信息是指信息和信源的状态有关系，但这种关系比较复杂，需要进行解释。

1．直接信息

直接信息多指事实或现象所包含的信息，即直接感知事物运动所获得的信息，如人们通过亲眼看到、亲耳听到、亲自触摸等方式所获得的信息，即从人的直接经验中获得的信息。

2．间接信息

间接信息多指人们付出一定的成本（如时间、金钱），通过相关途径（如图书）获得对客观事物的认知。间接信息需要通过分析才能获得。

1.3.3 社会信息和非社会信息

1．社会信息

社会信息（文化信息）是人际传播的信息，包括一切由人创造的、具有广义社会价值的文化形态和观念形态的信息。

2．非社会信息

非社会信息（自然信息）是一切非人际传播的信息，表现为自然界物质系统以质、能波动形式呈现的自身状态和结构，以及环境对人的自然力作用，如生物信息、矿产信息、天体信息等。

1.3.4 数字化信息和非数字化信息

当今时代是信息化时代，而信息的数字化也越来越为人们所重视。剑桥大学的教授巴比奇早在 1830 年就提出了一个重要的想法：只要能将信息转换为数字，那么就可以用机器来处理信息了。

直到 20 世纪 30 年代末，科学家才找到用 0 和 1 作为代码的方法来转换信息，这样任何种类的信息都可以被转换成只用 0 和 1 表示的数字形式。因此，互联网上的一切信息无论看起来多么复杂，最终都是 0 与 1 的排列组合。例如，1 进行数字化后变成了 00000001，4 进行数字化后变成了 00000100，8 进行数字化后变成了 00001000，字母 A 进行数字化后变成了 01000001。

1．数字化信息

信息的数字化是指将连续变化的输入信号转化为一串离散的单元，这些单元在计算机中用 0 和 1 表示。这种转换通常需要用模数转换器来完成。

2．非数字化信息

在输入文字时，用户在输入设备上键入文字的输入码，计算机根据特定的输入字典或转换函数，将输入码映射到对应的内码上，整个输入过程才算完成。计算机在对文字信息进行加工和处理时所采用的都是唯一的内码。在进行输出时，计算机不能输出内码，但可根据特定的输出字典或转换函数，将内码转换成唯一对应的字形来表示，并利用软件或硬件的方法，控制显示设备或打印设备完成输出过程。

以模拟信号为例，模拟信号（非数字化信息）变为数字信号（数字化信息）一般需要经过采样、量化和编码这 3 个过程。

采样的作用是对连续的模拟信号按照一定的频率进行取值，从而获得一系列有限的离散值。采样频率越高，得到的离散值越多，数字信号和原来的模拟信号越接近。

量化的作用是把采样后样本数值的范围分为多个区间，将某区间中的所有样本值用同一个数值表示，用有限个离散值来代替连续的模拟信号。

编码的作用是把离散值按照一定的规则转换为二进制码，也就是数字信号。

1.4 信息的处理和应用

1.4.1 信息的处理

信息处理是获取原始信息后，采用某种方法，按一定的目的和步骤对原始信息进行加工，使其转变成可被利用的有效信息的过程的总称。信息处理的步骤包括信息的采集（获取）、存储、加工、传输和表示。

1．信息的采集

信息的采集是指管理人员根据一定的目的，通过各种不同的方式搜索自己所需要的信息，对分散、凌乱的信息加以甄别、提炼、整理，并获得有效信息的过程。

2．信息的存储

将信息内容以有形的形式被存储在纸质载体上或计算机中。

在信息技术中，大容量的计算机存储设备被用来存储数据，它在可靠性与永久性上具有很大优势。

3．信息的加工

信息的加工是指对所采集的、通常显得杂乱无章的信息进行鉴别和筛选，使其变得条理化、规范化、准确化的过程。在计算机中，人们可以通过计算机程序对信息进行处理，从而获得有用的信息。计算机程序为人们提供了快速、准确处理信息的功能。

4．信息的传输

信息传输是一种有意识地将信息传递给不同的主体，运用存储的信息解决管理中具体问题的过程。

在信息技术中，信息传输是将消息从一端通过命令或状态信息的形式经信道传送到另一端，并被对方所接收的过程，该过程包括传送和接收。信息传输可以通过网线、光纤等有线通信方式完成，也可以通过微波、卫星等无线通信方式完成，可以发现，传输介质分有线和无线两种。信息在传输过程中不会被改变，信息本身也不能被直接传送或接收，因此信息的传输必须有载体，如数据、语音、信号等方式，且传送方和接收方要对载体进行共同解释。

5．信息的表示

在计算机系统中，多媒体把多种传统的信息展示方式（如文字、图像、声音等）有机地结合在一起，使信息呈现出更加丰富的表现效果。

1.4.2 信息的应用

信息被应用在各个领域，如电子信息、通信、过程控制、人工智能等领域。

1．电子信息领域

在电子信息领域中，模拟信号或数字信号经过放大、滤波、转换等处理，被转变为所需的信息。

2．通信领域

随着互联网的发展，信息与通信技术相融合，覆盖了通信设备和应用软件，比如收音机、电视机、移动电话、计算机、网络硬件和软件、卫星系统等；以及与之相关的多种服务，例如视频会议和远程教学。信息在通信领域的应用在不断地影响着人们的生活、工作和学习。

3．过程控制领域

使用计算机实时控制信息的采集和监测，根据选定的控制模型对信息进行加工处理，使被控对象按需进行自动调节。在现代大型企业的厂房里，计算机普遍用于生产过程的自动控制，例如，在化工厂中，计算机用于控制配料、温度、阀门的打开和关闭等；在炼钢厂车间里，计算机用于控制加料、炉温、冶炼等。

4．人工智能领域

人工智能的研究范围包括知识的表示、自动推理和搜索方法、机器学习和信息获取、信息处理系统、自然语言理解、计算机视觉、智能机器人等应用领域。近年来，人工智能技术已具体应用于机器人、医疗诊断、计算机辅助教育、地质勘探、快递包裹分拣、推理证明等多个领域。

1.5 信息的交换

1.5.1 信息交换的概念

信息交换是指数据在不同的信息实体之间进行交互的过程，其目标是在异构环境中实现数据的共享，从而有效地利用资源，提高整个信息系统的性能，加快信息之间的数据流通，实现数据的集成和共享。

在分布式网络环境下，不同的位置、平台和格式的数据通过统一的交换标准被展现给异构系统，实现信息交换和信息系统集成。

主流的信息交换系统由信息交换中心与业务端的信息交换组件构成。

1. 信息交换中心

信息交换中心接收从客户端发送的数据，通过信息交换中心服务器对该数据进行转发，或者从业务端应用数据库中提取需要发送的数据，将其存储到共享信息数据库中。共享信息数据库是信息共享交换系统的核心，存储了各客户端向外发布的信息和从其他客户端交换的信息。共享信息数据库可以有效保护各客户端应用系统的独立性和安全性。

2. 业务端的信息交换组件

如果某个客户需要将自己的业务应用系统接入到某个统一的信息共享交换系统中，那么他只需要安装信息共享交换系统应用业务端的组件。在不需要修改其业务应用系统的情况下，该客户的业务应用系统便可以实现与统一的信息共享交换系统进行信息交换。这种组件的主要功能是实现不同业务应用系统中的数据与统一标准的数据之间的相互转换，以及业务应用系统与信息交换中心服务器的交互，达到发送和接收数据的目的。

1.5.2 信息交换格式

信息交换过程中往往会出现信息类型不相同的情况。在计算机中，为了加快信息之间的流通速度，提高信息的传输效率，计算机系统会将不同格式的数据文件按使用要求进行格式转换，使其格式成为目标格式。

1. 数字（值）数据文件

数字（值）数据文件通常以指标数值表示信息的定量属性。在用这些指标表示信息时，因不同领域的核算体系存在一定的区别，所以这些指标会被进一步划分为如业务、财会、经济、统计等不同领域的指标。用术语"指标"表示信息必定伴随着另一种用数字或字符形式表示的信息属性，即数字代码或字符代码——就是用数字或字符作为记号，与原来的信息一一对应。

2. 文本数据文件

文本数据文件大多来源于学术论文、新闻、图书等资料，这些资料需要经过人工筛选和编辑，才能形成文件汇编或资料册。借助计算机，这些资料可通过人工录入或计算机扫描的方式转换成文本数据文件（如".txt"".doc"格式文件）。

3. 音频数据文件

音频数据文件以模拟信息的形式出现，这种形式的文件在进入计算机之前必须先进行数字化处理。数字音频技术为人们提供了美好的音频体验，荷兰飞利浦公司和日本索尼公司制定的CD-DA标准对音频的数字编码方式、错误校正、光盘尺寸、物理特性等均做了严格规定。

音频数据文件还有一种形式，那就是通过音乐设备数字平台编辑的音频数据文件，该平台由音阶、音色、定时器等模块构成。乐器数字接口（Music Instrument Digital Interface，MIDI）是一种为解决电声乐器之间通信问题的通用通信协议，目前已成为国际标准。其他音频数据文件的标准格式有：音频交换文件格式（Audio Interchange File Format，AIFF）、脉冲编码调制（Pulse Code Modulation，PCM）、波形文件格式 Waveform、资源交换文件格式（Resource Interchange File Format, RIFF）。

4．图形图像数据格式

计算机处理的图形、图像、动画等数据主要指位图和矢量图。位图是指以比特（bit）为单位的图像存储单元，描述图形或图像色彩和强度的文件。矢量图是指对直线、圆形、矩形等几何图形做出定量、定性描述的文件，它可以定义几何图形的形状、大小、空间位置等内容。计算机在处理矢量数据时，可以借助软件将其转换成矢量图并显示在屏幕上。矢量图可进行多种复杂的操作，如放大、缩小、翻转、扭曲、镜像和弯曲。

5．数据压缩

有时，图形、图像、视频的数据量是非常大的。要高效地传输及处理这些数据，就必须采用数据压缩技术进行压缩。国际标准化组织（ISO）、国际电信联盟（ITU）和国际电工委员会（IEC）分别制定了多种数据压缩标准。

1.6 信息的检索

1.6.1 信息检索概述

1．信息检索概念

信息检索是用户查询和获取信息的主要方式。信息检索有广义和狭义之分，广义的信息检索被称为信息存储与检索，是指将信息按一定的方式组织和存储起来，并根据用户的需要找出有关信息的过程；狭义的信息检索通常被称为信息查找或信息搜索，是指从信息集合中找出用户所需要的有关信息的过程。狭义的信息搜索包括三方面：了解用户的信息需求、信息搜索的技术或方法、满足用户的信息需求。

一般情况下，信息检索指的是广义的信息检索。信息的存储是实现信息检索的基础，在这里，存储的信息不仅包括原始文档数据，还包括图像、视频、音频等形式的数据。这些原始信息会先进行计算机语言的转换，然后被存储在数据库中，否则机器将无法进行识别。当用户输入查询请求后，检索系统根据用户的查询请求在数据库中搜索与查询相关的信息，通过一定的匹配机制计算出信息的相似度，并按相似度从大到小的顺序对信息进行转换和输出。

2．信息检索方法

以存储载体和实现查找的方法为标准，信息检索方法可被划分为手工检索、机械检索、计算机检索。在计算机检索中，发展比较迅速的是网络搜索。

（1）手工检索

手工检索是一种以手工翻检的方式，利用文献（如图书、期刊等）来检索信息的方法。手工检索具有简单、灵活、容易掌握等特点，但是存在费时、费力等不足。特别是进行专题检索和回溯性检索时，相关人员需要翻检大量的资料并反复查询，这不仅会花费大量的人力和时间，而且很容易造成误检和漏检。

（2）机械检索

机械检索是一种利用某种机械装置来处理和查找文献的检索方式。根据使用的机械设备和信息载体的不同，机械检索可被细分为：穿孔卡片检索和缩微品检索。

（3）计算机检索

计算机检索指人们在计算机或其他终端上，使用特定的搜索指令、搜索词和搜索策略，从搜索系统的数据库中搜索信息,继而在终端设备显示或打印搜索结果的过程。计算机检索具有方便快捷、功能强大、获得信息的类型多、检索范围广泛等特点。

根据搜索方式与计算机的通信方式不同,计算机检索可以被分为:脱机搜索、联机搜索、光盘搜索、网络搜索。本书将重点介绍网络搜索。

1.6.2　常用的搜索引擎

搜索引擎是指特定的计算机程序,该程序能够根据一定的策略从互联网上采集信息,对信息进行组织和处理,为用户提供搜索服务,并将搜索的相关信息展示给用户。搜索引擎的目的是提高人们搜集和获取信息的速度,为人们提供更好的网络使用体验。从功能和原理上来看,搜索引擎可以分为全文搜索引擎、目录搜索引擎、元搜索引擎、垂直搜索引擎等四大类。

1. 全文搜索引擎

全文搜索引擎是利用爬虫程序抓取互联网上相关文章予以索引的搜索方式,适用于一般的网络用户。这种搜索方式方便、简捷,容易获得相关信息,但搜索到的信息过于庞杂,因此用户需要逐一浏览并甄别搜索到的信息。在用户没有明确搜索意图的情况下,这种搜索方式会非常有效。此类常见的搜索引擎有百度、搜狗搜索、微软必应(Microsoft Bing,简称必应)等。

(1)百度

百度拥有"超链分析"技术专利,每天响应来自100余个国家和地区的数十亿次搜索请求,是人们获取中文信息和服务的主要入口,服务的互联网用户量达10亿。百度如图1-1所示。

(2)搜狗搜索

搜狗搜索是常见的另一个搜索引擎。搜狗搜索从用户需求出发,采用相关算法分析和理解用户的查询意图,对不同的搜索结果进行分类,对相同的搜索结果进行聚类,帮助用户精准、快速搜索到自己需要的内容。搜狗搜索如图1-2所示。

图1-1　百度

图1-2　搜狗搜索

(3)必应

必应是微软公司发布的搜索引擎,如图1-3所示。

图1-3　必应

2. 目录搜索引擎

目录搜索引擎是网站内部常用的搜索方式。这种搜索方式可以对网站内的信息进行整合处理,并将搜索结果分目录地呈现给用户,但其缺点在于用户需要预先了解网站的内容,并熟悉网站的主要模块。著名的目录搜索引擎有新浪网、搜狐网等。

新浪网的资源分为几大类,包括新闻、财经、科技、体育、娱乐、汽车、博客、视频、房产、时尚、教育、图片、微博、旅游和游戏,新浪网主页如图 1-4 所示。新浪网除了提供分类目录浏览外,还提供关键词搜索服务:用户选择信息类型,输入关键词后便可进行站内搜索。

图 1-4　新浪网主页

3. 元搜索引擎

元搜索引擎是一种基于多个搜索引擎结果,对这些结果进行整合和处理的二次搜索方式,用于广泛、准确地收集信息。不同的全文搜索引擎的性能和信息反馈能力存在差异,各有所长。元搜索引擎恰恰解决了这个问题,实现了全文搜索引擎间的优势互补,使各个搜索引擎得到更加充分且有效的利用,提高搜索效率。

Metacrawler 是一种元搜索引擎,由华盛顿大学于 1994 年推出,提供涵盖近 20 个主题的目录搜索服务,支持调用谷歌(Google)、雅虎(Yahoo)等独立搜索引擎,可以搜索网页、新闻、图片、视频等多种资源。Metacrawler 主页如图 1-5 所示。

图 1-5　Metacrawler 主页

4. 垂直搜索引擎

在信息爆炸的今天,如何有效获取信息呢?大家可能会习惯性地用使用互联网搜索。搜索到的结果中除了需要的内容外,还会出现不少关联不大的结果,使我们不得不在这些结果中寻找所需信息。

垂直搜索引擎是对某一个特定行业内的数据进行快速搜索的一种专业搜索方式。垂直搜索引擎适用于有明确意图的搜索,能够准确、迅速地获得相关信息。例如,用户在购买机票、火车票时,可以直接选用携程旅行网、中国铁路 12306 网站等垂直搜索引擎,因此,垂直搜索引擎的特点是专、精、深,而且具有浓烈的领域色彩。常用的垂直搜索引擎如表 1-1 所示。

表 1-1 常用的垂直搜索引擎

搜索内容	垂直搜索引擎	搜索内容	垂直搜索引擎
标准	工标网、中国标准化研究院、国家标准馆	程序代码	Searchcode
专利	国家知识产权公共服务网	学术论文	中国知网、万方数据知识服务平台、百度学术
图片	百度图片、Pixabay、Pexels	视频	搜库、央视频
音乐	网易云音乐	音效	FindSounds
网盘	小猪快盘、百度网盘	电子书	鸠摩搜索、世界数字图书馆
工作	智联招聘、前程无忧	地图	百度地图、搜狗地图
美食	美团网	商品	淘宝网、京东网
旅游攻略	去哪儿网、马蜂窝网	出境游	穷游网
健身	Keep App	烹饪	下厨房网、美食杰网
火车票	中国铁路 12306 网站、携程旅行网	机票	携程旅行网、飞常准 App
住宿	途家网、携程旅行网	医疗	平安好医生

1.6.3 信息搜索指令

很多人在信息搜索时，会直接输入关键词进行搜索，但是经常得到自己不太想要的结果。信息搜索指令可以提升搜索准确率，达到事半功倍的效果。

1. 双引号指令

双引号指令用于精准信息的查找。在搜索时，如果关键词过长或者关键词是英文句子，那么搜索引擎会根据相应的规则对关键词进行拆分，同时会去掉一些没有搜索意义的虚词。如果不想让搜索引擎对关键词进行拆分或去词，那么可以给关键词加上双引号。

如果想搜索 Metacrawler 元搜索引擎的使用方法，则可以在搜索引擎[①]中直接输入关键词 metacrawler 的使用，得到的搜索结果如图 1-6 所示。从图 1-6 中可以看出，搜索结果中除了包含关键词 metacrawler 的使用的搜索结果，也包含关键词 metacrawler 或使用的搜索结果，相关结果共有 227000 个。给关键词 metacrawler 的使用加上双引号，代表完全匹配搜索，那么这时的搜索结果只有 8 个，这些结果包含所有关键字且字符顺序也一致，如图 1-7 所示。

图 1-6 未使用双引号指令的搜索结果

图 1-7 使用双引号指令的搜索结果

---

① 本书中展示了多个搜索引擎的搜索结果，读者可以从展示的搜索结果中了解具体所用的搜索引擎。

2. 加号指令

若需要关键词 A 和 B 同时出现搜索结果中，则可以使用加号指令（+）。例如，如果想让搜索结果中同时出现关键词物联网和就业，就可以用加号指令（+）将这两个关键词连接起来，其搜索结果如图 1-8 所示。

3. intitle 指令

intitle 指令用于限定搜索标题中所包含的关键词，这样可以去掉一些相关度低的内容，提高搜索结果准确率。它的使用语法为：关键词 intitle:限定关键词。例如，如果想了解与酒店的智能家居解决方案相关的信息，不需要和酒店无关的信息，那么搜索关键词可以为：智能家居解决方案 intitle:酒店，将酒店限定在搜索标题中，屏蔽与酒店无关的智能家居解决方案信息，其搜索结果如图 1-9 所示。

图 1-8　使用加号指令的搜索结果

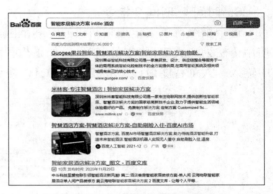

图 1-9　使用 intitle 指令的搜索结果

4. filetype 指令

filetype 指令用于搜索特定格式的文件，可将搜索结果限定为某种文件类型，其使用语法为：关键词 filetype:所需文件的格式，文件格式可以是 PDF、DOC、PPT、JPG 等。如果想要关键词 excel 函数大全的搜索结果为 Word 文档，那么在关键词 excel 函数大全的后面加上 filetype:doc，就可以搜索出相应文档了，其搜索结果如图 1-10 所示。

图 1-10　使用 filetype 指令的搜索结果

5. site 指令

site 指令可以将搜索结果限定在某个网站中。如果知道某个网站中有自己需要的内容，就可以使用 site 指令把搜索范围限定在该网站中，它的使用语法为：关键词 site:网站域名。比如我们想在搜狐网搜索"一带一路"相关的信息，可以在搜索引擎输入一带一路 site:sohu.com，得到的搜索结果如图 1-11 所示。

图 1-11　使用 site 指令的搜索结果

6．时间 1..时间 2 指令

这个指令可以限定搜索结果的时间范围，有助于读者了解特定时间范围内的信息，其使用语法为：关键词 年份..年份。如果想了解人工智能的最新进展，那么可以在搜索引擎中输入：人工智能最近进展 2020..2021，得到的搜索结果如图 1-12 所示。

图 1-12　使用时间 1..时间 2 指令的搜索结果

1.6.4　搜索引擎应用

要想提高搜索效率，首先要能准确提炼关键词，然后利用搜索指令或不同的搜索引擎来多维度地获取有效信息。接下来我们通过一个案例介绍多维度获取信息的方法。

案例：马上要进行全国大学英语四级考试了，你需要一些考试真题来模拟练习，那么该如何获取资源呢？

1．在搜索引擎中直接搜索

你可以直接在百度中搜索关键词英语四级考试真题，得到的搜索结果如图 1-13 所示。我们可以在搜索词中使用 filetype 指令限制文件类型为 DOC，得到的搜索结果如图 1-14 所示。在搜索的过程中适时地调整关键词，添加恰当的语法指令，可以使搜索结果更为明确、直观，从而大大提高搜索效率。

图 1-13　英语四级考试真题的搜索结果

图 1-14　英语四级考试真题 filetype:doc 的搜索结果

读者也可以在必应（国内版）上进行搜索，得到的搜索结果如图 1-15 所示。

图 1-15　英语四级考试真题的必应检索结果

2．利用高级搜索

我们使用图 1-16 所示的百度高级搜索，关键词英语四级考试真题，其中，设置搜索结果为包含全部关键词，并且关键词在标题中；设置时间为最近一年；设置文档格式为微软 Word（.doc），得到的搜索结果如图 1-17 所示。高级搜索可以同时限定多个条件，使用户可以更容易获得所需资源。

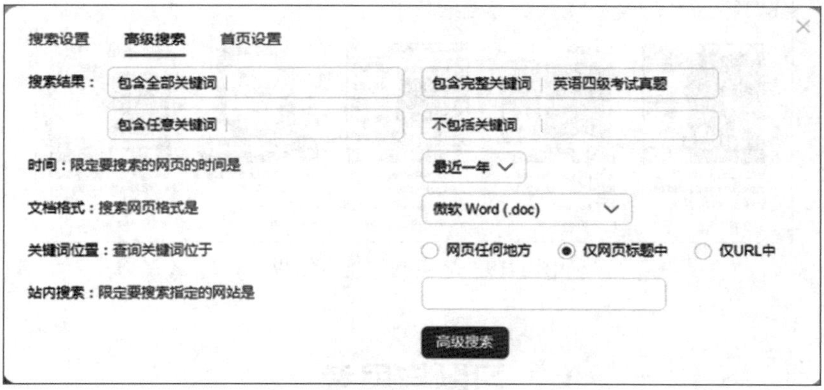

图 1-16　百度高级搜索

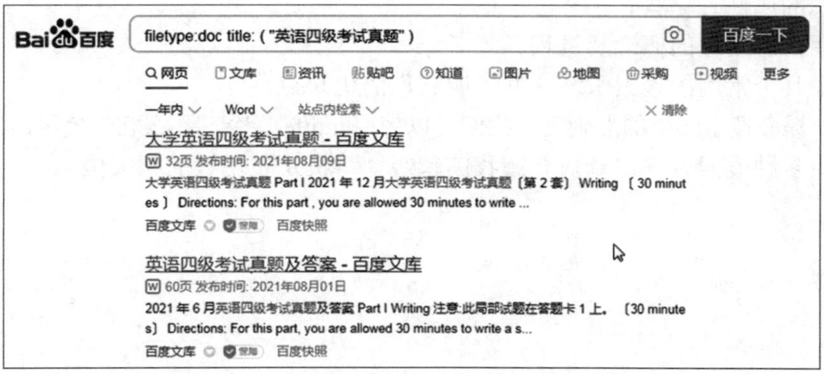

图 1-17　使用百度高级搜索得到的搜索结果

3. 在垂直搜索引擎中进行搜索

我们可以使用网盘搜索工具小猪快盘搜索关键词英语四级考试真题，得到的搜索结果如图 1-18 所示。

图 1-18　小猪快盘的搜索结果

4. 使用淘宝网直接搜索

我们还可以在淘宝网中直接搜索关键词英语四级考试真题，获得相关资源，如图 1-19 所示。但是这里的资源需要购买。

图 1-19　淘宝网的搜索结果

习题与思考

1．信息的属性有哪些？
2．说明信息处理的概念及过程。
3．列举几个常用的搜索引擎，并说明它们的优缺点。
4．为了提高搜索结果的准确度，我们可以使用 intitle 指令，那么它的使用语法是什么？
5．利用多种搜索方法，查找介绍我国超级计算机发展现状的相关信息。

第 2 章

计算机基础

本 章 导 学

◆ 内容提要

本章共包含 5 节，从计算机的产生出发，系统地介绍计算机的发展历程，详细阐述计算机的系统组成、工作原理与分类。

本章重点内容是计算机的系统组成及工作原理。

◆ 学习目标

1. 了解计算机的发展历史、分类与应用。
2. 掌握计算机软硬件系统的主要组成部分。
3. 掌握数制的基本概念和非数制信息的转化方法。
4. 理解数据和指令在计算机内的存储和执行方式。
5. 理解计算机如何在各行业发挥信息处理作用。

2.1 计算机概述

2.1.1 发展历程概要

艾伦·图灵（Alan Turing）是一位英国数学家、逻辑学家，被称为计算机科学理论之父、人工智能之父。1936 年，他提出了一种可通用于各种应用场景的计算设备的设想。他认为，有这样一台理想的机器，它可以处理各种复杂的任务，所有的计算都可以在这台机器上执行。这就是现在所说的图灵机。

1. 数据处理器

在讨论图灵模型之前，我们先将计算机定义为一个通用数据处理器。按照这种定义，计算机可以被看作一个接收输入数据、处理数据并产生输出数据的黑盒，其模型如图 2-1 所示。

计算机模型可以表示为一台用于完成某一种特定任务而设计的专用计算机或者处理器，

输入数据 ────→ 计算机 ────→ 输出数据

图 2-1 计算机模型

比如用于控制室内的温度或者湿度。但是这种模型并未明确所能够完成的操作类型和数量，因而它被改变为图灵模型来反映如今计算机的处理流程。

2．图灵模型

图灵模型是一种可编程数据处理器，可以更好地适用于通用计算机。该模型添加了一个极为重要的元素——将程序加载到计算机中，这里的程序是指用于告诉计算机对数据进行哪些处理的指令集合。图 2-2 展示了图灵模型。

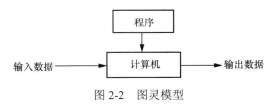

图 2-2　图灵模型

在图灵模型中，输出数据取决于两个因素：输入数据和程序。对于相同的输入数据，如果改变程序，则可以产生不同的输出数据。类似地，对于相同的程序，如果改变输入数据，则输出数据也将不同。当然，如果输入数据和程序保持不变，那么输出数据也将保持不变。

（1）相同的程序，不同的输入数据

图 2-3 显示了对于相同的程序，在输入不同的数据时图灵模型的输出数据。可以看出，尽管程序相同，但是由于输入数据不同，因而输出数据也不同。

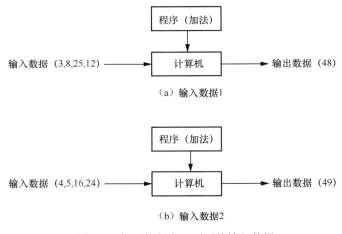

图 2-3　相同的程序，不同的输入数据

（2）相同的输入数据，不同的程序

图 2-4 显示了对于不同的程序，在输入相同的数据时图灵模型的输出数据。不同的程序使计算机对相同的输入数据执行不同的操作：第一个程序是使所有的输入数据相加，第二个程序是使输入数据按从小到大的顺序进行排序，第三个程序是找出输入数据中的最小值。

基于图灵模型的图灵机是对现代计算机的首次描述，只要提供合适的程序，该机器就可以对输入的数据进行运算。用户需要做的只是给图灵机提供数据及用于描述如何运算的程序。

基于图灵模型制造的计算机只是在存储器中存储数据。1945 年，冯·诺依曼发现程序与数据在逻辑上的本质是相同的，因此将程序也存储在计算机的存储器中，从而实现了数据与程序的有效传输和处理。

第 2 章 计算机基础

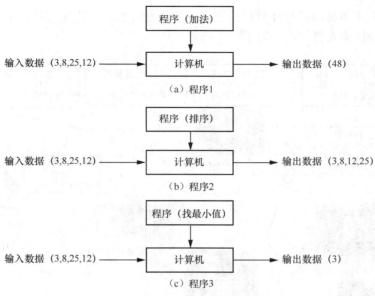

图 2-4 相同的输入数据，不同的程序

3．ENIAC

1930—1950 年是电子计算机开始萌芽、诞生的时期，一些电子计算机工业先驱的科学家们发明并创造了大量的电子计算机，这些电子计算机推动了当时的电子计算机产业的发展和进步。这一期间的电子计算机是将程序在外部进行编写，而没有将程序存储在电子计算机的存储器中。1946 年 2 月，电子数字积分计算机（Electronic Numerical Integrator and Computer，ENIAC）诞生于美国的宾夕法尼亚大学，它被公认为世界上首台通用电子计算机，如图 2-5 所示。如今来看，ENIAC 是一个实实在在的庞然大物，它用了 18000 个真空管，占地约 170 m²，重约 30 t。

图 2-5 第一台通用电子计算机 ENIAC

尽管 ENIAC 的体积庞大、耗电惊人，运算速度也不过几千次每秒，与如今一台普通的笔记本计算机不可同日而语，但这台电子计算机的出现是计算机发展史上一个里程碑式的进步，让人们意识到这是一件多么有用且高效的工具。

4．计算机的发展历程

自 1950 年以来，计算机的发展取得了巨大的进步，出现的计算机基本是基于冯·诺依曼体系结构。计算机的体积变得越来越小，计算速度越来越快，价格也越来越低廉，但计算机的本质——计算原理几乎没有被改变过。科学家们根据计算机所使用的主要电子器件，将计算机的发展历程划分为几代，如图 2-6 所示。每一代计算机的改进与变革主要体现在硬件或者软件的升级，而不是计算机的模型/原理。

（1）第一代计算机（1946—1958 年）

第一代计算机——电子管计算机使用真空电子管为基本电子器件。这时的计算机体积庞大、计算速度较慢、存储器容量有限，造价也相对较高，因而只有专业人员才能使用，也只有大的机构才能负担得起计算机的使用成本。此时的计算机主要被国家重要部门或者科学研究部门的相关人员使用，用于科学计算。

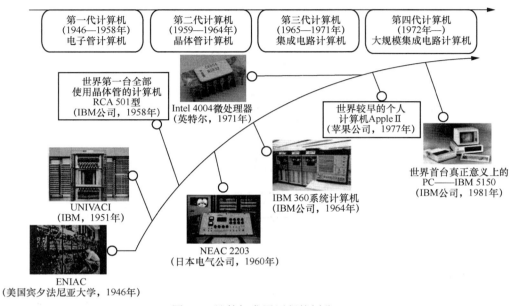

图 2-6　计算机发展历程的划分

（2）第二代计算机（1959—1964 年）

第二代计算机——晶体管计算机使用晶体管取代了真空电子管，这大幅度缩小了计算机的体积，降低了计算机的成本，提升了计算机的运算速度，使中/小型企业也可以负担得起计算机的使用成本。现代计算机的硬件部分——比如磁盘、内存等也开始出现，它们为计算机技术的发展带来了更多的可能性和便捷性。在软件方面，程序员们开始使用 FORTRAN 和 COBOL 这两种高级编程语言进行编程，使编程任务与计算任务分离开来。计算机技术不仅应用于科学计算，而且已经开始应用于数据处理、事务处理、工业控制等领域。

（3）第三代计算机（1965—1971 年）

第三代计算机——集成电路计算机开始使用中/小规模集成电路将晶体管、导线及其他部件装配在一块单芯片上，这进一步减少了计算机的成本和功耗，缩小了计算机的体积，提升了计算机的运算速度，使计算机变得更加便携、高效。

随着科学技术的不断发展，应用软件的发展也逐步走向成熟。随着操作系统和对话式编程语言的出现，满足各种需求的应用软件也开始被销售，这让计算机的功能显得更加强大，应用范围越来越广，文字处理、企业管理、自动控制等领域都可以看到计算机参与具体应用的影子。此外，很多计算机技术主导的信息管理系统也涌现出来了。

（4）第四代计算机（1972 年—）

第四代计算机——大规模集成电路计算机用大规模或者超大规模集成电路作为主要电子器件，一个芯片上可以容纳数百个元件（大规模集成电路）或者数十万个元件（超大规模集成电路）。计算机的体积在不断缩小，价格在不断下降，功能与稳定性在不断增强。

在这一时期，计算机网络出现了。计算机操作系统日益得到完善，软件技术蓬勃发展，整个电子工业快速发展，计算机进入高速发展阶段。

2.1.2 计算机的发展趋势

随着科学技术的深入发展，计算机在当今社会扮演着不可替代的角色，传统计算机的发展速度已经无法跟上时代前进的步伐。为了抢占信息技术的制高点，世界各国的研究人员都在加紧研究和开发新一代的计算机——俗称第五代计算机。第五代计算机将为人们的生活和工作带来前所未有的变化，专家系统、语音识别、模式识别、自然语言理解、智能机器人等方面的研究也将产生前所未有的质变与飞跃。量子计算机、光子计算机、生物计算机、神经网络计算机等计算机正在款款向我们走来。

1. 量子计算机

量子计算机是一类遵循量子力学规律进行数学和逻辑运算、存储及处理的物理设备，量子计算机采用的还是冯·诺依曼体系结构。量子计算机依然分为两个主要单元：计算单元和存储单元。量子计算机和现在的电子计算机最大的不同在于所使用的存储单元，量子计算机的存储单元叫作量子比特。

当某个设备由量子元件组装而成，处理和计算的内容是量子信息，运行的是量子算法时，它就是量子计算机。近年来各国正在研发的量子计算机有硅基量子计算机、核磁量子计算机和离子阱量子计算机。与传统的遵循经典物理规律的电子计算机相比，量子计算机可以进行传统电子计算机无法完成的复杂计算，其运算速度也是传统电子计算机无法比拟的。

量子计算机在安全通信上还有着巨大的潜力。经量子安全信息通道发出的信息只有在对方使用量子密匙解密后才能被阅读，这样即使信息被第三方拦截，鉴于量子力学的"秘密魔力"，信息也会变得毫无用处，无法被破解和阅读。

2. 光子计算机

1990 年初，美国贝尔实验室成功研制出世界上第一台光子计算机。光子计算机是一种采用光信号进行数字运算、逻辑操作、信息存储和处理的计算机，由激光器、光学反射镜、透镜、滤波器等光学元件和设备构成，靠激光束进入反射镜和透镜组成的阵列进行信息处理，以光子代替电子，以光运算代替电运算。光子比电子的传输速度快，光子计算机的运算速度可高达 10000 亿次每秒。光子计算机具有超高的运算速度、超大信息存储容量、超低的能量消耗与散热量等特点。

光子计算机的许多关键技术，如光存储技术、光互联技术、光电子集成电路等已经获得突破。科学家们正在尝试将传统的电子转换器和光子结合起来，制造一种"杂交"的计算机，这种计算机既能更快地处理信息，又能解决巨型电子计算机在运行时内部过热的难题。

3. 生物计算机

生物计算机是美国南加利福尼亚大学阿德曼博士于 1994 年提出的奇思妙想，它通过控制脱氧核糖核酸（Deoxyribonucleic Acid，DNA）分子间的生化反应来完成运算。DNA 分子在酶的作用下，可以从某一种基因代码通过生物化学反应转变成另一种基因代码。转变前的基因代码可以作为输入数据，转变后的基因代码可以作为运算结果，这一生物过程可以被借鉴到生物计算机的制造中。

在生物计算机中，信息以波的形式传播。在沿着蛋白质分子链传播时，信息会引起蛋白质分子链中单键、双键结构顺序发生变化，从而实现计算。生物计算机芯片（简称生物芯片）的主要原材料是生物工程技术产生的蛋白质分子。生物芯片比硅芯片上的电子元件要小很多，而且生物芯片本身具有天然独特的立体化结构，其密度要比平面型硅集成电路的密度高出好几个数量级。

生物计算机能够如同人的大脑那样进行思维、推理，能识别文字、图形，能理解人的语言，因而可以成为人们生活中的好伙伴，担任多种工作。生物计算机可应用于通信设备、卫星导航、工业控制。

生物计算机最大的优点是生物芯片的蛋白质具有生物活性，能够和人体组织结合在一起，使人机接口自然吻合，免除了复杂的人机对话，这使得生物计算机可以听人指挥，发挥生物本身的调节机能，自动修复芯片上发生的故障，甚至模仿大脑的机制。但是，生物计算机目前还处于探索研究阶段，离被运用到实际生活中还有着相当漫长的路要走。

4．神经网络计算机

神经网络计算机具有模仿人类大脑的判断能力和适应能力，可并行处理多种数据。神经网络计算机可以判断对象的性质与状态，并能采取相应的"行动"；而且可同时并行处理实时变化的大量数据，引出结论。神经网络计算机除有许多处理器之外，还有类似神经的节点，每个节点与其他许多节点相连。神经网络计算机的信息不是存储在存储器中，而是存储在神经元之间的联络网中。

2.1.3 计算机在现代信息技术中的角色与作用

如今，人们身处于信息时代的洪流中，每天接收到的信息非常多，信息的形式也从过去单一的文字、音频转变为更加丰富的多媒体形式。然而仅仅有信息的存在是远远不够的，比如网络上浩瀚的信息是杂乱无序的，只有依靠有效的搜索引擎，人们才能获得有意义和价值的信息。高速发展的计算机技术与浩瀚的信息流相互促进，现代信息技术的发展离不开计算机，广义上计算机技术的发展也推动了现代信息技术的进步。

如今，各种信息设备无不具有计算功能，计算机在现代信息技术中所发挥的作用可能已经超出了人们的认知。每天随处可见的一些寻常应用背后，有着无数的计算机在高速运转，比如拨打网络电话、网上购物、乘坐出租车、线上课堂，等等。人们的衣食住行都离不开计算机。

1．计算机助力生活的信息化与数字化转变

计算机改变了生活的方方面面，例如日常出行所需要的乘坐出租车。之前，你在路上招手，出租车就会停在你面前，出租车和你都是在真实的物理世界里交互。而如今，如果你想乘坐一辆出租车，你需要做的是：打开手机里的网约车 App，在目的地栏输入目的地信息，选择想要乘坐的网约车类型，然后确认呼叫，等待网约车响应。等待一段时间，页面上会跳出系统分派给你的网约车及司机信息，你按照系统提示的时间和地点乘坐网约车。到达目的地后，你也不需要线下支付现金，司机在网约车 App 上确认订单完成，你的手机会自动显示此次行程的费用，并通过已经设置好的支付方式完成支付。

在呼叫网约车的过程中，从打开网约车 App 那一刻开始，你就让数量众多的计算机开始协同工作。如图 2-7 所示，通过电话公司和网络运营商的计算机牵线搭桥，你的计算机联上了互联网。互联网将你的出发地与目的地信息发送到网约车平台的搜索引擎计算机，这些计算机根据出发地信息的关键词确定你的地理位置，查询附近可用的网约车，并根据一系列既定的规则，选择某一辆网约车，将订单信息发送到该网约车司机的手机（计算机）上，完成订单派送。司机接收到订单信息后确认接收，然后按照系统给出的地图指示，到达指定地点接送乘客。将乘客送达目的地后，司机通过手机与乘客共同确认行程结束，系统自动根据行程距离进行订单费用的计算。在进行付款时，你的手机（计算机）通过安全加密的链接与另一台计算机交换信息，这台计算机则通过安全性更高的链接将数据传送到银行，由银行将你账户上对应金额的资金转账给司机的账号。

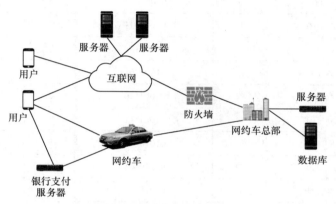

图 2-7 乘坐网约车示意

2．计算机中的二进制世界

试想一下：如果你要向朋友介绍最爱的电影中的一个场景、最喜欢的音乐中的一个曲调，或者家乡的一条街道，你会如何组织语言，如何去表达这些内容？再试想一下：如果这些内容只能用 0 和 1 来描述，那么要怎么做呢？每次你上网看电影、听音乐，或者查看地图时，计算机在做的就是这件事：用只由 0 和 1 组成的二进制数接收、处理和展示信息。所有的信息在计算机内都是一串二进制数。

（1）计算机中的文字

二进制数 0 和 1 可以被想象成灯泡的熄灭和亮起，熄灭表示 0，亮起表示 1。下面我们用一个例子来解释二进制数是如何表示文字的。

小智和小艾分别住在两座大山上，这两座大山中间的山谷里有一个超市。小智和小艾没有任何通信工具。某一天两人同时下山去超市，小智要买鸡翅，小艾要买可乐，结果这两种食物都没货了，超市老板也不知道什么时候会有货。两人下山一趟不容易，于是超市老板想了一个主意：在超市门口安装两个灯泡，灯泡亮一个表示鸡翅到货了，灯泡亮两个表示可乐到货了。后来他们发现这样很省事，就想能不能用灯泡传递更多的信息。于是超市老板、小智和小艾分别在各自门前装了 8 个灯泡，并且提前做好约定：通过这 8 个灯泡的亮起和熄灭来代表相应的意思。采用同样的方式，大写字母 A（其二进制形式为 01000001）的亮灯方式如图 2-8 所示。

依次类推，我们最终可以得到与 26 个英文字母（大写）对应的表，这张表叫作编码表，如表 2-1 所示。如果小艾想跟大家打招呼说"HI"，那么她只需要在编码表里找到 H 和 I 这两个字母所对应的亮灯方式就可以了。其他人查询编码表后就知道小艾说的是"HI"了。计算机通过这种方式初步实现了英文字母（大写）与二进制数之间的转换。

图 2-8　大写字母 A 的亮灯方式

表 2-1　26 个英文字母（大写）的编码表

英文字母（大写）	编码方式（亮灯方式）	英文字母（大写）	编码方式（亮灯方式）	英文字母（大写）	编码方式（亮灯方式）
A	01000001	J	01001010	S	01010011
B	01000010	K	01001011	T	01010100
C	01000011	L	01001100	U	01010101
D	01000100	M	01001101	V	01010110
E	01000101	N	01001110	W	01010111
F	01000110	O	01001111	X	01011000
G	01000111	P	01010000	Y	01011001
H	01001000	Q	01010001	Z	01011010
I	01001001	R	01010010		

后来这里又来了几个不会说英语的人。小智和小艾按照自己的编码表给他们发送了信息，但因为大家用的编码表不同，所以他们并不能理解信息的意思。在计算机中，如果编码表不同，那么无法识别的信息会被展示为乱码。为了解决这个问题，大家都使用一个统一的编码表，就是现在所说的统一码（Unicode）。Unicode 字符列表涵盖了世界上大多数语种，解决了因编码表不同而出现的乱码问题，也让计算机实现了用二进制数表达文字的功能。

（2）计算机中的图像

图像是一种类型更复杂的数据，由数十万个像素组成，在计算机中也可以通过二进制形式进行表示。在彩色图像中，每一个像素都是由三原色（红、绿、蓝）组成的，每一个三原色都可以表示成一个二进制数。如图 2-9 所示，棕黄色由红、绿、蓝三色组成，这 3 种颜色分别对应一个序列。序列代表的数字决定了相应色彩的强度。

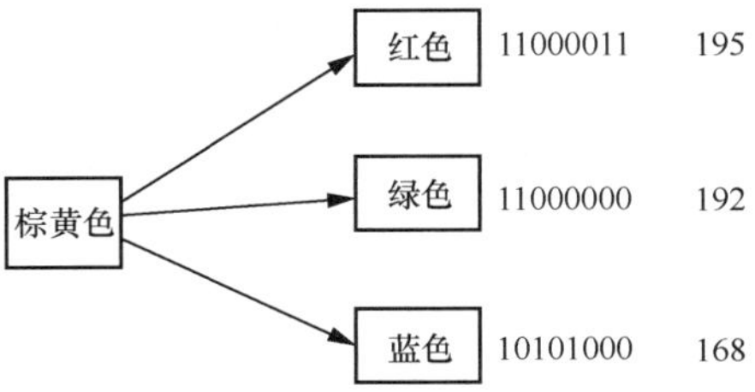

棕黄色 → 红色　11000011　195
棕黄色 → 绿色　11000000　192
棕黄色 → 蓝色　10101000　168

图 2-9　棕黄色的组成

（3）计算机中的声音

计算机中的声音同样是用二进制数进行存储的。连续的声波利用脉冲编码调制技术进行数字化处理，并以二进制数的形式被存储在计算机中。声音的二进制形式如图 2-10 所示。

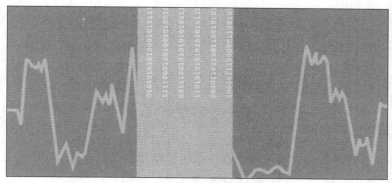

图 2-10　声音的二进制形式

2.2　计算机的组成

计算机由两大系统构成：硬件系统和软件系统。硬件系统是指构成计算机的物理设备，这些物理设备是看得见摸得着的部件，就像人的躯干。当今计算机的硬件系统都是基于冯·诺依曼体系结构的。软件系统是指在计算机上运行的程序，提供指示计算机工作的命令，就像人的肌肉和神经。接下来，我们先介绍冯·诺依曼体系结构，然后分别介绍硬件和软件这两大系统。

2.2.1　冯·诺依曼体系结构

前面提到的 ENIAC 是用电子管实现的，其内部采用字长为 10 bit 的十进制计数方式。早期的计算机并没有在计算机存储器中存储程序，其编程的思想体现为一系列开关的打开和闭合，以及配线的改变。

1944—1945 年期间，冯·诺依曼发现程序和数据在逻辑上的本质是相同的，因此认为它们也能被存储在计算机的存储器中。大名鼎鼎的冯·诺依曼体系结构便产生了，如图 2-11 所示。从此以后，冯·诺依曼体系结构被广泛应用，它代表存储程序的计算机结构，并成为现代计算机的基本特征。

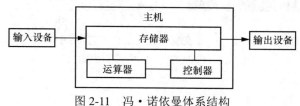

图 2-11　冯·诺依曼体系结构

冯·诺依曼体系结构的设计思想主要如下。

（1）使用二进制格式表示数据和指令，其中指令由操作码和地址码组成。

（2）存储程序是指将数据和程序都存储在计算机的存储器中，并且数据和程序都具有相同的格式。计算机在工作时从存储器读取并执行指令，进行自动计算。

（3）顺序执行指令，即在冯·诺依曼体系结构中，程序由一组数量有限的指令组成，控制单元从存储器中提取并解释指令，然后执行指令。程序的分支是通过转移指令来实现的，计算机读取到转移指令后，控制单元会跳转到其他地址的指令继续执行，以确保程序的准确、安全和可靠。

（4）计算机由存储器、运算器、控制器、输入设备和输出设备五大部件构成，这五大部件的基本功能也得到了明确规定。

2.2.2 硬件系统

基于冯·诺依曼体系结构的计算机硬件系统可以分为 3 个子系统：中央处理器（CPU，Central Processing Unit）、存储器、输入/输出子系统，如图 2-12 所示。这 3 个子系统通过总线进行连接。

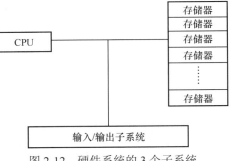

图 2-12 硬件系统的 3 个子系统

1. CPU

CPU 作为计算机硬件系统的运算和控制核心，用于数据的通用运算，主要有 3 个部分：算术逻辑部件（ALU，Arithmetic and Logic Unit）、寄存器、控制单元。算术逻辑部件可以对数据进行逻辑、移位和算术运算。寄存器是用于存储临时数据的高速且独立的存储单元。控制单元用于控制各个子系统的操作，其中控制是通过从控制单元发送到其他子系统的信号来进行的。

图形处理单元（GPU，Graphics Processing Unit）可以被理解为是一种特殊的CPU，是一种专门在个人计算机、工作站、游戏机和移动设备（如平板电脑、智能手机等）上做图像和图形相关运算工作的微处理器，主要用于完成大量的简单运算。CPU 与 GPU 内部构成的对比如图 2-13 所示，CPU 适合完成运算复杂度高的通用运算，但是计算速度相对较慢；GPU 可以完成某种特定运算，具有运算速度快、运算简单的特点。

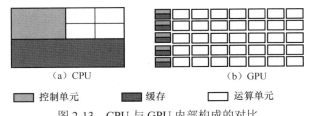

图 2-13 CPU 与 GPU 内部构成的对比

2. 存储器

计算机的存储系统由处理器内部的寄存器、高速缓冲存储器、主板上的主存储器组成。计算机存储系统如图 2-14 所示。以外设形式出现的辅助存储器（如硬盘）也是一种存储器。

这里说的存储器通常指的是主存储器，又称内存或者主存，由半导体存储器芯片组成，被安装在计算机内部的电路板上，是存储单元的结合。每一个存储单元都有唯一的标识，我们称之为地址。

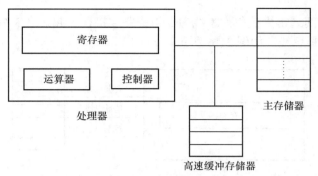

图 2-14　计算机存储系统

从读/写功能来区别,目前的存储器主要有两种类型:随机存储器(RAM,Random Access Memory)和只读存储器(ROM,Read-Only Memory)。RAM 可以通过存储单元地址来随机存/取一个数据项,不需要存/取位于该数据项前面的所有数据项。另外,用户在 RAM 中写信息时,可以方便地通过覆盖来擦除原有信息,因此 RAM 具有易失性的特点。ROM 中的内容是由制造商写进去的,用户只能读不能写,所以它具有非易失性的特点。当电源切断后,存储在 ROM 上的数据也不会被丢失。

计算机用户通常需要很多存储器,尤其是存/取速度快的存储器,但这种要求并不能总得到满足,因为存/取速度快的存储器往往成本高,因此,需要找到一种折中的办法,这种办法就是存储器的层次结构,如图 2-15 所示。目前大部分计算机采用了这种层次结构。

当要求存/取速度极高时,可以考虑使用少量昂贵的高速寄存器。CPU 中的寄存器就属于这一种。

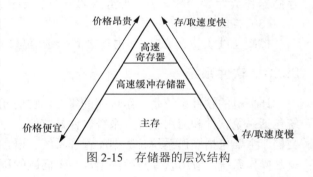

图 2-15　存储器的层次结构

用适量的中速寄存器来存储经常需要访问的数据,这是高速缓冲存储器常用的方法。计算机将少量反复用到的数据/指令存储在这里。

使用大量低速存储器来存储那些相对不经常被访问的数据,这是主存常用的方法。

3.输入/输出子系统

输入/输出子系统的主要作用是使计算机与外界通信,实现用户与计算机的交互,同时保证在断电的情况下计算机可以存储程序和数据。

通用计算机上配置的标准输入设备是键盘,标准输出设备是显示器。键盘提供输入功能,显示器提供输出功能并同时响应键盘的输入。计算机还可以配置鼠标、打印机、绘图仪、扫描仪、音箱、摄像头等输入/输出设备。

还有一些具有存储功能的外部设备也属于输入/输出系统,被称为辅助存储设备(俗称外存),它们可以存储大量的信息以备后用。这种设备通常分为磁介质存储设备和光介质存储设备两种,价格比主存便宜很多,所存储的信息也不易丢失。

4．总线

CPU 和主存之间通常由被称为总线的 3 组线路连接在一起，这 3 组线路分别是数据总线、地址总线和控制总线，如图 2-16 所示。

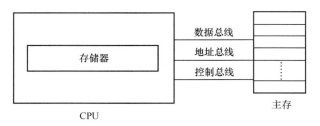

图 2-16　计算机中的总线

（1）数据总线

数据总线由多根线组成，每根线上每次传送 1 bit 数据。线的数量取决于计算机的字的大小，例如计算机的字是 32 bit（4 B），那么数据总线的线为 32 根，以便同一时刻同时传送 32 bit 数据。

（2）地址总线

地址总线运行访问存储器中的某个字，地址总线的线数取决于存储空间的大小。如果存储器容量为 2^n 个字，那么地址总线一次需要传送 n bit 地址数据，因而需要 n 根线。

（3）控制总线

控制总线负责在 CPU 和内存之间传送信息。

2.2.3　软件系统

计算机的软件系统是一组程序的集合，它们能够帮助计算机硬件系统正常工作。软件系统包括系统软件和应用软件。系统软件是方便用户使用、维护和管理计算机系统的程序及其文档，主要包括操作系统、数据库管理系统、语言处理系统、服务性程序等，其中最重要的就是操作系统。应用软件是解决用户某个问题的程序及其文档，大到用于处理某专业领域问题的程序，小到完成一个非常具体功能的程序。计算机软硬件系统的交互关系如图 2-17 所示。

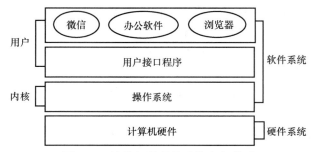

图 2-17　计算机软硬件系统交互关系

1．系统软件

系统软件一般由计算机生产厂家或者软件开发人员研发，用户可以使用但不可随意修改。系统软件是指管理、控制和维护计算机及其外部设备，提供用户与计算机之间交互的操作界面等功能的软件,并不针对具体的应用场景。

(1) 操作系统

操作系统是最基本的系统软件,是用于管理和控制计算机所有软、硬件资源的一组程序,直接运行在裸机上。其他软件(包括第三方系统软件和应用软件)是建立在操作系统的基础上的,并得到操作系统的支持和获取操作系统的服务。

操作系统是计算机硬件与其他软件的接口,也是用户和计算机之间的接口,可以使得其他程序更加有效地运行,并能方便地对计算机硬件和软件资源进行访问。操作系统性能的好坏在很大程度上决定了整个计算机系统性能的好坏。

操作系统的复杂度极高。操作系统必须管理系统中的不同资源,这就像一个由多个高层管理者组成的管理机构,每个管理者负责自己部门的相关工作,并且彼此协调配合。操作系统具有4个管理模块:内存管理模块、进程管理模块、设备管理模块、文件管理模块。此外,操作系统还有一个独立于这些管理模块的模块——命令解释程序,它负责操作系统与外界的通信。图2-18展示了操作系统的组成部分。

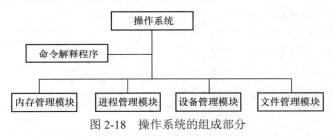

图 2-18 操作系统的组成部分

目前,操作系统主要分为服务器端操作系统与客户端操作系统(包括智能手机等移动设备),主流的服务器端和计算机操作系统包括 Windows、UNIX、Linux、macOS 等,移动设备端主要包括 iOS、安卓(Android)、鸿蒙系统(HarmoryOS)等。

1) Windows 操作系统

Windows 操作系统是由微软公司于 20 世纪 80 年代后期,在 Dave Cutler 的领导下成功推出的操作系统。Windows 操作系统是一个多任务的操作系统,采用图形窗口界面,让用户只需要通过单击鼠标就可以实现计算机的各种复杂操作。

Windows 操作系统被设计为多层的模块化系统结构,其中高层可以随时间的推移而改变,而底层不会受到这种改变影响。和 UNIX 操作系统一样,Windows 操作系统也采用 C 语言或者 C++语言编写,可以完全独立于所运行的计算机机器语言。Windows 操作系统的模块化系统结构如图 2-19 所示。

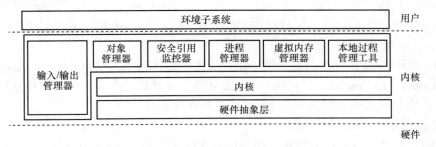

图 2-19 Windows 操作系统的模块化系统结构

2）UNIX 操作系统

1969 年，Ken Thompson、Dennis Ritchie 和 Douglas McIlroy 开发了最早版本的 UNIX 操作系统。从那时起，UNIX 操作系统经历了多次改进和迭代，成为一个强大的多用户、多任务、可移植的操作系统，旨在实现便于进行编程、文本处理、通信，以及其他希望由操作系统来完成的任务的目标。它包含几百个简单、单一目的的函数，这些函数能被组合起来完成任何可以想象的处理任务。UNIX 操作系统支持多种处理器架构，属于分时、分布式的操作系统。UNIX 操作系统是程序设计员和计算机科学家们广泛使用的操作系统。

UNIX 操作系统主要部分包括：内核、命令解释器、标准工具和应用程序，它们共同构成了 UNIX 操作系统的核心，如图 2-20 所示。

内核是 UNIX 操作系统的心脏，包含操作系统最基本的部分：内存管理、进程管理、设备管理和文件管理。UNIX 操作系统的其他部分均调用内核来提供相关服务。

命令解释器接收和解释用户输入的命令，是 UNIX 操作系统重要的组成部分，也是用户最了解的部分。在 UNIX 操作系统中，无论做任何事情，都必须向命令解释器输入命令。

UNIX 操作系统有几百个工具，常用的工具是文本编辑器、搜索程序和排序程序。

UNIX 操作系统的应用程序是指一些不属于操作系统标准工具的程序，这些程序由系统管理员、程序员或用户编写，可对系统

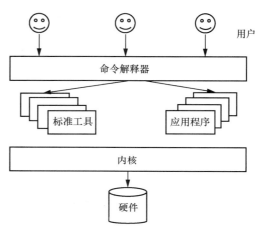

图 2-20　UNIX 操作系统的核心

功能进行扩展。事实上，有的应用程序非常有用，于是它会变成 UNIX 操作系统的标准工具，成为系统的一部分。

3）Linux 操作系统

Linux 操作系统是于 1991 年被推出的一个多用户、多任务的操作系统，它与 UNIX 操作系统完全兼容。Linux 操作系统最初是由芬兰的赫尔辛基大学计算机系的学生 Linus Torvalds 在 UNIX 操作系统的基础上开发的操作系统内核程序，其设计初衷是在英特尔微处理器上进行更有效的运用。其后在自由软件活动家理查德·斯托曼的建议下，Linux 操作系统以 GNU 通用公共许可证进行发布，成为自由软件 UNIX 的变种。Linux 操作系统最大的特点在于它是一个自由的、开放源代码的操作系统，其内核源代码可以被自由传播。

4）macOS 操作系统

macOS 是苹果公司推出的基于图形用户界面的操作系统。它包含两个主要的部分：核心名为 Darwin，以 FreeBSD 原代码和 Mach 微核心为基础，由苹果公司和独立开发者社区协力开发；由苹果公司开发的名为 Aqua 版权的图形用户界面。

5）iOS、安卓、鸿蒙操作系统

iOS 操作系统是由苹果公司开发的手持设备操作系统。iOS 与苹果的 macOS X 操作系

统一样，它也是以 Darwin 为基础的，因此同样属于类 UNIX 的操作系统。该操作系统原名为 iPhone OS，直到 2010 年 6 月 7 日在 WWDC 大会上被改名为 iOS。

安卓是一种以 Linux 操作系统为基础的开放源代码的操作系统，主要用于便携式设备。安卓操作系统最初由 Andy Rubin 开发，主要用于手机，2005 年被谷歌公司收购并注资，逐渐扩展到平板电脑及其他便捷式设备上。

鸿蒙系统是华为在 2019 年 8 月 9 日在东莞举行的华为开发者大会上正式发布的操作系统。鸿蒙系统是一款面向全场景的分布式操作系统，创造一个超级虚拟终端互联的世界，将人、设备、场景有机地联系在一起。

（2）数据库管理系统

计算机的效率主要是指处理数据的效率。数据库管理系统的功能包括有组织地、动态地存储大量数据；使用户能方便高效地使用这些数据。

数据库软件体系包括数据库、数据库管理系统和数据库系统这 3 个部分。

数据库是为了满足一定条件下许多用户的需要，在计算机里建立的一组互相关联的数据集合。

数据库管理系统是指对数据库中的数据进行组织、管理、查询，并提供一定处理能力的系统软件。它是数据库系统的核心组成部分，为用户或应用程序提供访问数据库的方法。数据库的一切操作都是通过数据库管理系统进行的。

数据库系统是由数据库、数据库管理系统、应用程序、数据库管理员、用户等组成的系统。数据库管理员是专门从事数据库建立、使用和维护的工作人员。

数据库管理系统是位于用户（或应用程序）和操作系统之间的软件。数据库管理系统是在操作系统的支持下运行的，借助于操作系统实现对数据的存储和管理，使数据能被各种不同的用户所共享，保证用户得到的数据是完整的、可靠的。它与用户之间的接口被称为用户接口，数据库管理系统给用户提供可使用的数据库语言。

（3）语言处理系统

计算机在运行程序时，首先要将存储在存储器中的程序指令逐条地取出来，经过译码后向计算机的各部件发出控制信号，使它们执行规定的操作。计算机控制装置能够识别的指令是用编程语言编写的，而用低级编程语言编写一个程序并不是一件容易的事，因此绝大多数应用程序是用高级编程语言（如 Python 语言、C 语言）编写的。但是，CPU 不认识用这些高级编程语言编写的程序，必须经过译码变成机器指令后才能执行，而负责译码的程序被称为编译程序。要执行由某种高级编程语言编写的程序，计算机上就必须配置该语言的编译程序。

（4）服务性程序

服务性程序完成一些与管理计算机系统资源及文件有关的任务，如诊断程序、反病毒程序、卸载程序、备份程序、文件解/压缩程序等工具类软件。

2．应用软件

应用软件是用户可以使用的用编程语言编写的应用程序。应用软件可以满足用户在不同领域中、不同问题上的应用需求，可以拓宽计算机系统的应用范畴，充分发挥硬件的功能。

按照软件功能及用户定位的不同，应用软件可以分为通用软件和专用软件。

（1）通用软件

通用软件主要用于满足用户日常工作和生活的需要，比如文字处理类软件 Word、WPS、Notepad 等；社交类软件微信、QQ 等；搜索引擎类软件百度、谷歌、搜狐等；以及网购软件、音视频播放软件、图像处理软件。通用软件极大地方便了人们的日常生活，提高了人们的工作效率。

（2）专用软件

专用软件是指针对某一具体操作流程专门开发的应用软件，可以满足特殊需求，如医院的管理系统、博物馆的数字信息平台、车管所的车辆调度系统等。这样的软件往往有较强的专业性，实现特定的功能，不对所有用户开放。

2.3 计算机工作原理

2.3.1 计算原理

1. 信息类型

信息以不同的类型出现，如数字、文本、音频、图像和视频，如图 2-21 所示。

图 2-21 不同类型的信息

人们需要用计算机来处理不同类型的数据，比如，常见的算术运算，以及文本的对齐、移动、删除等操作。计算机同样也处理音频数据，如播放音乐、音频剪辑等。不仅如此，计算机还可以处理图像数据，如对图像进行收缩、放大、旋转等操作，甚至还能制作视频特效。

2. 计算机内部的信息表示

所有的计算机外部数据采用统一的数据表示法进行转换，之后被存储在计算机中。当数据被计算机读取并输出时，数据会被还原成存储前的形态。计算机中处理数据的通用模式为位模式。

（1）比特

比特（bit，又称位）是计算机中最小的存储单位，它的值是 0 或 1。比特表示设备或者事物的某一种状态，这些设备或事物只能处于两种状态之一，例如，开或关、真或假、高或低、上或下、左或右，等等。一个比特足以让人确定设备或事物处于两种状态中的哪一种。但是，在真实世界中，人们经常要面临更多的选项，这些选项可以表示更复杂的事物状态。位模式是一个序列，可以表示多个选项。比如，用 2 bit 的二进制数表示大学的 4 个年级：一年级用 00 表示，二年级用 01 表示，三年级用 10 表示，四年级用 11 表示。如果需要将研究生的 3 个年级也考虑进来，那么 2 bit 的二进制数就不够用了，因为它最多只有 4 种组合，而 3 bit 的二进制数就可以，事实上它可以表示 8 种不同的情况。

比特数与它所能表示的状态数之间有一种很简单的关系：N bit 能够表示 2^N 种组合。$N = (1 \sim 10)$ 所能表示的状态如表 2-2 所示。

表 2-2 N =（1～10）所能表示的状态

N/bit	状态/种	N/bit	状态/种
1	2	6	64
2	4	7	128
3	8	8	256
4	16	9	512
5	32	10	1024

（2）字节

现代计算中的数据处理及内存都是以 8 bit 为一组作为基础单元。8 bit 为一个字节（1 B），每个字节可以对 256 个不同的数值进行编码（$2^8 = 256$，每个数值由 8 个二进制数组成），这些数值是 0～255 之间的任意整数。

（3）二进制数

每个数字都可以按照通常的位值法则来解释，一系列比特就可以表示一个数值。而当底数是 2 而不是 10 的时候，那么这就是以 2 为基数的二进制数。

二进制数的算术运算实在是太简单了，因为总共才有 2 个数字。二进制数的加法和乘法如表 2-3 所示，如此简单的表也说明了为什么相对于十进制数算术运算，执行这种计算的计算机电路要简单得多。

表 2-3 二进制数的加法与乘法

加/乘数	被加/乘数	加法运算结果	乘法运算结果
0	0	0	0
0	1	1	0
1	0	1	0
1	1	0	1

十进制数实际上是 10 的幂之和的简写，比如：

$$1876 = 1\times10^3+8\times10^2+7\times10^1+6\times10^0 = 1\times1000+8\times100+7\times10+6\times1$$

二进制数也一样，只不过底数是 2 不是 10，且只涉及 0 和 1 这两个数字。比如二进制数 11101 可以表示为：$11001 = 1\times2^4+1\times2^3+0\times2^2+0\times2^1+1\times2^0$。这个结果用十进制数来表示，那就是：$(11001)_B = 16 + 8 + 0 + 0 + 1 = 25$，这里的 B 表示二进制。

可以看到，把二进制数中值为 1 的 2 的幂值加起来便可得到对应的十进制数，这种方法叫作按权相加法。而把十进制数转换成二进制数稍微难一些，但也有方法可循：就是反复用十进制数除以 2，每次除完，写下余数（余数要么为 1 要么为 0），然后用商继续除以 2，这样反复下去，直到商为 0 为止。最后得到的余数序列从下往上写下来就是相应的二进制数。这个方法称为除 2 取余法，表 2-4 展示了将十进制数 135 转换成二进制数的过程。

用135一直不断地除以2,最后将得到的余数从下往上写下来,得到的二进制数为:10000111。

表2-4 将135从十进制数转换成二进制数的过程

数值	除数	商	余数	由下向上记录余数
135	2	67	1	↑
67	2	33	1	
33	2	16	1	
16	2	8	0	
8	2	4	0	
4	2	2	0	
2	2	1	0	
1	2	0	1	

除了十进制数外,还有八进制数、十六进制数等都可以用上述方法进行进制之间的转换。在十六进制数中,因为每一比特上可能出现的数字为0~15中的任何一个,所以为了避免产生误解,除了0~9外,10~15分别用A、B、C、D、E、F表示。表2-5展示了十六进制数与二进制数之间的对应关系。

表2-5 十六进制数与二进制数之间的对应关系

十六进制数	二进制数	十六进制数	二进制数	十六进制数	二进制数	十六进制数	二进制数
0	0000	4	0100	8	1000	C	1100
1	0001	5	0101	9	1001	D	1101
2	0010	6	0110	A	1010	E	1110
3	0011	7	0111	B	1011	F	1111

3．非数制信息的转换

正因为二进制数简单,所以除了数值外,其他数据类型信息也以二进制形式被存储在计算机内存中。接下来我们将分别介绍不同类型的数据是如何通过二进制形式表示的。

（1）文本

文本是指某种语言中表达某个意思的一系列符号。比如,英语中的26个字母、10个数字符号（不是数值）,以及标点符号（.,;:…!）等都属于文本数据。

如前文所述,可以通过1 bit的二进制数来表示1 bit的信息。当信息多于1 bit时,可以通过增加二进制数的位模式来表示所需要的字符。在一种语言中,位模式到底需要多少比特来表示一个符号,取决于该语言集中需要表达符号的数量。

目前常用的两个编码标准分别是美国信息交换标准代码（ASCII,American Standard Code for Information Interchange）和统一码（Unicode）。ASCII由美国国家标准学会（ANSI,American National Standards Institute）制定,该标准使用7 bit表示一个字符,即可以定义$2^7=128$个字符。ASCII码表如表2-6所示。

表 2-6 ASCII 码表

ASCII 值	控制字符	ASCII 值	控制字符	ASCII 值	控制字符	ASCII 值	控制字符
0	NUT	32	(空格)	64	@	96	`
1	SOH	33	!	65	A	97	a
2	STX	34	"	66	B	98	b
3	ETX	35	#	67	C	99	c
4	EOT	36	$	68	D	100	d
5	ENQ	37	%	69	E	101	e
6	ACK	38	&	70	F	102	f
7	BEL	39	'	71	G	103	g
8	BS	40	(	72	H	104	h
9	HT	41	)	73	I	105	i
10	LF	42	*	74	J	106	j
11	VT	43	+	75	K	107	k
12	FF	44	,	76	L	108	l
13	CR	45	-	77	M	109	m
14	SO	46	.	78	N	110	n
15	SI	47	/	79	O	111	o
16	DLE	48	0	80	P	112	p
17	DCI	49	1	81	Q	113	q
18	DC2	50	2	82	R	114	r
19	DC3	51	3	83	S	115	s
20	DC4	52	4	84	T	116	t
21	NAK	53	5	85	U	117	u
22	SYN	54	6	86	V	118	v
23	TB	55	7	87	W	119	w
24	CAN	56	8	88	X	120	x
25	EM	57	9	89	Y	121	y
26	SUB	58	:	90	Z	122	z
27	ESC	59	;	91	[	123	{
28	FS	60	<	92	\	124	|
29	GS	61	=	93	]	125	}
30	RS	62	>	94	^	126	~
31	US	63	?	95	_	127	DEL

对于使用英语的国家来说，ASCII 足够使用了。但是，对于不使用英语的国家来说，他们所需要表示的字符的数量远远超过 ASCII 所能表示的字符数量。于是在 1992 年，一些硬件和软件制造商共同设计了一种名为 Unicode 的编码标准，这种标准使用 32 bit 的二进制数，能表示 2^{32} = 4294967296 个字符。

（2）音频

音频也是一种重要的数据类型，比如声音或音乐。音频与前面讨论的数字或者文本有着本质上的不同：文本或者数字都是由可数的实体字符组成，可以依次按照字符集转换成二进制数；而音频是不可数的，是随着时间连续变化的实体。

音频其实就是空气中的一系列振动。振动能够通过波形来表示，而波形中的任何一个点都能通过一个数字来表示，如图 2-22 所示。通过这样的方法，任何声音都能被分解成一系列的数字，每一个数字都可以通过前面的方法转化为二进制数。

（3）图像

与音频类似，照片、视频或者其他显示在屏幕上的图像是由数字模拟而成，所不同的是音频是随着时间变化的，而图像信息的数据密度（色彩）是随着空间变化的。在这种情况下，

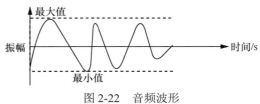

图 2-22　音频波形

一张图片可以被分成很多个很小的点，每一个点被称为像素。每一个像素都有自己的颜色，而每一种颜色都可以通过数字表示。

人的眼睛拥有多种感光细胞，分别感应红、绿、蓝三原色，从而形成视觉上的美感体验。大自然中所有的颜色都是由不同浓度的红、绿、蓝三色组成。真彩色是一种用于像素编码的技术，使用 24 bit 对一个像素进行编码，即表示一种颜色。在该技术中，三原色的每种颜色都表示为 8 bit。因为 8 bit 的二进制数可以表示 0～255 之间的十进制数，所以每种颜色由 0～255 之间的 3 个数字表示。表 2-7 展示了真色彩定义的一些颜色及其对应的三原色的值。

表 2-7　真色彩定义的一些颜色及其对应的三原色的值

颜色	红值	绿值	蓝值	颜色	红值	绿值	蓝值
黑色	0	0	0	黄色	255	255	0
红色	255	0	0	青色	0	255	255
绿色	0	255	0	紫红色	255	0	255
蓝色	0	0	255	白色	255	255	255

图片由上百万个像素组成，视频是每秒连续播放多张图片所形成运动的图像，因此，图像和视频都可以通过上述方式转换成二进制数。

4．逻辑运算

乔治·布尔发明了一种代数及其计算方法，这一发明将代数从数字的概念中脱离出来，使其能够更加抽象地表达概念，而不是仅仅局限于 0 或 1 这两种值。布尔代数处理只有 0、1 这两种值的变量，而计算机正是由只有开和关两种状态的信息集合而成的，于是可以对所有的数字或者非数字的信息进行布尔逻辑运算。

下面简单介绍4种逻辑运算：非（NOT）、与（AND）、或（OR）、异或（XOR）。图2-23展示了这4种逻辑运算的门电路符号及真值表。

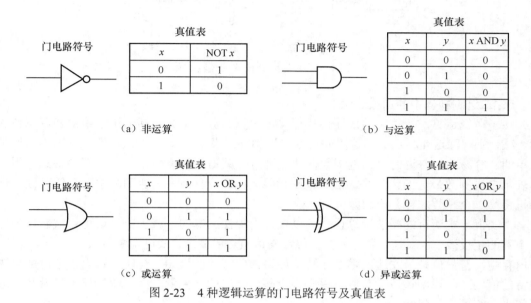

图2-23　4种逻辑运算的门电路符号及真值表

（1）非运算

非运算是一元操作：它只有一个输入，其输出与输入相反，如果输入为1，则输出为0；如果输入为0，则输出为1。非运算符的输出是输入的反转，输入只有0、1两种，对应输出亦是如此。

（2）与运算

与运算是二元运算：它有两个输入，共有4种输入组合（11,10,01,00），如果两个输入都为1，则输出为1，其他情况下的输出都为0。与运算符有一个有趣的特点，那就是只要有一个输入为0，那么输出一定为0，其余比特其实就不需要进行查看和计算了。

（3）或运算

或运算也是二元运算：它也有两个输入，共有4种输入组合（11,10,01,00）如果输入都为0，则输出为0，其他情况下的输出都为1。或运算符有一个有趣的特点，那就是只要有一个输入为1，那么输出一定为1，其余比特其实就不需要进行查看和计算了。

（4）异或运算

异或运算，和与运算一样也是二元运算符，也有4种输入组合，只是异或运算符的规则是：如果输入都相同，则输出为0，否则输出为1。

这4种运算还可以被应用到 n bit 模式中。就像对 1 bit 数据进行计算一样，非运算应用于每个比特上，其他3种运算符应用于两个输入对应的比特上。图2-24展示了应用于 n bit 的逻辑运算。

前面说过数字、文本、声音、音视频等所有真实世界中的信息都可以转换成二进制数，那么通过逻辑运算，这些信息都可以被计算机处理并最终输出。所有复杂的信息、复杂的计算最终在计算机内部都会转换为二进制数每一比特上的运算。

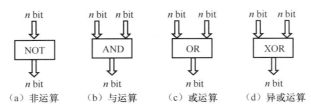

图 2-24 应用于 n bit 模式的逻辑运算

5．二进制补码中的加减法运算

除了逻辑运算，计算机内部还会执行算术运算。算术运算包括适用于整数和浮点数的加、减、乘、除这 4 种运算。这里先讨论二进制补码表示的整数加/减法运算，因为它们是简单的、容易的、普遍的。二进制数在计算机内有原码、反码和补码 3 种存储形式，用补码表示二进制数最大的优点是加法和减法运算之间没有区别——遇到减法运算的时候，计算机将第二个减数求补并相加即可。

现实世界中所有的减法运算也是可以被视为加法运算的，减去一个数可以被看作加上这个数的相反数，也就是负数。为了更好地表达负数的概念，二进制中引入了一个符号位。在内存中，符号位是最左边的那个比特，如果该比特的值为 0，说明该数为正数；如果该比特的值为 1，说明该数为负数。原码、反码、补码的产生就是为了解决计算机做减法运算和引入符号位的问题。

原码：最简单的机器数值表示法，其最高位（最左边的比特）表示符号位，其他位（比特）存储该数绝对值的二进制数。

反码：正数的反码等于原码；负数的反码就是它的原码中除了符号位外，其他值全部取反后的值。

补码：正数的补码等于它的原码；负数的补码等于其反码+1。

原码的表示直观、易懂，可以轻松地将真实世界中的数值转换为二进制数，但是原码的表示不容易实现加/减运算。反码与原码往往只是计算机中作为数码变换的一个"桥梁"，它们的表示范围相同。补码是计算机中用来表示负数的方式，可以使负数能够使用加法器参与加法运算。表 2-8 展示了负数 $-1\sim-7$ 的原码、反码和补码。

表 2-8 $-1\sim-7$ 的原码、反码、补码

十进制数	原码	反码	补码
−1	1001	1110	1111
−2	1010	1101	1110
−3	1011	1100	1101
−4	1100	1011	1100
−5	1101	1010	1011
−6	1110	1001	1010
−7	1111	1000	1001

补码的思想来源于日常生活，下面用时钟的原理解释补码的思想。

假如你的眼前有一个时钟显示的时间为 10 点，那么如何将它调整到 6 点呢？有两种调整方法：一种是按顺时针方向将时针拨动 8 个大格，另一种是按逆时针方向将时针拨动 4 个大格。当其他人查看时钟显示的时间时，他们看到的都是 6 点。

在这个例子中，时钟的模是 12，4 和 8 互为补码，也就是把溢出的 12 舍弃了。

我们利用补码进行一个二进制数减法运算：通过二进制计算十进制的 15-10 的值。想要让减法运算变成加法运算，那么求解的算式就变成了 15 + (-10)。

15 为正数，其符号位为 0，原码、补码均为 01111。

-10 为负数，其符号位为 1，原码为 11010；补码的符号位不变，其余位求反再+1，即为 10110。那么 15 − 10 = 15 + (−10) = $(01111 + 10110)_B$ = $(100101)_B$，舍弃第一位后为 00101，即为+5。

或许你会有疑问，为什么最高位可以被舍弃？就像前面讲的时钟例子一样，因为内存中没有存储最高位的空间，比如一个 4 位的寄存器只能存储数据的后 4 位（比特），最高位没地方存储就被丢弃了。而被丢弃的最高位的数据，就像时钟里多出的那 12 小时，一定是模的倍数，这样就可以通过二进制数的补码将计算机内的加法和减法运算都通过加法运算来实现，从而大大地简化计算机内部运算器的结构，提高计算机的运算效率。

在算术运算中，乘法（除法）运算也能通过重复的加法（减法）运算来实现，只不过运算效率相对较低，因此可以认为在计算机内部二进制数所有算术运算的本质是加法运算。前文提到的冯·诺依曼体系结构中的运算器其实也只有加法器，通过加法这种最简单的运算实现数据操作。

2.3.2 数据及程序存储

计算机在处理外部请求时，其内部到底在做什么、有些什么，以及是如何做的？其实所有的计算机都做着同样的 4 件事情：输入数据、存储数据、处理数据、输出数据。每一件事情都是通过计算机的不同部分来完成的：输入设备从外部世界获取信息，并且将其转换为二进制数据；存储器保存这些信息；CPU 完成所有的计算；输出设备将计算结果进行输出。计算机对信息的处理过程如 2-25 所示。

我们通过生活中常见的一类操作——在键盘上按【D】键，之后字母 D 显示在计算机显示屏上——来解释计算机是如何对数据进行输入、存储、处理和输出的，以及如何调取程序，完成这一过程。

当按下键盘上的【D】键时，键盘先将字母 D 转换为一个数字，并将这个数字转换成只由 0 和 1 组成的二进制数，发送给计算机。从这个数字开始，CPU 计算出显示字母 D 的像素值，并从存储中调取程序，告诉计算机如何画出字母 D。计算机运行这些程序，并将像素值保存在存储器中。这些像素信息以二进制数的形式被发送到计算机显示屏上。计算机显示屏作为输出设备，将收到的二进制数转换为肉眼

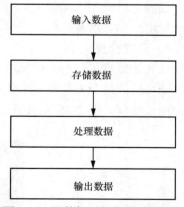

图 2-25 计算机对信息的处理过程

可见的小点，这样人们就可以在计算机显示屏上看到字母 D 了。所有的一切发生得非常快，让人们感觉似乎是立刻发生的，但是从按下键的那一刻开始，计算机对每个字母的显示都需要运行上千个程序。

在这个过程中，我们会发现所有的数据和指令都是以二进制形式存储于存储器中，冯·诺依曼提出的指令在本质上与数据没有区别。计算机在执行程序时，不需要人工干预，能自动地、连续地执行，并且最终得到预期结果。

存储器是计算机的记忆装置，它的主要功能是存储程序和数据。程序是计算机操作的依据，数据是计算机操作的对象。

2.4　计算机的分类

如今计算机的分类方式不胜枚举，常见的是根据体积，将计算机分为巨型机、大型机、中型机、微/小型机等。计算机也可以简单地被分为通用计算机、专用计算机。通常来说，人们很容易认为计算机就是个人计算机（笔记本计算机或台式计算机），这是因为用户日常生活和工作中常见的计算机就是这些。事实上还有很多其他类型的计算机，我们在这里按照使用场景和用途，将它们划分为客户端计算机、服务端计算机、嵌入式计算机这 3 类。这些计算机无论大小都具有相同的核心特性，都能独立完成逻辑运算，并且都具有类似的体系结构。只不过在设计时，人们会根据计算机的具体用途来考虑成本、供电、体积、性能等因素，因而使计算机有所不同。

2.4.1　客户端计算机

客户端计算机，也就是我们平常所熟知的计算机，又称通用计算机或者微型计算机。这一类计算机具有典型的计算机硬件设备，比如显示器、主机、键盘、鼠标等，可以满足不同用户的需求，提供更加便捷的服务。用户可以对客户端计算机软件系统进行更改和编写，以满足日常工作和生活的需要。当前，客户端计算机的种类繁多，从台式计算机到移动计算机，应有尽有。

1. 台式计算机

台式计算机包含个人计算机和工作站，这两者的区别主要体现在性能上。个人计算机的性能可以满足个人基础的工作、娱乐、生活的需要；工作站一般用于满足某些专业需求，例如图像处理。图 2-26 展示了个人计算机。

图 2-26　个人计算机

工作站是一种高性能的计算机,有着强大的数据运算和图像处理能力,常见于工程设计、三维动画设计、金融管理、模拟仿真等专业领域。工作站的 CPU 通常为服务器级别,其性能更加强大、稳定,可以用于处理大型任务。当然,工作站的价格比个人计算机的价格高很多。

2. 移动计算机

移动计算机又称便携式微型计算机,主要包括笔记本计算机和平板电脑,以及现在随处可见的智能手机。图 2-27 展示了常见的移动计算机。

(a) 平板电脑　　　　　(b) 笔记本计算机　　　　(c) 智能手机

图 2-27　移动计算机

移动计算机的特点是可以通过无线或者有线传输方式与网络连接,具有使用便捷、功耗小等特点。目前,移动计算机发展迅速,其外围设备也随之快速发展,常见的外围设备有触摸屏、手写板、手写笔、控制杆等。

2.4.2　服务端计算机

服务端计算机就是常说的服务器。与普通计算机(如个人计算机)相比,它能够提供更快的运行速度,具有更强的负载能力,当然其价格也高于普通计算机的价格。

1. 服务器

服务器主要用于网络,为其中的客户端计算机提供相关服务。服务器提供的服务体现到具体应用上表现为网络信息服务、自动化办公服务、财务服务、支付服务,等等。服务器作为电子设备,虽然其内部结构十分复杂且精细,但与普通计算机的主要结构相差不大,也包括 CPU、硬盘、内存等部分。

服务器按照外形可以分为 3 类:塔式服务器、机架式服务器、刀片式服务器。图 2-28 展示了这 3 类服务器,常见的服务器机箱以机架式为主。

(a) 塔式服务器　　　　(b) 机架式服务器　　　　(c) 刀片式服务器

图 2-28　常见的服务器

服务器在计算机世界里就像一个强大的指挥中心,负责存储和处理数据,提供高性能的计算服务,支持网络互联,实现数据共享。服务器的应用如图 2-29 所示。

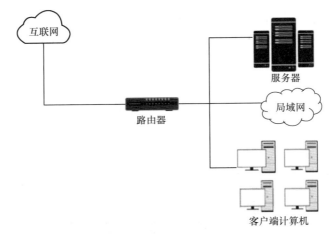

图 2-29 服务器的应用

2. 服务器集群

服务器集群，顾名思义就是将很多服务器集中起来一起提供同一种服务，这是一种提升服务器整体计算能力的解决方案，利用多台服务器端计算机进行并行计算，从而获得较高的计算速度。由于服务器集群中的所有服务器运行的是同一个计算任务，因此在客户端看来就像只有一台服务器在对外提供服务。在服务器端，服务器集群不仅可以让多台服务器进行并行计算，还可以利用服务器实现备份，从而使得整个系统在一台服务器发生故障时还能正常运行。

在服务器上安装并运行集群服务后，该服务器即可加入服务器集群。服务器集群中的每台服务器都能控制其本地设备，同时还运行着由服务器集群设计的特定操作系统、应用程序和服务的副本。

集群服务一般分为 3 类：高可用集群、负载均衡集群、科学计算集群。

2.4.3 嵌入式计算机

嵌入式计算机可以被认为是某些"专用"计算机，也称"看不见的计算机"。这类计算机往往针对如网络、通信、音视频、工业控制等领域的特定应用进行设计和开发。嵌入式计算机一般由嵌入式微处理器、外围硬件设备、嵌入式操作系统、应用程序四部分组成，是一种将计算机技术、半导体技术、电子技术与各个行业的具体应用紧密结合的产物，不仅可以满足日常生活中的多种需求，而且还可以提供更高效、更便捷的服务。与普通计算机不同，嵌入式计算机的软件和硬件是紧密集成在一起的，并且一般不支持再编程。目前嵌入式计算机的形式多种多样，应用极其广泛，覆盖了消费、电子、通信、汽车、国防、航空航天、工业制造、仪表等领域。常见的嵌入式计算机有以下几种。

1. POS 机

电子付款机（POS，Point of Sale）机，目前已被普及到各个行业，支持微信、支付宝、银行卡等多种支付形式，为消费者提供更加便捷的付款服务。POS 机包含无线传输模块和小票打印模块，并具有扩展能力，现已成功应用于超市、饭店等场所。POS 机如图 2-30 所示。

2. 无人驾驶飞行器

无人驾驶飞行器，俗称无人机，是一种自带动力、通过无线电遥控、可自主飞行、能执行多种任务，并能被多次使用的飞行器。无人机系统主要包括机体、飞行控制系统、数据链系统、发射/回收系统、电源系统等。飞行控制系统又称飞控系统，相当于无人机系统的"心脏"，对无人机性能的稳定性、精确度、实时性，以及数据传输的可靠性等有着重要影响，对无人机的飞行起决定性作用。数据链系统可以保证对遥控指令的准确传输，以及无人机接收、发送信息的实时性和可靠性。发射回收系统可以保证无人机的顺利升空，使无人机到达安全的飞行高度，以合适的速度飞行，并在执行任务后安全回落到地面上。无人机系统工作示意如图2-31所示。

图2-30 POS机

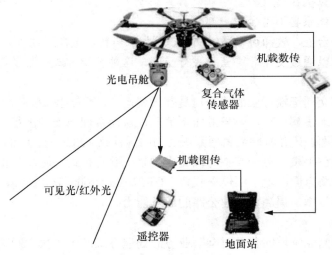

图2-31 无人机系统工作示意

3. 航空航天设备

航空航天领域是嵌入式计算机最早被应用的领域。时至今日，随着航空航天技术的发展，多种设备的控制系统使用了嵌入式计算机技术。嵌入式计算机技术也应用于军事装备，如坦克所装备的雷达系统可以通过卫星进行超远距离通信。

2.5 计算机的应用

1. 教育领域

在信息时代，传统的教学方式已经无法满足学生多样化的学习诉求。多个国家和地区正在利用现代信息技术积极推动教学方式的革新，主要表现在利用计算机技术对教育模式的革新，让教室的概念从线下延展到线上，让师生从物理上的面对面变成网络上的面对面。计算机技术在教育领域的基本模式有以下3种。

（1）多媒体课堂

多媒体课堂是一种将多种教学媒体有机结合起来的教学方式，能够让学生更直观地理解课程内容，使课程内容变得形象、直观、生动、丰富，并且能够提供丰富的情感交流和及时反馈，从而提高学习效率。这一模式已经是目前线下教学的主流模式，可以说信息技术为知识的传递插上了信息化的翅膀，让知识的边界得到无限拓宽。

（2）计算机模拟教学

计算机模拟教学是指通过利用虚拟现实（VR，Virtual Reality）技术，在计算机上建立虚拟的教室或者模拟实验室环境，使学生可以在模拟的环境下身临其境地学习和训练。例如某驾校采用了 VR 技术来模拟驾驶环境，让学员在虚拟的环境中进行驾驶练习。在虚拟环境中，学员可以执行调整驾驶座位、使用方向盘、踩油门、刹车等操作，同时还可以在模拟的驾驶环境中进行驾驶练习。

（3）远程教育

远程教育是计算机在现代教育中非常具有影响力的应用之一。从某种意义上来说，远程教育是现代教育体系必不可少的一部分。

在远程教学平台上，教师可以通过文字、图像、声音、直播连线等方式创建学习场景，完成教学，学生可以通过文字、声音等进行反馈。这种教学方式摆脱了物理环境的限制。

2．交通运输

计算机技术对交通运输行业的改变也是翻天覆地的。随着计算机联网售票系统的普及，人们可以更加及时地了解火车、航班的售票情况，从而合理地安排出行。

例如在铁路方面，计算机联网售票系统（如中国铁路12306App）可以让人们不需要前往火车站，只需要在手机上点一点就可以完成购票，并且在进站时刷身份证即可。

又如在高速公路方面，电子不停车收费（ETC，Electronic Toll Collection）系统大大提升了收费站的收费效率，提高了高速公路的通行能力。

3．金融商业

计算机在金融商业领域的普及对金融业务的处理方式产生了很大影响。

电子货币是一种通过电子化方式支付的货币形式，通过计算机技术实现了资金的快速流通，满足了现代经济高速发展的需求。目前我国流行的电子货币类型主要有 4 种：储蓄卡型电子货币，一般以 IC 卡的形式出现；信用卡应用型电子货币，一般是贷记卡或准贷记卡；存款利用型电子货币，主要有借记卡、电子支票等；现金模拟型电子货币，主要是电子现金和电子钱包。

网上银行运用互联网技术为用户带来了更为便利的服务，其中包含传统的开户、销户、查阅、对账、行内转账、跨行转账、网络证券交易等，让用户可以不到银行柜台便可办理业务。

手机支付又称移动支付，它能够让用户通过移动终端（如智能手机）来支付商品或服务的费用。整个移动支付价值链涉及众多角色，如移动运营商、金融服务商（银行）、应用提供商（企业等）、设备提供商（终端厂商、芯片供应商等）、系统集成商和终端用户。

4．工业制造

工业制造是计算机的传统应用领域，计算机可以使工厂更有效地运营和管理生产，降低人工成本和生产成本缩短生产周期，提高企业效益。计算机在工业制造领域的应用主要有计算机辅助设计、计算机辅助制造和计算机集成制造系统。

5. 农业领域

农业行业也是计算机应用较为广泛的领域。基于传感器技术与计算机技术发展起来的智慧农业技术减轻了农民的劳作负担，提升了种植的效率与收益。

智慧农业技术可以应用于如智慧大棚、智慧灌溉、智慧养殖等场景，通过传感器即时监测温度、湿度、日照强度、二氧化碳含量、水温等信息，并将这些信息传输到计算机中进行分析。

习题与思考

1. 在基于冯·诺依曼体系结构的计算机中，程序的作用是什么？
2. 计算机中包括哪些子系统？存储器的功能是什么？控制单元的功能是什么？
3. 简述计算机的发展历史。
4. 求下列运算的结果。

    NOT $(99)_{16}$

    $(78)_{16}$ AND $(FF)_{16}$

5. 求下列数据的补码。

    $(68)_{10}$

    $(99)_{10}$

6. 计算机的 CPU 由哪几部分组成？
7. 应用程序和操作系统的不同之处是什么？
8. 常见的操作系统有哪些？

第 3 章

文档处理应用

本章导学

◆ 内容提要

文字处理是日常生活和工作中非常常见的应用场景,也是需要掌握的一种非常重要的技能。本章围绕标书的制作,以 Microsoft Word 2016 为例,介绍文字处理软件的文档创建、编辑排版、图文混排、表格制作,以及长文档排版等功能。本章还介绍在线文档的创建、编辑与协作技巧。

◆ 学习目标

1. 熟练掌握 Word 文档编辑与排版方法。
2. 掌握 Word 文档图文混排方法。
3. 掌握 Word 表格的编辑方法。
4. 掌握长文档的排版方法。
5. 掌握在线文档的创建、编辑和协作的方法。

3.1 文档处理概述

文字作为一种重要的数字信息格式,是日常生活和工作中交流的主要媒介。文字处理软件的功能强大、种类繁多,目前常用的文字处理软件有 Microsoft Word(简称 Word)、WPS,以及一些有针对性的文字处理软件,如 Latex、Markdown 编辑器、印象笔记等。这些软件具有界面简洁优雅、功能人性化、易上手操作的特点。本章以 Word 为例,介绍文字处理软件的使用技巧。

3.1.1 Word 简介

1. Word 基本功能

(1) 文字编辑功能

Word 是一款用于编辑和排版的文档软件,可以对文字、图形、图像、声音、数学公式、动画等内容进行编辑,还可以插入来源不同的其他内容。Word 可以满足用户对文档处理的多种需求。

(2) 表格处理功能

Word 可以自动制作多种类型的表格,也可以手动制作表格。同时,Word 可以根据使用者的需要实现多种样式的修饰。

(3) 模板和帮助功能

Word 提供了丰富的模板,能帮助用户迅速建立不同形式的文档。此外,Word 允许用户自己定义模板,以便更快地完成针对特殊需要的文档的制作。Word 的帮助功能详细而丰富,其形象化和易用性使得用户在遇到问题时能够轻松找到解决方法,为用户自学提供方便。

(4) 超强的兼容性以及打印功能

Word 支持多种格式的文档,常见的有 Word 文档(*.docx、*.doc)、Word 模板(*.dotx、*.dot)、网页(*.html)、RTF 格式(*.rtf)、纯文本(*.txt)等。Word 还可以转换文档的格式。此外,Word 拥有打印预览功能,使用户可以轻松调整打印机的相关参数,更加便捷地进行打印。

2. Word 窗口界面

本书所用的 Word 2016 的界面主要包含标题栏、选项卡栏、快速访问工具栏、工作区、状态栏、视图栏等功能区,如图 3-1 所示。

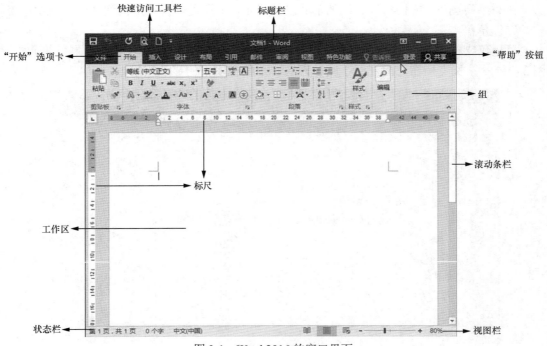

图 3-1 Word 2016 的窗口界面

在 Word 2016 中,标题栏由 5 个小部分组成:文档名称、程序名称、"最小化"按钮、"最大化/向下还原"按钮和"关闭"按钮,如图 3-2 所示。

3．文档视图方式

Word 提供 5 种视图方式，分别是页面视图、阅读视图、Web 版式视图、大纲视图和草稿，以满足不同用户的排版需求。在 Word 窗口界面中切换到【视图】选项卡下，在【视图】选项组中可以单击视图名称，启用对应的视图。

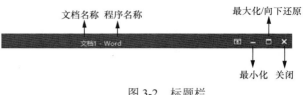

图 3-2　标题栏

（1）页面视图

页面视图是默认的视图模式，文档的创建、编辑等大多数操作需要在此视图下进行。页面视图是所见即所得的视图模式。

（2）阅读视图

阅读视图是一种为了便于阅读和浏览文档而设计的视图模式。阅读视图将开始、插入等菜单进行隐藏，最大化显示文本框区，优化阅读体验。

（3）Web 版式视图

在 Web 版式视图下，用户可以轻松查看和编辑网页类型的文档。在此模式下，用户可以直接看到网页类型的文档在浏览器中的显示效果。

（4）大纲视图

在大纲视图下，文档将以大纲的形式进行显示，用户可以快速定位到文档的任意位置。

（5）草稿

草稿仅支持查看文档中的文本，不会显示分栏、首字下沉、图片、页眉页脚等元素。图 3-3 展示了长文档在页面视图、阅读视图和草稿视图下的显示效果。

（a）页面视图

图 3-3　长文档在不同视图的显示效果

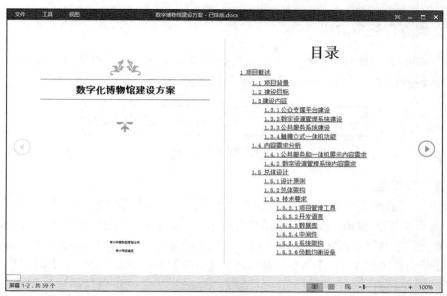

(b）阅读视图

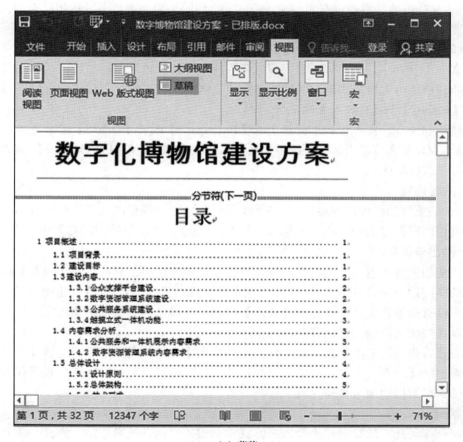

(c）草稿

图 3-3　长文档在不同视图的显示效果（续）

3.1.2 文档通用处理流程

所有 Word 文档的处理过程中无论需要进行多么复杂、精细的排版，这个从无到有的处理过程都需要经历以下 4 个重要步骤，如图 3-4 所示。

图 3-4 Word 通用处理过程

1．启动与新建

Word 启动并新建文档的方式有多种，可根据不同的使用场景选择合适的方式，具体如下。

对于已有扩展名为.doc 或者.docx 的文件，直接双击文件图标，即可启动 Word。

对于暂无扩展名为.doc 或者.docx 的文件，可以通过双击桌面上的 Word 快捷键来启动 Word；也可以单击任务栏中的【开始】按钮，从打开的【开始】菜单中选择并单击【Word】命令。

如果在操作已有文件时需要创建一个新的 Word 文档，则可以使用快捷键【Ctrl+N】。

2．内容输入

Word 文档中的文本内容有多种输入方式，常用的是通过键盘与鼠标相结合的方式，在光标位置输入所需内容。常见的中英文符号可以通过键盘轻松输入，较为特殊的符号则可通过【插入】选项卡中的【符号】按钮进行输入。

在 Word 文档中，还可以通过鼠标选择目标文本，并单击鼠标右键，选择【复制】命令，就能轻松地将大段文本复制并粘贴到其他文档中。文本的复制和粘贴也可以通过使用快捷键【Ctrl+C】与【Ctrl+V】来完成。

若要删除文本，则可以通过键盘上的【Backspace】或者【Delete】键来完成。如果要删除大量文本，那么可以用鼠标先选中需要删除的文本，然后使用【Backspace】或者【Delete】键，即可一次性完成。

3．内容编辑

Word 的重要功能便是内容编辑。Word 不仅可以处理简单的文档，还可以创建复杂的文档，满足用户多方面的文档处理需求。此外，Word 还可以帮助用户高效地组合文档。

4．输出与保存

完成文档内容的输入及编辑后，可以直接单击快速访问工具栏中的【保存】按钮，或者使用快捷键【Ctrl+S】完成文档保存。之后单击文档右上方的【关闭】按钮便可退出 Word。用户也可以直接单击文档右上方的【关闭】按钮，在弹出的对话框中单击【保存】按钮，这样可以在关闭文件的同时保存文档内容。

如果要将当前内容另存为其他文件，则切换到【文件】选项卡下，选择【另存为】命令，在弹出的【另存为】对话框中选择所需要的保存位置、更改文档名称和保存类型，然后单击【保存】按钮便可存储为新文件。

◎案例引入

常州半稞科技有限公司致力于为用户提供全面的资讯科技服务，主要提供信息科技专业领域内的技术开发、技术咨询、技术服务、计算机软件开发等产品及服务。最近公司打算竞标某博物馆信息化服务平台项目，完成该博物馆公众服务门户、信息共享平台、公共支撑平台等软件的开发工作。

投标书是投标单位根据公开招标书中规范的条款和要求，包含报价、设计方案、公司介绍等内容，并提出订立合同建议的文书。本章以常州半稞科技公司竞标博物馆信息化服务平台项目的标书为例，介绍 Word 的常见功能及操作（所用版本为 Word 2016，后面将不再说明）。

3.2　基础排版有章法——制作投标函

投标函的排版主要有这些要求：主标题醒目，字符间距及行距较宽；正文中需要给部分段落添加项目符号和编号；给重要的信息添加合适的提示，以突出显示。图 3-5 展示了经过排版后的投标函效果。

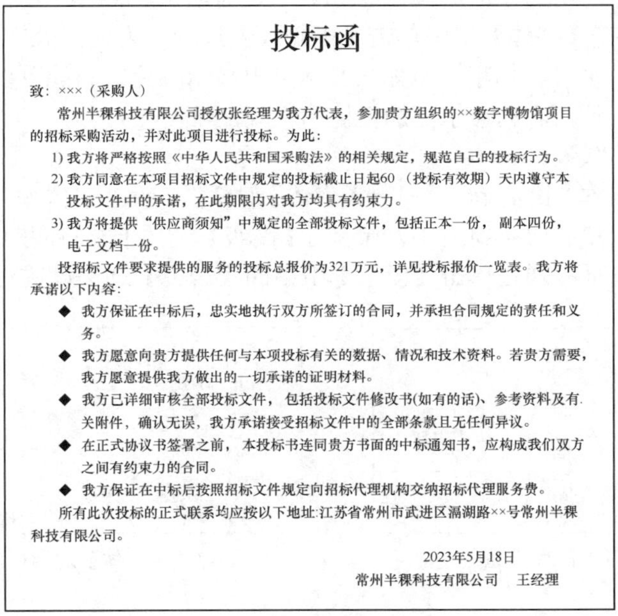

投标函

致：×××（采购人）

常州半稞科技有限公司授权张经理为我方代表，参加贵方组织的××数字博物馆项目的招标采购活动，并对此项目进行投标。为此：

1) 我方将严格按照《中华人民共和国采购法》的相关规定，规范自己的投标行为。
2) 我方同意在本项目招标文件中规定的投标截止日起60（投标有效期）天内遵守本投标文件中的承诺，在此期限内对我方均具有约束力。
3) 我方将提供“供应商须知”中规定的全部投标文件，包括正本一份，副本四份，电子文档一份。

投招标文件要求提供的服务的投标总报价为321万元，详见投标报价一览表。我方将承诺以下内容：

◆ 我方保证在中标后，忠实地执行双方所签订的合同，并承担合同规定的责任和义务。
◆ 我方愿意向贵方提供任何与本项投标有关的数据、情况和技术资料。若贵方需要，我方愿意提供我方做出的一切承诺的证明材料。
◆ 我方已详细审核全部投标文件，包括投标文件修改书(如有的话)、参考资料及有关附件，确认无误，我方承诺接受招标文件中的全部条款且无任何异议。
◆ 在正式协议书签署之前，本投标书连同贵方书面的中标通知书，应构成我们双方之间有约束力的合同。
◆ 我方保证在中标后按照招标文件规定向招标代理机构交纳招标代理服务费。

所有此次投标的正式联系均应按以下地址:江苏省常州市武进区漏湖路××号常州半稞科技有限公司。

2023年5月18日

常州半稞科技有限公司　王经理

图 3-5　排版后的投标函

3.2.1　任务设置

1. 利用 Word 新建文档，并将文档命名为博物馆数字服务投标函。
2. 输入文本内容。
3. 设置字体格式。
4. 设置段落格式。
5. 利用查找与替换功能替换文本中的数字（金额）。
6. 利用项目符号及编号功能给段落加合适的项目符号与编号。
7. 利用页面设置对整体页面进行调整。
8. 设置打印。

3.2.2 任务实现

Word 文档的基础排版按照排版对象可以分为 3 个层次：字体排版、段落排版、整体页面布局排版。下面依次介绍具体操作方法。

1. 字体排版

（1）通用字体格式设置

打开配套资源中的文档"博物馆数字服务投标函.docx"，通过鼠标选中从"致：×××采购人"开始，到"所有此次投标的正式联系……有限公司"结束这段文本内容，单击【开始】选项卡，单击【字体】组右下角的【对话框启动器】选项，这时弹出【字体】对话框。在【字体】对话框中，将文档中的中文字体设置为"宋体"，西文及数字字体设置为"Symbol"，字号设置为"五号"。【字体】对话框如图 3-6 所示。

按住【Ctrl】键，同时选中文本"60"及"江苏省常州市武进区滆湖路××号常州半稞科技有限公司"，并在【字体】组中单击【下划线】选项，为这两处文本添加下划线。【字体】组提供的字体、字号、加粗、斜体、文本突出显示颜色等功能可以实现文本中不同文字内容的基础排版，使内容的显示更加便捷和直观。

（2）特殊字体格式设置

首先选中标题文本"投标函"并打开【字体】对话框，设置字体为"宋体"，字形为"加粗"，字号"二号"；然后切换到图 3-7 所示的【高级】选项卡，将间距设置为"加宽"，磅值设置为"10"磅；最后通过单击【段落】组中的【居中】选项设置对齐方式为居中。

图 3-6　【字体】对话框

图 3-7　【字体】对话框的【高级】选项卡

（3）查找和替换文本

查找和替换功能可以实现文本替换以及格式替换。文本替换主要操作如下。

在【开始】选项卡的【编辑】组中，单击【替换】选项，这时会弹出【查找和替换】对话框，如图 3-8 所示。在图 3-8 所示界面的【查找内容】文本框中输入被替换的内容"321"，在【替换为】文本框中输入替换的内容"叁佰贰拾壹"，然后单击【全部替换】按钮，即可快速完成文本内容的替换。

2. 段落排版

（1）设置首行缩进及行距

选中文本中从"常州半稞科技有限公司"开始到"所有此次投标的正式联系……有限

图 3-8　【查找和替换】对话框

公司"结束的文本对象,单击【开始】选项卡中【段落】组右下角的【对话框启动器】选项,这时弹出【段落】对话框。在【段落】对话框中"缩进"选项区的特殊下拉列表框中选择"首行",设置缩进值为"2 字符",在间距选项区的"行距"下拉列表框中选择"1.5 倍行距"。选中标题文本"投标函",单击鼠标右键,从弹出的快捷菜单中选择【段落】命令,打开【段落】对话框,在【间距】选项区设置段后为"1 行"。【段落】对话框如图 3-9 所示。

选中落款处的时间、公司名和负责人信息,单击【段落】组中的【右对齐】选项,设置文本对齐方式为右对齐,如图 3-10 所示。

(2) 添加项目符号与编号

选中文本对象"我方保证中标后……交纳招标代理服务费",单击【段落】组中【项目符号】选项右侧的小箭头,为文本对象添加项目符号。

在弹出的【项目符号库】对话框中,单击【定义新项目符号】,在弹出的对话框中单击【符号】选项,进入【符号】对话框。在该对话框中,首先选择需要的字体集(比如"Webdings"字体集),然后选择具体符号。上述操作的对话框如图 3-11 所示。

选中文本"我方将严格按照……电子文档一份",在【段落】组中单击【编号】选项右侧的箭头,从弹出的下拉菜单中选择所需的编号类型。我们在这里选择半括号。

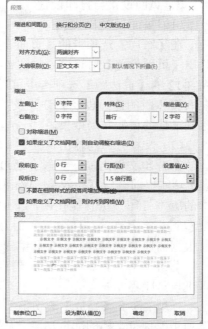

图 3-9 【段落】对话框

图 3-10 【段落】选项卡

(a)【项目符号库】对话框

(b)【符号】按钮

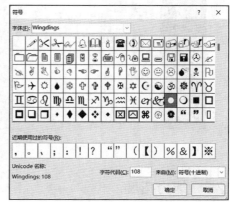

(c)【符号】对话框

图 3-11 【项目符号库】对话框及符号对话框

3. 页面设置与打印设置

（1）页面设置

在【布局】选项卡的【页面设置】组中，单击右下角的【对话框启动器】选项，这时弹出【页面设置】对话框，如图 3-12 所示。图 3-12 的【页边距】选项卡中可以调整上下左右页边距的值，以及装订线及其位置，以达到最佳的页面布局效果。

（2）文档打印与输出

在打印文档之前，一般会通过【打印预览】功能提前查看打印效果。Word 2016 及以上的版本打印预览功能使用户不但能在打印前看到非常逼真的打印效果，而且能在预览时根据需要对文档进行调整和编辑，并不需要切换到相应的视图模式。

图 3-12 【页面设置】对话框

单击【文件】菜单，选择【打印】命令，或者使用快捷键【Ctrl+F2】或【Ctrl+P】，即可进入打印界面。

拖动右下角【缩放】滚动条上的滑块，即可调整文档的显示大小。通过单击【下一页】选项实现预览文档的翻页功能，从而全面预览文档的打印效果。

打印范围默认是文档中的所有页面。用户可以根据需要自行调整，【设置】选项区中选择或输入需要打印的范围。【打印】界面如图 3-13 所示。

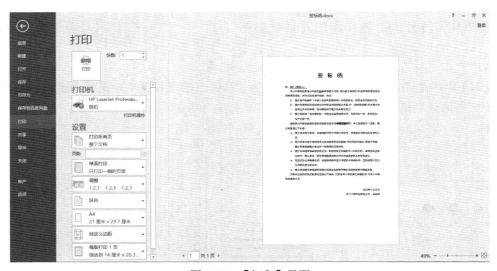

图 3-13 【打印】界面

3.2.3 能力拓展

1. 文本效果

在【开始】选项卡的【字体】组中，除了可以设置文字的字体、字号、加粗、斜体等格式外，还可以设置文本效果。下面我们介绍如何在 Word 中设置文本效果。

在【开始】选项卡的【字体】组中，单击【文本效果和版式】选项，会看到 Word 提供的文本效果样式，如图 3-14 所示。用户可以按照行、列的标签，比如第二行第三列，选择对应的"渐变填充：金色，主题色 4；边框：金色，主题色 4"的内置样式[①]。设置文字为该内置样式的效果如图 3-15 所示。

图 3-14　【文本效果和版式】对话框　　　　　图 3-15　内置样式文字效果

Word 文本效果中的内置样式可以迅速改变文档的外观，并且色调与样式都是设置好的，使用户可以选择最适配当前文档主题的样式。这种方式可以提升用户的操作效率，也可以保持排版格式的一致性。

当内置样式无法满足用户要求的时候，用户可以在轮廓、阴影、映像、发光等方面设置文本效果。具体操作如下。

选中需要设置文本效果的文本对象，单击【字体】组右下角的【对话框启动器】选项，这时弹出【字体】对话框。单击【字体】对话框底部的【文字效果】选项，进入【设置文本效果格式】对话框，如图 3-16 所示。这时，我们可以分别单击【文本填充与轮廓】选项或者【文字效果】选项，对文本对象格式进行设置，以达到最佳的文本效果。

　　　（a）文本填充与轮廓　　　　　　　　　　（b）文字效果

图 3-16　【设置文本效果格式】对话框

---

① 本书为单色印刷。但是，为了保证读者能够直观地感受到类似操作的效果，本书保留了金色等颜色表述。

2．查找和替换

【查找】命令可以帮助用户在文本中查找需要的文本或者符号，【替换】命令可以帮助用户将某些文本或者符号替换成新的文本或者符号。不仅如此，它们还可以直接进行更复杂的文本及格式替换。

（1）【查找】命令

【查找】命令的操作步骤如下。

① 指定查找范围，即选择相应的文本区域，否则系统将默认从光标处开始，在整个文档中进行查找。

② 打开【开始】选项卡，单击【编辑】组中【查找】选项下的【高级查找】命令，这时弹出【查找和替换】对话框，如图 3-17 所示。

图 3-17　【查找和替换】对话框的【查找】选项区

③ 在【查找】选项区的【查找内容】文本框中输入查找内容，单击【查找下一处】选项进行查找。

这里的查找是一种区分全角和半角的查询方式，先从光标所在处查找，当找到第一个时会停下来，等待用户的下一个操作。若还需要继续查找下一个，则单击【查找下一处】选项。如果查找完毕，Word 会给出反馈信息，此时单击【确定】即可。

用户也可以单击【在以下项中查找】选项，选择所需的查找范围进行查找。对话框会提示查到的匹配目标的数量。

（2）【替换】命令

通过【替换】命令，Word 能按要求自动查找并替换指定的文本。具体操作步骤如下。

① 打开【开始】选项卡，单击【编辑】组中的【替换】命令，这时弹出【查找和替换】对话框，如图 3-18 所示。

图 3-18　【查找和替换】对话框的【替换】选项区

② 在【查找内容】文本框中输入要查找的内容，在【替换为】文本框中输入要替换的内容。

③ 每单击一次【替换】命令，Word 会自动查找并替换一个。如果单击【查找下一处】选项，则 Word 只查找而不进行替换。如果单击【全部替换】选项，则 Word 将自动对整个文档进行查找和替换。

如果需要进行更高级的查找，那么单击【更多】选项，即可弹出图 3-19 所示的【查找和替换】对话框。图 3-19 所示对话框中可进行区分大小写等参数的设置，还可以对被替换文字进行格式或者特殊格式的设置，比如可以设置字体为"加粗""红色"、添加"着重号"等格式，或者通过特殊格式将文中的"。"替换为特殊格式的"^p"。单击【取消】选项即可退出【查找和替换】对话框。

图 3-19　单击【更多】选项后的【查找和替换】对话框

3．文字录入

打开 Word 文档，光标所在之处就是输入位置，闪烁的光标也叫插入光标。在 Word 中，待输入的内容只能从插入点输入，确定插入点最简单的方法就是移动鼠标指针到需要的地方并单击一下。

确定插入点之后，用户就可以输入文本内容了。在 Word 中，每一行结尾不需要按【Enter】键，Word 会按照页面设置情况自动换行。当需要开始新的一段时，Word 才需要用户主动按【Enter】键。此外，中英文输入法可以通过快捷键【Ctrl＋Space】进行切换，快捷键【Shift＋Space】键可实现半角和全角的切换，单击输入状态栏的【标点】选项可实现中文和英文标点的切换。

如果不小心输入了错误的内容，那么可以按【Backspace】键（向前）或者【Del】键（向后）进行删除，然后重新输入正确的内容即可。用户也可以直接通过拖动鼠标选中需要修改的内容，直接输入正确的内容。

如果要输入标点符号（如逗号和句号），可以在当前输入法下，按下键盘上对应的标点符号键进行输入。如果是一些标点符号或者特殊符号，那么可以单击【插入】选项卡中的【符号】组，并单击其中的【符号】选项，这时会弹出图 3-20 所示的对话框，选择所需要的符号即可。

图 3-20　插入符号

4．段落对齐方式

段落对齐的方式有 5 种：左对齐、居中、右对齐、两端对齐和分散对齐。其简单操作方式可通过【段落】组中相应的命令按钮来实现，如图 3-21 所示。

图 3-21　【段落】选项组

这 5 种对齐方式对应的快捷键和说明具体如下。

文本左对齐：快捷键为【Ctrl+L】，可以使文档内容沿水平方向向左对齐。

居中：快捷键为【Ctrl+E】，可以使文档内容沿水平方向居中对齐，常用于文档的标题。

右对齐：快捷键为【Ctrl+R】，可以使文档内容沿水平方向向右对齐。例如信函中的落款和日期通常采用右对齐。

两端对齐：快捷键为【Ctrl+J】，可以使文档内容沿水平方向两端对齐。这是 Word 文档默认的对齐方式。

分散对齐：快捷键为【Ctrl+Shift+J】，可以使文档内容中字符数不同的行沿水平方向两端对齐。这种方式多用于一些特殊情况，例如当姓名的字数不相同时，就可以使用这种对齐方式。

分散对齐和两端对齐有一些相似之处，它们之间的区别在于排版：在两端对齐中，当一行文本未满行时，其对齐方式是左对齐；而分散对齐多用于一些较特殊场合，未满行的文本对象的对齐方式是其首尾与前一行对齐，而且平均分配字符间距。

5．撤销与恢复编辑操作

Word 提供了一个强大的功能，可以有效解决文本处理中经常出现误操作问题。只要文档没有被关闭，则所做的操作都可利用【撤销键入】按钮撤回。执行一次【撤销键入】命令可以撤回最近一次操作，使文本恢复到该操作之前的状态；多次执行【撤销键入】可撤销这几次的操作。用户也可直接使用快捷键【Ctrl+Z】进行操作。此外，如果进行了错误的撤回操作，Word 还提供【恢复】命令来还原操作，用户可通过工具栏中的按钮来进行恢复操作。

6．简繁体转换

Word 可以很方便地进行简体和繁体之间的转换。首先选择需要转化的文本，打开【审阅】选项卡，单击【中文简繁转换】选项组中的【简繁转换】选项；然后在弹出的对话框中选择所需要的转换方式，并进行相应的设置；最后单击【确定】按钮，即可完成文本的简繁体转换。

3.3 图文混排有技巧——制作公司介绍页

常州半稞科技有限公司参与某博物馆信息化服务平台项目的投标。为了让客户更好地了解其基本情况和产品信息，该公司制作了公司介绍文档。该文档经过排版的效果如图 3-22 所示。

(a) 页面1　　　　　　　　(b) 页面2　　　　　　　　(c) 页面3

图 3-22　公司介绍文档的排版效果

3.3.1 任务设置

1. 利用页面设置、字体设置和段落设置来实现文档的基本排版。
2. 利用样式突出文档中的主题内容，并适当修改样式。
3. 利用文本框输入公司名称，并对文本框进行格式设置。
4. 利用图片使文档看起来更美观，并对图片进行格式设置。
5. 利用艺术字重点突出相关内容，并对艺术字进行格式设置。
6. 设置首字下沉。
7. 利用分页符将文档中的部分内容进行分页显示。
8. 对文档中两部分内容进行分栏设置。
9. 插入页眉，并去除横线。
10. 插入页脚，并在页脚中输入公司地址、电话号码以及页码。

3.3.2 任务实现

1. 基本排版

利用前文所学操作对配套资源中的文档"公司介绍.docx"中的文本进行基本排版，具体要求如下。

（1）将页面设置为 16 开，上下边距均为 2 厘米，左右边距均为 1.8 厘米。

（2）将正文字体设置为宋体，小四号；将"公司优势"下面的"运营优势：""技术优势:""服务优势:""经验优势:"和"性价优势:"进行加粗显示。

(3)将段落设置为首行缩进 2 字符,行距设置为 1.3 倍行距。

2. 样式

Word 中的样式是一个重要的功能,这里的样式是指用有意义的名称保存的字符格式和段落格式的集合。如果想要快速更改文本格式,那么样式是非常有效的工具。当应用样式时,Word 会自动完成该样式中所包含的所有格式的设置工作,简化了用户对格式的编辑和修改操作,从而极大地提升了排版效率。此外,Word 还可以自动在文档的导航窗格中生成文档结构图,从而使内容更有条理。

(1)应用样式

我们对文档"公司介绍.docx"中的蓝色文本应用"副标题"样式,具体操作步骤如下。

步骤 1:选择文本。将光标置于蓝色文本任意位置,单击【开始】选项卡上的【编辑】组,单击【选择】选项旁的下拉箭头,在弹出的下拉列表中单击【选择格式相似的文本】选项,即可将文档中所有蓝色文本选中,如图 3-23 所示。

图 3-23 选择格式相似的文本

步骤 2:应用样式。仍在【开始】选项卡中,单击【样式】组中的【副标题】选项,如图 3-24 所示,则该样式所包含的所有格式会被应用到选中的文本上。

步骤 3:显示所有样式。【样式】组中默认只显示 16 种样式,因而也称快速样式库。若想要的样式并没有出现在快速样式库中,则可以单击【样式】组右下角的【对话框启动器】按钮,这时弹出【样式】窗格,如图 3-25 所示。在【样式】窗格中单击【选项】选项后,会弹出【样式窗格选项】对话框,如图 3-26 所示。在【选择要显示的样式】的下拉列表中选择【所有样式】选项,并单击【确定】选项,即可在【样式】窗格中显示 Word 所有的内置样式。

图 3-24 设置样式　　图 3-25 【样式】窗格　　图 3-26 【样式窗格选项】对话框

(2)修改样式

若内置样式不能完全符合实际需要,则可对内置样式中的格式进行修改。我们在文档"公司介绍.docx"中,将【副标题】样式的格式进行如下修改:字体格式为微软雅黑、小二号、深蓝色,字符间距加宽 10 磅;文本填充效果为"径向渐变–个性色 5,类型为矩形,方向为从中心。具体操作步骤如下。

步骤1：在快速样式库中的【副标题】样式上单击鼠标右键，在弹出的快捷菜单中选择【修改】选项（也可以在【样式】窗格中单击该样式右侧的黑色三角选项，在下拉列表中选择【修改】选项），则会弹出【修改样式】对话框，如图3-27所示。

图3-27　【修改样式】对话框

步骤2：弹出的【修改样式】对话框中的【格式】选区可以对字体、字号、颜色、对齐方式等常用格式进行修改。用户也可以单击左下角的【格式】选项，调整字体、段落、制表位、边框、语言、图文框、编号、快捷键和文字效果的参数。

（3）创建样式

除了可以应用、修改内置的样式，Word还支持创建样式。在【开始】选项卡【样式】组中单击右侧的【其他】选项，在弹出的下拉列表中选择【创建样式】选项，这时会弹出【根据格式设置创建新样式】对话框，如图3-28所示。用户可以在此对话框中输入样式名称，然后单击【修改】选项，在弹出的对话框中设置新建样式的各个参数。

图3-28　【根据格式设置创建新样式】对话框

3．插入对象

在对文档进行排版时，图形、图片、艺术字等元素可以增强文档的可读性，使版面的视觉效果更加丰富和优美。

（1）文本框

我们在文档"公司介绍.docx"中插入宽14.8厘米、高2.65厘米的文本框，并将其格式设置为顶端居中，四周型文字环绕；在文本框中填充图片"科技背景.png"；在文本框内输入文本"常州半稞科技有限公司"，并将文本格式设置为白色、微软雅黑、小初、居中。具体操作步骤如下：

步骤1：绘制文本框。

① 单击【插入】选项卡，在【文本】组中单击【文本框】下拉箭头，在弹出的下拉列表中选择【绘制文本框】命令，如图 3-29 所示。此时鼠标指针成为十字形状。

② 在文档的任意位置按住鼠标左键并拖动鼠标，即可绘制一个文本框。我们在文档的第一页执行这个操作。

步骤2：设置文本框格式

① 修改文本框大小。选中文本框，在"绘图工具"→"格式"→"大小"中设置文本框的宽度为 14.8 厘米、高度为 2.65 厘米，如图 3-30 所示。

② 设置位置。选中文本框，在"绘图工具"→"格式"→"排列"→"位置"中选择【顶端居中，四周型文字环绕】选项，如图 3-31 所示。此时该文本框显示在第一页的最顶端。

文本框大小和位置的设置还可以通过单击【绘图工具–格式】选项卡中【大小】组右下角的对话框启动器，在弹出的【布局】对话框中，对文本框的位置、文字环绕及大小进行的设置，如图 3-32 所示。

图 3-29 【文本框】下拉列表

图 3-30 设置文本框大小

图 3-31 设置文本框位置

图 3-32 【布局】对话框

③ 填充。选中文本框，选择"绘图工具"→"格式"→"形状样式"，单击【形状填充】右侧的下拉箭头，在弹出的下拉列表中选择【图片】选项，如图 3-33 所示。在配套资源中选择"科技背景.png"，单击【插入】选项即可将图片插入到文本框中。文本框中不仅

可以填充图片，还可以填充渐变色、纹理等内容。

此外，用户也可以通过在文本框上单击鼠标右键，在弹出的快捷菜单中选择【设置形状格式】选项，此时编辑窗口右侧会显示【设置形状格式】窗格，如图 3-34 所示。在此窗格中可以对文本框的各个选项进行设置。

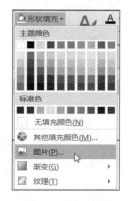 

图 3-33　【形状填充】下拉列表　　　　　图 3-34　【设置形状格式】窗格

步骤 3：输入文本"常州半稞科技有限公司"，并设置其字体为微软雅黑、白色、小初，对齐方式为居中对齐。

（2）图片

Word 中可以插入来自图片和联机图片，还可以插入屏幕截图，如图 3-35 所示。

插入来自外部的图片。我们希望文档"公司介绍.docx"

图 3-35　Word 的插入图片功能

的页面展示得更丰富、更贴近主题，因此在第二页中插入图片"点赞.jpg"，并设置该图片的格式为高度 4 厘米、四周型文字环绕、水平居中和垂直居中；艺术效果为纹理化，缩放 60；图片样式为柔化边缘矩形。此外，我们在第三页中插入图片"科技之光.png"，并设置其格式为底端居中、四周型文字环绕。操作步骤如下。

步骤 1：将鼠标指针置于第二页中任意位置，单击【插入】选项卡，并单击【插图】组中的【图片】选项。

步骤 2：在弹出的【插入图片】对话框中选择图片"点赞.jpg"，单击【插入】按钮，即可将该图片插入到文档中。

步骤 3：保持选中图片的状态，单击【图片工具-格式】选项卡，在【大小】组中设置图片的高度为 4 厘米。

步骤 4：选中图片，单击【图片工具-格式】选项卡，在【排列】组中单击【环绕文字】选项的下拉箭头，并在弹出的下拉列表中选择【四周型】选项，如图 3-36 所示。然后单击【对齐】选项右侧的下拉箭头，在弹出的下拉列表中依次选择【水平居中】和【垂直居中】选项，如图 3-37 所示。

步骤 5：选中图片，单击【图片工具-格式】选项卡，在【调整】组中单击【艺术效果】选项的下拉箭头，并在弹出的下拉列表中先选择【纹理化】选项，如图 3-38 所示；然后在该下拉列表中单击【艺术效果选项】命令，在弹出的【设置图片格式】窗格中将缩放值设置为 60，如图 3-39 所示。

图 3-36　设置图片的环绕方式　　　　　图 3-37　设置图片的对齐方式

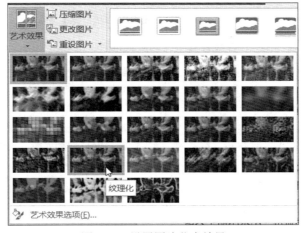 

图 3-38　设置图片艺术效果　　　　　图 3-39　设置图片的艺术效果

步骤6：选中图片，单击【图片工具–格式】选项卡，在【图片样式】组中单击【柔化边缘矩形】选项，设置图片样式为柔化边缘矩形，如图 3-40 所示。

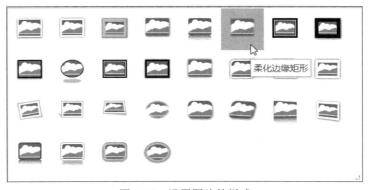

图 3-40　设置图片的样式

步骤 7：参照以上步骤在第三页插入图片"科技之光.png"，并设置其格式为底端居中和四周型环绕。

插入联机图片。Word 除了可以插入本地图片，还可以插入联机图片（若计算机已联网），即网络中的图片。使用插入联机图片功能，用户就可以方便地插入互联网上的图片了。操作步骤如下。

步骤 1：单击【插入】选项卡【插图】组中的【联机图片】选项，打开【插入图片】对话框。

步骤 2：在【必应图像搜索】选项右侧的文本框内输入所需图片的关键词，单击右侧的放大镜按钮。此时 Word 会弹出搜索到的若干张图片，用户选择合适的图片并单击【插入】选项，即可将网上搜索到的图片插入到文档中，如图 3-41 所示。

（a）输入图片关键词　　　　　　　　　　（b）搜索到的联网图片

图 3-41　搜索并插入联机图片

插入屏幕截图。Word 自带屏幕截图功能，可以直接对计算机屏幕进行截图，并将截图剪切成符合要求的形式，插入到文档中。操作步骤如下。

首先将光标定位在需要插入截图的位置，单击【插入】选项卡中的【插图】组；然后单击【屏幕截图】下拉箭头，其下拉列表中列出了当前显示的窗口，单击即可直接获取所需窗口的图片。用户也可以单击图 3-42（a）中下方的【屏幕剪辑】选项，当鼠标指针变为加号"+"时，可按住鼠标左键并拖动鼠标开始截图，如图 3-42（b）所示。截取好图片后，松开鼠标左键即可将截图直接插入到文档中。

 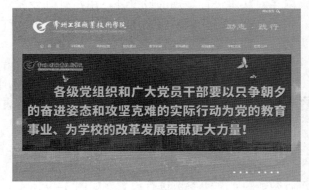

（a）【屏幕截图】下拉列表　　　　　　　　　（b）所截图片

图 3-42　插入屏幕截图

（3）艺术字

艺术字是一种包含特殊文本效果的绘图对象，它和普通字的区别在于艺术字的表现形式是多种多样的。艺术字在公司简介、产品介绍、宣传海报等文档的排版中被广泛采用，不仅能突出重点内容，还给文档带来更醒目和美观的视觉效果。Word 为用户提供了 15 种艺术字内置样式，用户可根据情况选择合适的艺术字样式插入使用。

我们在文档"公司介绍.docx"的末尾插入格式为水平居中、"填充–蓝色，着色 1，轮廓–背景 1，清晰阴影–着色 1"的艺术字：与科技同行与智慧共成长。该艺术字的字体设置为微软雅黑，文本设置为渐变填充：深色变体、从中心，并添加右上对角透视阴影。操作步骤如下。

步骤 1：插入艺术字。将光标置于需要插入艺术字的位置处，如本例中将光标置于最后一段，单击【插入】选项卡，并单击【文本】组中【艺术字】的下拉箭头，其下拉列表会显示艺术字样式。我们选择"填充–蓝色，着色 1，轮廓–背景 1，清晰阴影–着色 1"，如图 3-43 所示。此时文本中便会插入一行艺术字，显示"请在此放置您的文字"，如图 3-44 所示。我们将这段文字改为与科技同行与智慧共成长，并将其分为两段显示，修改字体为微软雅黑。得到的艺术字效果如图 3-45 所示。

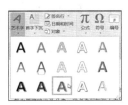

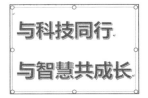

图 3-43　艺术字样式　　　图 3-44　插入艺术字　　　图 3-45　艺术字效果

步骤 2：编辑艺术字。选中艺术字后，我们可以在【绘图工具–格式】选项卡的【艺术字样式】组中修改艺术字的样式，例如设置艺术字的文本填充、文本轮廓和文本效果，使得艺术字的效果多种多样。在本例中，我们单击【文本填充】选项的下拉箭头，在下拉列表中选择"渐变"→"深色变体"→"从中心"选项，如图 3-46 所示；单击【文本效果】选项的下拉箭头，在下拉列表中选择"阴影"→"透视"→"右上对角透视"选项，如图 3-47 所示。

步骤 3：设置艺术字的居中方式为水平居中。

4．首字下沉

除了对文本进行常规的设置外，用户有时会需要对某些文本进行特殊的设置，如在海报、报纸、杂志等排版中将文本设置为首字下沉。首字下沉就是把段落中的第一个字或词放大数倍，使其显示更加醒目。

（1）设置首字下沉

将光标置于需要设置首字下沉的段落前，单击【插入】选项卡，并单击【文本】组中【首字下沉】选项的下拉箭头，在弹出的下拉列表中选择【下沉】或【悬挂】选项，如图 3-48 所示。

（2）首字下沉选项

在图 3-48 所示的下拉列表中，用户还可以单击【首字下沉选项】选项，对位置、字体、下沉行数、距正文等参数进行设置，如图 3-49 所示。本例中首字下沉的最终效果如图 3-50 所示。

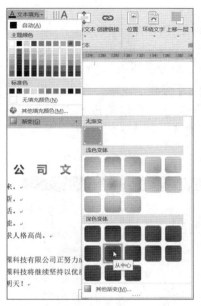

图 3-46　设置艺术字的文本填充　　　　图 3-47　设置艺术字的文本效果

图 3-48　设置首字下沉　　图 3-49　【首字下沉】对话框　　图 3-50　首字下沉的最终效果

5．分页与分栏

（1）分页

一般情况下，Word 文档是自动进行分页显示的。但有时为了排版布局的效果更好一些，文档的不同部分需要进行强制分页显示，这时可以在文档中插入分页符，进行分页设置。

我们在文档"公司介绍.docx"中，将"公司优势"这部分内容单独显示在一页中。首先将光标置于需要分页显示的段落前，即文本"公司优势"之前；然后单击【布局】选项卡，并单击【页面设置】组中【分隔符】选项的下拉箭头，在弹出的下拉列表中选择【分页符】选项区的【分页符】选项，即可将"公司优势"及之后的文本显示在下一页中。

同样地，我们将光标置于"性价优势"段落的末尾，再次添加分页符，将之后的段落显示在下一页中。

（2）分栏

分栏就是将版面分为多栏进行显示，是文档编辑中常用的一个功能。

我们在文档"公司介绍.docx"中，将"公司理念"和"公司文化"这两部分内容进行分栏显示。首先选中需要分栏的文本对象（从"公司理念"到"追求人格高尚。"）；然后单击【布局】选项卡，并单击【页面设置】组中的【分栏】选项，在弹出的列表中选择两栏/三栏或者偏左/偏右等选项，如图 3-51 所示。若需进一步精确设置栏宽、间距、分割线等选项，则可以单击【更多分栏】选项，在弹出的【分栏】对话框中进行，如图 3-52 所示。

图 3-51　分栏

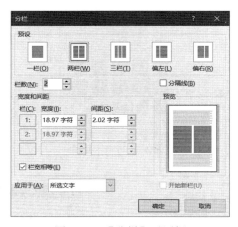

图 3-52　【分栏】对话框

分栏后的显示效果如图 3-53 所示。从图 3-53 中可以看出，此时分栏功能将选中的文本均匀地分在两栏中显示，但分栏效果并不合理，我们希望"诚信铸就未来。"这句话能显示在左侧的"公司理念"栏中。这一问题可以用分栏符来解决，分栏符可以将其后面的文字从下一栏开始显示。

图 3-53　分栏后的文本效果

将光标置于文本"公司文化"之前，并在"布局"→"页面设置→"分隔符"→"分页符"选区中选择【分栏符】命令，如图 3-54 所示，便可将"公司理念"和"公司文化"这两部分内容分别显示在左右两栏中。

6．页眉、页脚

页眉和页脚是文档的重要部分。页眉和页脚中可以插入文本、图片、图形、文档部件等内容，通常用于显示文档的附加信息，如页码、时间、日期、公司微标、文档标题、文件名、作者姓名等信息。

（1）页眉

插入页眉。单击【插入】选项卡，并在【页眉和页脚】组中单击【页眉】选项，从弹出的下拉列表中列出的内置页眉样式中选择一个合适的样式，如图 3-55 所示，之后便进入页眉页脚编辑状态。在页眉中显示"[在此处键入]"的位置输入页眉内容，并进行格式设置，例如在文档"公司介绍.docx"中输入页眉内容"常州半稞"，并设置其格式为微软雅黑、居右。设置完毕后，单击【页眉和页脚工具–设计】选项卡【关闭】组中的【关闭页眉和页脚】选项，或者直接在正文处双击鼠标左键，即可退出页眉页脚编辑状态，回到正文中。

删除页眉横线。选中页眉文本所在段落，单击【开始】选项卡【段落】组中【边框】按钮，在弹出的下拉列表中选择【无框线】选项，即可删除横线，如图 3-56 所示。

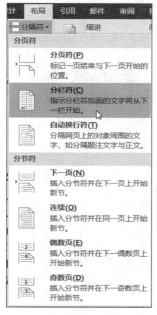
图 3-54 【分页符】选区

图 3-55 插入页眉

图 3-56 删除页眉横线

（2）页脚

插入页脚的方法和页眉相似。同样单击【插入】选项卡，并在【页眉和页脚】组中单击【页脚】选项，从弹出的下拉列表中选择如【空白(三栏)】的页脚样式，如图 3-57 所示，输入所需内容即可。我们在文档"公司介绍.docx"中页脚左栏输入"地址：常州市武进区"，中栏输入"Tel:0123-87654321"，右栏插入页码。

页码是文档每一页上标明次序的数字，可用于统计文档的页数，以便读者检索内容。页码可以位于页面顶端、页面底端，也可以位于页边距中。插入页码的步骤如下。

步骤 1：单击【插入】选项卡，在【页眉和页脚】组中单击【页码】选项，如图 3-58 所示，选择页码插入的位置后会出现内置的页码格式列表。若要在文档"公司介绍.docx"的页脚右栏中输入"-1-"形式的页码，则应选择【当前位置】命令，在弹出的页码列表中选择【普通数字 1】选项，即可在指定位置上插入页码。

步骤 2：设置页码格式。单击【页码】选项，在弹出的下拉列表中选择【设置页码格式】选项，就可以在弹出的【页码格式】对话框中对"编号格式""页码编号"等参数进行设置，如图 3-59 所示。

信 息 技 术

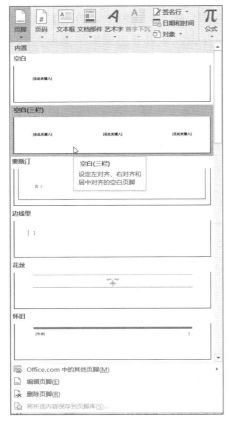

图 3-57　插入页脚

图 3-58　插入页码

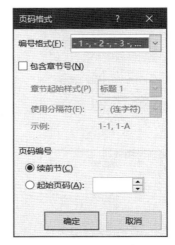

图 3-59　设置页码格式

3.3.3　能力拓展

1．插图

在 Word 的【插入】选项卡【插图】组中，除了可以插入前面已经介绍的图片、联机图片和屏幕截图外，还可以插入形状、SmartArt 图形。下面我们介绍如何在 Word 中插入形状和 SmartArt 图形。

（1）形状

在【插入】选项卡的【插图】组中，单击【形状】选项后，可以看到 Word 提供了线条、矩形、基本形状、箭头总汇、公式形状、流程图、星与旗帜、标注等多种形状，如图 3-60 所示。和形状相关的功能如下。

插入形状。单击鼠标左键选择所需形状，当鼠标指针变成加号"+"时，按住鼠标左键进行拖动，即可在页面中绘制相应形状。若在拖动鼠标的同时按住【Shift】键，且所选形状为五角星，则绘制出一个正五角星，如图 3-61 所示。

添加文本。右击形状，在弹出的快捷菜单中选择【添加文字】命令，即可在形状中添加文本。当形状中插入文本后，该形状就具备了文本框的功能。

修改形状格式。选中已绘制的形状，这时可以看到【绘图工具–格式】选项卡和文本框并无区别，所以当需要插入特殊形状的文本框时，可以直接选择先插入形状再编辑文本，并为文本对象选择一个主题样式，如图 3-62 所示。这种方式比先插入文本框再改变其格式更直观、快捷。当选中某些形状时，我们会看到一个黄色的圆点，通过它可以对形状的幅度进行调节。但不是所有的形状中都会出现黄色的圆点，如椭圆、矩形等形状中就不会出现。

图 3-60 【形状】列表

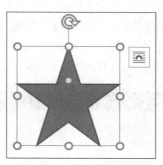

图 3-61 正五角星形状

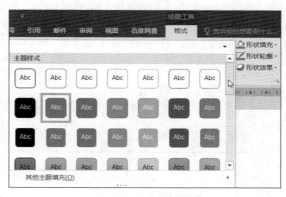

图 3-62 设置主题样式

随文本自动缩放。形状中输入的文本会因文字数量过多或过少而与形状不匹配，这时可以设置形状为随着内部文字的多少而自动缩放这种格式。在形状上单击鼠标右键，在弹出的快捷菜单中选择【设置形状格式】选项，在右侧出现的【设置形状格式】窗格中选择【文本选项】中的【布局属性】选项卡，然后勾选【根据文字调整形状大小】复选框，并取消勾选【形状中的文字自动换行】复选框，即可实现形状随文本的自动缩放效果。

快速插入多个同一种形状。当需要多次插入同一种形状时，可以使用锁定当前所选形状功能。在【形状】列表上单击鼠标右键，选择需要插入的形状，在弹出的快捷菜单中选择【锁定绘图模式】选项，即可在文档中绘制多个同一种形状，而不需要在绘制完一个形状之后，再重新打开【形状】列表来选择形状了。

复制形状。选中形状，按住【Ctrl】键的同时拖动鼠标，即可在页面中复制该形状。

组合形状。当文档中形状图形较多时，为了方便图形的编辑与管理，可将多个形状图形组合为一个图形。选中其中一个形状，单击【绘图工具-格式】选项卡【排列】组中的【选中窗格】选项,此时右侧会弹出【选择】窗格。此窗格显示了当前页中所有的图形形状、文本框、图片等对象,按住【Ctrl】键的同时依次选择需要组合的对象,单击"图片工具"→"格式"→"排列"→"组合"→"组合"选项,即可将所选的多个对象组合成一个图形。

(2) SmartArt 图形

SmartArt 图形是可视化的信息表现形式,能够直观地展示层级关系、附属关系、并列关系、循环关系等常用的关系结构。Word 提供了 8 种类型的 SmartArt 图形,分别是列表、流程、循环、层次结构、关系、矩阵、棱锥图和图片。【选择 SmartArt 图形】对话框如图 3-63 所示。SmartArt 图形的相关操作如下。

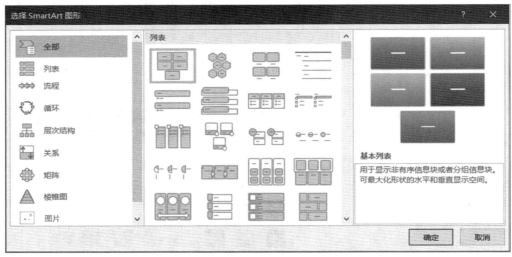

图 3-63 【选择 SmartArt 图形】对话框

选择 SmartArt 图形版式。当为 SmartArt 图形选择版式时,应当充分考虑需要传达什么信息,以及是否希望信息以某种特定方式进行显示。在创建 SmartArt 图形时,Word 会提示选择一种类型,如流程、层次结构或关系。不同类型的 SmartArt 图形适用于不同的场合,其选择参考如表 3-1 所示。

表 3-1 SmartArt 图形的选择参考

类型	适用场合	举例
列表	显示无序或分组信息,主要用于强调信息的重要性	信息技术・包括信息技术基础篇和拓展篇。 Office高级应用・Word,Excel,PowerPoint 的高级应用。 WPS 1+X・WPS办公应用职业技能等级证书。

续表

类型	适用场合	举例
流程	用于在流程或时间线中显示步骤，或者创建流程图	2010年10月、2018年12月、2022年；・最初由两位自然人股东出资30万元注册成立　・股东变更为3个法人公司，注册资金同时变更为300万元　・计划进行再融资注册资金达到800万元
循环	显示阶段、任务或事件的连续流程，主要用于强调重复过程	水汽输送→降水→地下水→水蒸发（循环）
层次结构	用于显示组织中的分层信息或上下级关系，例如组织结构图	总经理—总经理助理—综合管理部/财务部/市场营销部/工程项目部；综合管理部下设行政部、人事部
关系	主要用于表示多个项目之间的关系，或者多个信息集合之间的关系	蔬菜：叶菜类、葱蒜类、根菜类、瓜果类、豆荚类、食用菌类
矩阵	用于以四象限的方式显示各部分如何与整体关联，或者单独部分之间的关系	重要但不紧急 列入计划做 / 重要且紧急 立即去做 / 不重要不紧急 不做 / 紧急不重要 授权他人做；以高效率的方式做，或者不做

续表

类型	适用场合	举例
棱锥图	显示各部分之间的比例关系、互联关系或层次关系，最大的部分置于底部，其余部分向上顺次渐窄	油、盐、糖类 / 奶制品、肉、家禽、鱼、蛋、豆类 / 水果、蔬菜及瓜类 / 谷类、面包、饭、粉类、水
图片	图片主要用来传达或强调内容，主要应用于包含图片的信息列表	工程学院 春之韵 / 工程学院 夏之韵 / 工程学院 秋之怡 / 工程学院 冬之灵

插入 SmartArt 图形。单击【插入】选项卡【插图】组中的【SmartArt】命令，在弹出的【选择 SmartArt 图形】对话框中选择一种合适的 SmartArt 图形，并单击【确定】按钮，便可在文档中插入 SmartArt 图形，如图 3-64 所示。此时可以在图形上直接输入文字，但在图 3-64 左侧的文本窗格中输入文字更为方便。在文本窗格中完成一行的输入后按【Enter】键，光标将自动移至下一行，并同时在文档中增加一个相关图形。当有多个图形时，可以通过【Tab】键或快捷键【Shift+Tab】降低或提升各图形的级别，也可以通过【SmartArt 工具-设计】选项卡【创建图形】组中的选项来改变各图形的级别和顺序，如图 3-65 所示。

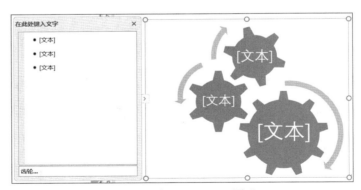

图 3-64 插入 SmartArt 图形

如果需要删除某个图形，则选择该图形并按【Delete】键即可。SmartArt 图形会自动调整剩余图形的大小和位置。在文本窗格中选择某一行并删除文本，那么该文本对应的图形会被删除。

美化 SmartArt 图形。选中 SmartArt 图形后，可以

图 3-65 【创建图形】组

在【SmartArt 工具-设计】选项卡【SmartArt 样式】组中调整图形的颜色和样式；还可以在【SmartArt 工具-格式】选项卡中对图形中的各形状进行形状、形状样式、艺术字样式、排列、大小等参数的更改和设置。

2．页面背景

对页面的背景进行设置可以使文档更加美观，在【设计】选项卡【页面背景】组中，有水印、页面颜色和页面边框 3 个设置功能。

（1）水印

水印是位于文本和图片之下的内容，通常会进行淡出或冲淡处理，以让它不会干扰文本和图片的展示。与页眉和页脚一样，水印通常显示在文档的所有页面上，但不会显示在封面上。和水印相关的功能如下。

内置水印。单击【设计】选项卡，在【页面背景】组中单击【水印】选项，在弹出的下拉列表中会显示【机密】和【紧急】选择区的多种内置水印，选择适合文档的水印选项即可。

图片水印。添加图片水印是使文档页面看起来像信纸的一种简便方法，比如使用公司的徽标作为水印来展示品牌。操作步骤如下。

步骤 1：单击【设计】选项卡，在【页面背景】组中单击【水印】选项，在弹出的下拉列表中单击【自定义水印】选项，这时会弹出【水印】对话框，如图 3-66 所示。

步骤 2：选择【图片水印】单选按钮，并单击【选择图片】选项，选择所需图片后单击【插入】按钮。图片水印可以是本地图片，也可以是联机图片。

步骤 3：回到【水印】对话框中单击【确定】按钮即可。

文字水印。在【水印】对话框中，也可以设置文字水印。选择【文字水印】单选按钮，在【文字】文本框中输入水印文本，并设置水印文本的字体、字号、颜色、版式等格式。设置完后，单击【确定】按钮即可，示例效果如图 3-67 所示。

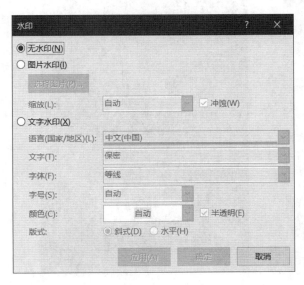

图 3-66　【水印】对话框

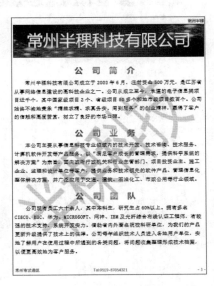

图 3-67　文字水印效果

保存水印。保存水印后，水印便可以被应用在其他文档中。保存水印的操作步骤如下。

步骤 1：在页面顶部附近双击鼠标左键，进入页眉编辑状态。

步骤 2：将鼠标指针移动到水印上，当鼠标指针变为四向箭头时，单击水印将其选中。

步骤 3：在【设计】选项卡的【页面背景】组中，单击【水印】选项，在弹出的下拉列表中选择【将所选内容添加到水印库】选项。

步骤 4：为水印命名，单击【确定】按钮即可。若其他文档需要用到该水印，则只需在"设计"→"页面背景"→"水印"→"常规"中进行选择。

（2）页面颜色

页面颜色是指显示于 Word 文档最底层的颜色或图案，用于丰富 Word 文档的页面显示效果，使文档看起来更加生动活泼。我们平时看到的 Word 文档的页面颜色为默认的白色，实际上默认情况下文档的页面颜色为"无颜色"。和页面颜色相关的功能如下。

颜色设置。切换到【设计】选项卡，单击【页面背景】组中的【页面颜色】选项，在弹出的下拉列表中选择一种主题颜色或标准色。若需要还不能被满足，则可以在弹出的下拉列表中选择【其他颜色】选项，并在弹出的【颜色】对话框的【标准】选项卡中选择一种合适的颜色；或者切换到【自定义】选项卡，既可以在【颜色】选项区中选择一种颜色，也可以在下方的微调框中调整颜色的 RGB 值或 HSL 值，直至找到满意的颜色为止。最后单击【确定】选项，即可将所选颜色应用到整个文档中。

页面填充。页面除了可以用颜色填充外，还可以用图片、纹理等元素填充。单击【页面颜色】按钮，在弹出的下拉列表中单击【填充效果】选项，这时会弹出【填充效果】对话框。在这个对话框中可以选择【渐变】【纹理】【图案】【图片】选项卡中多种元素作为页面背景。图 3-68 展示了选用一种预设渐变色做为背景的效果，图 3-69 展示了用一张图片作为背景的效果。

（a）【填充效果】对话框之【预设】　　　　　　　（b）填充效果

图 3-68　使用预设渐变色设置页面背景

第 3 章　文档处理应用

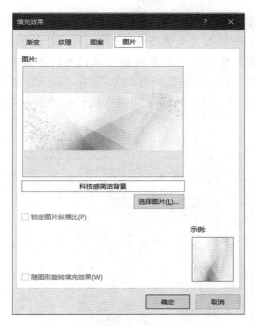
（a）【填充效果】对话框之【图片】

（b）填充效果

图 3-69　使用图片设置页面背景

（3）页面边框

页面边框是一种常用的设计元素，可以为文档增添艺术性和表现力，主要用于在文档中设置页面的边框，为页面设置普通的线型页面边框和各种图标样式的艺术性页面边框。

单击【设计】选项卡，并在【页面背景】组中单击【页面边框】选项，即可进入【边框和底纹】对话框。页面边框一般在【设置】【样式】【颜色】【宽度】选项区进行设置，其设置效果可在预览中实时看到，如图 3-70 所示。页面边框也可以通过【预览】选择区中的 4 个【框线】选项选择是否显示某条边框线。此外，Word 还提供了艺术型页面边框，例如苹果、树木、心形、动物等图案。用户可选择其中一种，并对其宽度进行设置，默认最大值为 31 磅；也可以修改有些艺术型边框的颜色。选择完毕后单击【确定】按钮，即可为页面添加相应的边框。

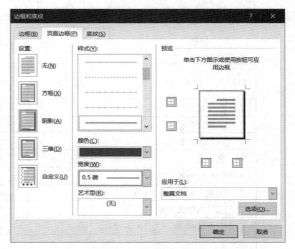
图 3-70　设置页面边框

3.4　表格排版有妙招——制作标书检查清单

在竞标过程中，投标文件动辄成百上千页。标书质量关乎企业中标与否，如果不进行严格检查就被拿去投标，那么很有可能会被废标，因此标书检查是投标人在标书编制过程中非常重要的环节。标书一般在制作完成后，参与人员会进行交叉检查，以确保表述的准确性和完整性，并及时通报其他人员以防重复出错。标书需要检查的项目及内容众多，表格可以清晰地列出标书检查的各项内容及流程。标书检查清单样例如图 3-71 所示，投标人可以对照该表对投标文件进行详细检查。Word 也可以对表格中的数据进行排序、计算等分析处理，其样例如图 3-72 所示。

标书检查清单

项目名称： 点检日期：

序号	检验内容	检验方法	确认	备注
一	投标文件			
1	项目编号与名称	整篇项目编号与名称正确		
2	投标人名称	与营业执照等证明证书一致		
3	投标文件排版	按要求编辑，包括目录，页码		
4	投标文件的完整性	对照目录进行逐项检查		
5	投标内容	符合招标文件规定		
6	报价	注意货币单位，小数位数		
		投标报价金额唯一		
		投标报价没有大于最高投标限价		
		纸质版、电子版、上传应都一致		
7	预算书	符合招标文件的要求		
8	资质文件检查	证明材料齐全		
9	营业执照、资质等证件	有合格的营业执照，资质符合要求		
10	投标有效期	符合招标文件要求		
11	响应表（如有）	没有招标方不能接受的偏差内容		
12	项目经理资格	满足法律法规及招标文件的要求		
13	类似业绩	满足招标文件要求		
14	工期（关键节点）	符合招标文件的规定		
15	工程质量	符合招标文件及合同的规定		
二	分项检查			
1	开标文件	按照投标函格式要求逐页		
		检查响应漏页		
		投标函中投标金额大小写检查		
		单价与总价金额正确		
2	投标保证金	投标保证金符合要求		
3	商务部分	商务部分格式是否符合要求		
		商务标书完整性检查		
		商务标书资质齐全、无过期		
		检查投标人员信息、证件对应		
4	技术部分	技术部分格式符合要求		
		设计组织方案		
		质量保障体系及措施		
		其他		
5	电子光盘	文件齐全，电脑可以读取		
		光盘正面填写信息正确		

序号	检验内容	检验方法	确认	备注
三	投标文件封装和签字、盖章			
1	法定代表人签字和授权代表签字(盖章)检查	每页检查签字和盖章,与授权人相符		
2	封装方式	封装纸张按照招标文件要求		
3	封装包检查	按要求分装（正副本分开）		
4	封装包检查	封装包数量包		
5	投标文件份数	正本和副本		
6	项目编号与名称	整篇项目编号与名称正确		
7	人员名称	授权委托人、投标人名称正确		
8	密封袋封面	按照内封、外封要求填写信息		
9	密封袋（暗标）特殊要求检查	检查招标文件对暗标的特殊要求		
四	文件签署			
1	文件签署	投标函加盖公章、签字		
		其他投标文件加盖公章、签字		
		如由委托代理人签字的,附法定代表人授权委托书		
		授权委托书加盖单位公章、签字		
		内容齐全，没有无法辨认的		
		加盖骑缝章，骑缝章覆盖每页		
2	密封袋封面	按照内封、外封要求填写信息		
五	开标现场准备文件			
1	委托人身份证原件授权委托书	是否携带		
2	投标文件递交登记表	是否携带		
3	投保保证金递交函原件	是否携带		
4	无行贿犯罪记录告知函	是否携带		
5	基本户开户许可证复印	是否携带		
6	开标时间地点	是否通知		

标书检验结果：
A、可以送出 □
B、重新修改 □
修改原因：

图 3-71 样例——标书检查清单

设备分项报价表

招标编号： 单位：元

序号	设备名称	规格型号	单位	单价	数量	总价	是否参照政府采购协议供货
1	防火墙	×××	套	198000.00	2	396000.00	
2	汇聚交换机	×××	台	108171.00	4	432684.00	
3	在线制作存储设备	×××	套	100000.00	1	100000.00	
4	路由器	×××	台	80110.00	2	160220.00	
5	制作管理服务器	×××	台	20000.00	6	120000.00	
6	万兆光交换机	×××	台	19500.00	4	78000.00	
7	无线网络接入点	×××	套	4030.00	10	40300.00	
8	多媒体插座	×××	套	380.00	10	3800.00	
汇总					39	1331004.00	

图 3-72 样例——设备分析报价表

3.4.1 任务设置

1．利用表格清晰显示检查清单各项内容。

2．利用表格属性功能对表格进行格式设置。
3．利用边框和底纹等设置功能美化表格。
4．利用排序、公式计算等对设备分项报价表中的数据进行分析。

3.4.2　任务实现

1．创建表格

Word 中有多种创建表格的方法，用户可以根据实际情况选择以下方法中的一种或几种来创建表格。

（1）插入表格

插入表格有以下两种方法。

即时预览创建表格。将光标移动到需要插入表格的位置，单击【插入】选项卡，并在【表格】组中单击【表格】选项，在弹出的下拉列表中按住鼠标左键拖动。鼠标滑过的区域会被不同颜色标出，这标明了插入表格的行数和列数，同时文档中可以实时预览表格的大小，如图 3-73 所示。达到所需行数和列数后，单击鼠标左键即可在插入点插入相应的表格。但需要注意的是，利用此法创建的表格的行和列最大只能是 8 行和 10 列。

使用【插入表格】命令创建表格。将光标移动到需要插入表格的位置，单击【插入】选项卡，并在【表格】组中单击【表格】选项，在弹出的下拉列表中选择【插入表格】选项，这时会弹出图 3-74 所示的【插入表格】对话框。在该对话框的【表格尺寸】选项区中指定列数和行数，在【"自动调整"操作】选项区中可以选择调整方式。设置好后单击【确定】按钮，即可在文档中插入表格。

（2）绘制表格

Word 还提供了手动绘制表格的功能，以便绘制不规则的复杂表格。单击【插入】选项卡，并在【表格】组中单击【表格】选项，在弹出的下拉列表中选择【绘制表格】选项。此时把鼠标指针移动至文档编辑区域，鼠标指针会变成铅笔形状，然后在插入点按住鼠标进行拖动，即可绘制出表格的外框、横线、竖线、斜线等，如图 3-75 所示。绘制完毕后，按【Esc】键退出绘制状态。用户也可以通过【表格工具–布局】选项卡【绘图】组中再次单击【绘制表格】，使其变成非选中状态这种方式来退出绘制状态。【绘图】组中还有【橡皮擦】选项，可用于擦除已绘制的表格框线。

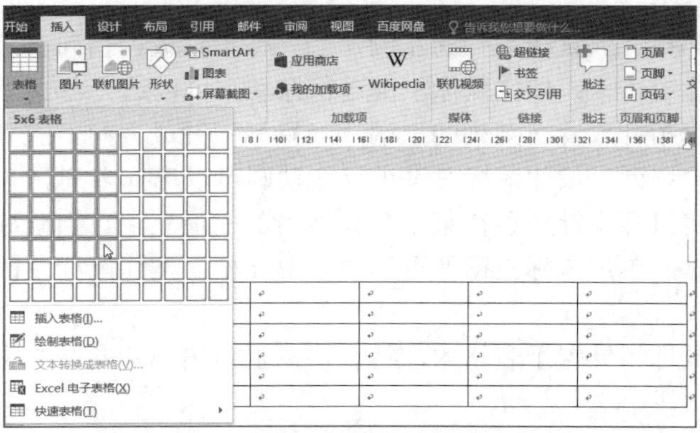

图 3-73　即时预览创建表格

（3）文本转表格

对于文档中已有的文本来说，Word 可以直接将其转换成表格，请注意此处的文本需要用段落标记、逗号、空格、制表符或其他字符作为分隔符。以制作标书检查清单为例，我们将其中的文本转换成 64 行 4 列的表格，操作步骤如下。

步骤 1：打开文档"标书检查清单.docx"，选择需要转换为表格的文本内容（"序号"……"修改原因"）。

步骤 2：单击【插入】选项卡，并在【表格】组中单击【表格】选项，在弹出的下拉列表中选择【文本转换成表格】选项，这时弹出图 3-76 所示的【将文字转换成表格】对话框。

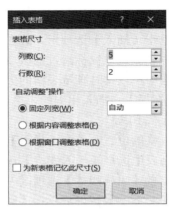 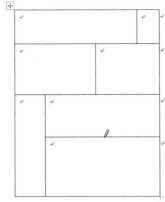 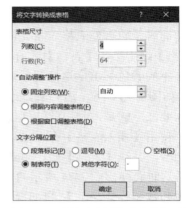

图 3-74　【插入表格】对话框　　图 3-75　手动绘制表格　　图 3-76　【将文字转换成表格】对话框

步骤 3：Word 通常会根据文本内容自动判断分隔符，同时自动识别出表格的行数和列数。若转换的表格和实际需插入的表格不符，则可手动进行修改。最后单击【确定】按钮，即可将文本转换成表格。

2．编辑表格

插入表格后，当将光标置于表格内部任意单元格之中时，窗口上方便会出现【表格工具-设计】和【表格工具-布局】选项卡，这两个选项卡中的功能可以对表格进行布局调整以及美化。

（1）表格的选取

选取行：将鼠标指针放置在某行的左侧，当鼠标指针成为指向右上角的空心箭头时，单击鼠标左键即可选中该行；按住鼠标左键进行拖动则可以选择多行。

选取列：将鼠标指针放置在某列的上端，当鼠标指针成为向下的黑色实心箭头时，单击鼠标左键即可选中该列；按住鼠标左键进行拖动则可以选择多列。

选取单元格：将鼠标指针放置在某个单元格内部的最左端，当鼠标指针成为指向右上角的黑色实心箭头时，单击鼠标左键即可选中该单元格；按住鼠标左键进行拖动则可以选择多个单元格。

选取表格：将鼠标指针置于表格内，待表格左上角出现四向箭头图标时，单击该图标即可选取整个表格。

此外，表格的选取也可以通过【表格工具-布局】选项卡【表】组中【选择】选项进行，其中包括单元格、列、行以及表格的选取。

（2）增加/删除操作

增加行和列。将光标置于需要插入行或列的某个单元格内，单击【表格工具–布局】选项卡【行和列】组中的相应选项，即可在光标所在位置的上方/下方插入行、在左侧/右侧插入列，如图 3-77 所示。用户也可以利用单击鼠标右键弹出的快捷菜单进行插入行或列的操作。若需一次插入多行或多列，则先选中若干行或列，然后执行以上操作即可。

图 3-77　【行和列】组

还有更快捷的插入行或列的方式：将鼠标指针沿表格内部框线移动到最左端或最顶端，当出现图 3-78 所示的图标时，单击该图标即可添加一行或一列。

我们打开文档"标书检查清单.docx"，按以上方法在已转换好的表格的最右侧插入一列，并输入列标题"备注"。

图 3-78　快捷插入行或列

增加单元格。将光标置于需要增加单元格的某个单元格内，单击鼠标右键，在弹出的快捷菜单中选择"插入"→"插入单元格"选项，如图 3-79 所示。随后在弹出的【插入单元格】对话框中选择"活动单元格右移"或者"活动单元格下移"，即可插入一个单元格，如图 3-80 所示。或者直接单击【表格工具–布局】选项卡【行和列】组右下角的对话框启动器，同样可以打开【插入单元格】对话框，执行插入单元格的操作。若需一次插入多个单元格，则先选中多个单元格，然后执行以上操作即可。

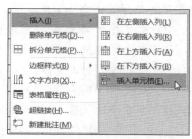

图 3-79　【插入单元格】菜单

删除行、列、单元格或表格。将光标置于需要删除行或列的某个单元格内，单击【表格工具–布局】选项卡【行和列】组中的【删除】选项，在弹出的下拉列表中可以选择删除单元格、删除列、删除行或者删除表格的选项，如图 3-81 所示。当选择【删除单元格】命令时，Word 会弹出【删除单元格】对话框，如图 3-82 所示。

图 3-80　【插入单元格】对话框

图 3-81　【删除】下拉菜单

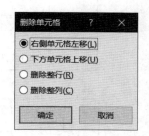

图 3-82　【删除单元格】对话框

（3）表格属性设置

Word 提供了多种方法设置表格的行高列宽，具体如下。

精确设置行高列宽。选择需要调整行高或列宽的一行/多行或一列/多列，单击【表格工具-布局】选项卡【表】组中的【属性】选项；或者直接单击鼠标右键，在弹出的快捷菜单中选择【属性】选项，均可弹出【表格属性】对话框，如图 3-83 所示。在该对话框中选择【行】选项卡，勾选【指定高度】复选框，在右侧的微调框中输入行高，并单击【确定】按钮，即可为所选取的行指定精确的高度。同样地，在【表格属性】对话框中选择【列】选项卡，可对列宽进行设置。

图 3-83 【表格属性】对话框

在文档"标书检查清单.docx"中，我们按以上方法先设置"序号"列的列宽为 1.3 厘米、"检验内容"列的列宽为 5.2 厘米、"检验方法"列的列宽为 6.5 厘米、"确认"和"备注"这两列的列宽均为 1.5 厘米；然后设置所有行的行高为 0.6 厘米；最后设置标题行及包含"一""二""三""四""五"所在行的行高为 0.9 厘米。

快速设置行高列宽。通过按住鼠标左键并拖动鼠标可以快速调整行高列宽：只需将鼠标移动到表格行框线或列框线上，当鼠标指针变成双向箭头时按住鼠标左键并拖动鼠标即可改变行高或列宽，如图 3-84 所示。用户还可以将鼠标指针移动到垂直标尺的行标志或水平标尺的列标志上，当鼠标指针变成空心双向箭头时按住鼠标左键并拖动鼠标即可快速调整行高或列宽。

一种调整表格大小的方法是将光标置于表格内部，单击【表格工具-布局】选项卡【表】组中的【属性】命令，打开图 3-83 所示的【表格属性】对话框，选择【表格】选项卡，勾选【指定宽度】复选框并在右侧的微调框中输入表格宽度的具体数值。另一种调整表格大小的方法是将鼠标指针移动到表格右下角的尺寸控点上，当鼠标指针变成双向箭头时，按住鼠标左键并向表格内或表格外拖动鼠标，即可调整表格的大小，如图 3-85 所示。

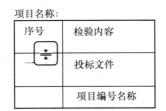

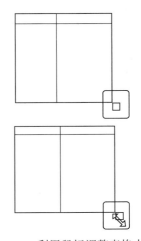

图 3-84 利用鼠标调整行高列宽　　　　图 3-85 利用鼠标调整表格大小

若需调整某个单元格的大小,则先选中单元格,然后打开图3-83所示的【表格属性】对话框,选择【单元格】选项卡,勾选【指定宽度】复选框并在右侧的微调框中输入宽度。用户也可以在【表格工具−布局】选项卡【单元格大小】组中进行单元格大小的设置,如图3-86所示。我们建议只用这两种方法设置某单元格的宽度,因为若同时设置单元格的高度,则会影响到此单元格所在行的行高。

图3-86 设置单元格大小

在Word中,无论是宽度还是高度,表格都有两种表示方法。

宽度的表示:一种方法是用厘米作为单位,另一种方法是用相对于页面宽度或表格宽度的百分比表示。

行高的表示:一种方法是默认的最小值,表格内文字较少时保持设定的高度,一旦内容较多时会自动增加行高;另一种方法是固定值,即无论表格内文字有多少,行高始终保持设定值不变,因此有可能造成文字较多显示不全的情况。

对齐方式不仅包括表格在文档页面中的对齐方式,还包括单元格内文本的对齐方式。

表格对齐的操作如下。选中整个表格,单击【表格工具−布局】选项卡【表】组中的【属性】选项,打开图3-83所示的【表格属性】对话框,选择【表格】选项卡,在【对齐方式】选项区中单击【左对齐】【居中】或者【右对齐】选项,即可将表格按指定方式在页面中对齐。用户也可以通过【开始】选项卡【段落】组中相应选项进行设置。

文本对齐的操作如下。对于单元格内的文本,Word提供了多种对齐方式,包括水平方向的左对齐、居中对齐和右对齐,垂直方向的靠上对齐、中部对齐和靠下对齐。若要设置表格内文本的对齐方式,则先选定单元格,在【表格工具−布局】选项卡【对齐方式】组中,选择所需的文本对齐方式,如图3-87所示。

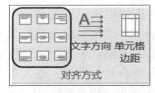

图3-87 设置文本对齐方式

请读者在文档"标书检查清单.docx"中,按以上方法将表格设置为居中这种对齐方式,再参照图3-71所示样例将表格内文本设置为合适的对齐方式。

单元格边距是指单元格内文本到框线的距离。若单元格内文本紧挨着表格边框,则排版会显得拥挤,因此通常留出一定边距,使表格排版美观一些。调整单元格边距的操作如下。选中整个表格,单击【表格工具−布局】选项卡【表】组中的【属性】选项,打开【表格属性】对话框,选择【表格】选项卡,在【对齐方式】选区中单击【单元格边距】选项,这时弹出图3-88所示的【表格选项】对话框。用户可在此对话框中可以设置单元格上、下、左、右的边距。

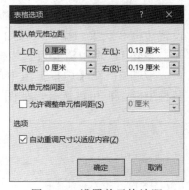

图3-88 设置单元格边距

(4)拆分与合并

如果需要将一个表格拆分成两个独立的表格,那么只需将光标置于需要拆分位置的单元格内,并在【表格工具−布局】选项卡中,单击图3-89所示的【合并】组中的【拆分表格】选项,即可将光标所在行与上方的表格拆分成两个表格。

在表格的创建过程中经常需要对单元格进行拆分或者合并，单元格的拆分与合并具体如下。

单元格的拆分：首先将光标置于需要拆分的单元格内，若需对多个单元格进行拆分，则需选择多个单元格；然后单击图 3-89 所示的【合并】组中的【拆分单元格】命令，或者直接在单元鼠标右键后弹出的快捷菜单中选择【拆分单元格】选项；最后在弹出的图 3-90 所示的【拆分单元格】对话框中输入拆分后的列数及行数后，并单击【确定】按钮。

图 3-89 【合并】组

单元格的合并：首先选择需要合并的多个单元格，然后单击【合并】组中【合并单元格】选项，或者直接在单击鼠标右键后弹出的快捷菜单中选择【合并单元格】选项即可。

请读者在文档"标书检查清单.docx"中，参照图 3-71 所示样例，按以上方法先分别将序号"一""二""三""四"和"五"所在行右侧的单元格合并，然后将"检验内容"列中部分单元格合并，最后将表格后 3 行的所有单元格合并为一个单元格。

图 3-90 【拆分单元格】对话框

（5）美化表格

Word 提供了多种内置样式能快速美化表格的表格样式，具体操作如下。将光标置于表格的任意单元格内，单击【表格工具–设计】选项卡，并单击【表格样式】组右侧的下拉箭头，在弹出的下拉列表所列出的多种内置样式中单击其中一种，即可将该样式应用到整个表格中，达到美化表格的效果。

若表格在设置样式之前，其格式已进行设置，则在应用表格内置样式后，这些格式设置可能会发生改变。如需保留之前的格式设置，则可以在表格内置样式上单击鼠标右键，在弹出的快捷菜单中选择【应用并保持格式】选项，如图 3-91 所示。

若 Word 中提供的内置样式并不能满足需要，则可以手动设置表格的边框和底纹。我们以文档"标书检查清单.docx"为例，设置表格的外框线为 0.75 磅蓝色双线、内框线为 0.5 磅蓝色单线，并为部分行添加"蓝色，个性色 1，淡色 80%"的底纹。我们利用菜单来设置边框和底纹，操作步骤如下。

步骤 1：选中需要设置边框的表格，单击【表格工具–设计】选项卡。

步骤 2：在【边框】组中单击【边框样式】下拉箭头，这时弹出的下拉列表，其中有多种主题边框可以选择，如图 3-92 所示。

图 3-91 应用表格样式并保持格式

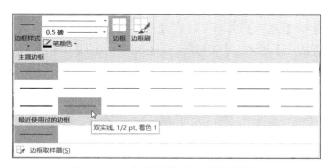

图 3-92 表格边框样式中的主题边框

用户也可以在右侧的【边框样式】【线型粗细】【笔颜色】等的下拉列表中选择合适的边框样式、边框宽度及边框颜色。

步骤 3：我们在本例中选择的这 3 个参数分别为"双线""0.75 磅""标准蓝色"。单击【边框】下拉箭头，在弹出的下拉列表中选择【外侧框线】选项，对选定表格的外侧框线应用所设置参数，如图 3-93 所示。

我们分别在【边框样式】【线型粗细】【笔颜色】等选项的下拉列表中选择"单线""0.5 磅""标准蓝色"后，选择【内部框线】选项，将此设置应用于表格的所有内框线上。同样的方法还可以用于设置表格的上/下/左/右框线、内部横框线、内部竖框线、斜线、无框线等格式。

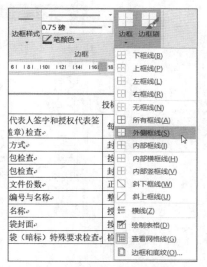

图 3-93　设置表格外侧框线

步骤 4：选中需要设置底纹的行，单击【表格工具-设计】选项卡，并单击【表格样式】组【底纹】的下拉箭头，在弹出的下拉列表中选择一种颜色作为底纹。在本例中，我们选择"一""二""三""四"和"五"所在行，设置它们的底纹为主题颜色"蓝色，个性色 1，淡色 80%"，如图 3-94 所示。

此外，用户还可利用对话框来设置边框和底纹，操作步骤如下。

步骤 1：选中需要设置边框的表格，单击【表格工具-设计】选项卡，在【边框】组中单击其右侧的下拉箭头，并在弹出的下拉列表中选择【边框和底纹】选项。

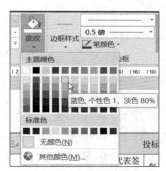

图 3-94　设置表格底纹颜色

步骤 2：在【边框】选项卡【设置】选项区中，单击【方框】选项，在【样式】选项区中选择"双线"，在【颜色】选项区中选择"标准蓝色"，在【宽度】选项区中选择"0.75 磅"。此时，【预览】中可以看到表格的外框线已设置好。

步骤 3：在【设置】选项区中，单击【自定义】选项，选择"0.5 磅蓝色单线"后，在【预览】中单击相应的【内部横线】选项和【内部竖线】选项，即可为表格添加内部框线，如图 3-95 所示。设置完毕后单击【确定】按钮即可。

步骤 4：选择"一""二""三""四"和"五"所在行，打开【边框和底纹】对话框，切换到【底纹】选项卡，在【填充】选项区中选择"蓝色，个性色 1，淡色 80%"，即可为所选行添加底纹。在【底纹】选项卡中，用户还可以设置图案样式作为底纹。

3．表格中的数据处理

（1）重复标题行

在 Word 表格的实际应用中，常常会碰到多页表格的情况。表格在跨页后若没有标题行，则会不便于用户查看，此时可以通过重复标题行功能使得表格的标题行自动地显示在每个页面的表格中。用户只需选择表格标题行，并在【表格工具-布局】选项卡【数据】组中单击【重复标题行】选项，便可实现标题行的重复出现。

图 3-95 【边框和底纹】对话框

（2）数据排序

在 Word 中，表格中的数据可以按照关键字进行排序。以对文档"设备分项报价表.docx"中的表格数据按单价降序排序为例，我们介绍 Word 表格中数据排序的操作步骤，具体如下。

步骤 1：选择的表格中需要排序的数据。

步骤 2：单击【表格工具–布局】选项卡，在【数据】组中单击【排序】选项。

步骤 3：在弹出的【排序】对话框中，设置【主要关键字】选项区为"单价"，设置【类型】为"数字"，单击【降序】单选选项，如图 3-96 所示。

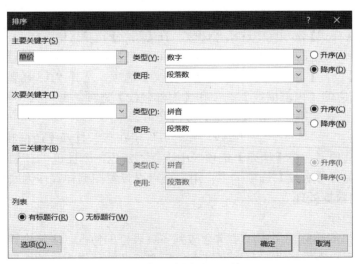

图 3-96 【排序】对话框

步骤 4：在【列表】选项区中单击【有标题行】单选项。

步骤 5：设置完毕后，单击【确定】按钮，即可将所选表格中的数据按单价降序进行排序。

Word 表格中的数据除了可以按照常用的数字进行排序外，还可以按照笔画、拼音、日期进行排序。Word 表格中数据排序最多可设置 3 个关键字，分别是主要关键字、次要关键字和第三关键字。排序时以主要关键字为依据进行排序，对于相同数据则会兼顾次要关键字和第三关键字进行排序。

（3）数据计算

Word 表格提供了简单的计算功能，适用于少量数据的计算。Word 表格由行和列组成，列号使用 A、B、C、D……来表示，行号用 1、2、3、4……来表示，单元格地址以列号行号的形式来表示，如 C 列第 6 行数据所在单元格地址。

我们以对文档"设备分项报价表.docx"中的数据进行计算为例，介绍 Word 表格中公式的应用，操作步骤如下。

步骤 1：将光标置于需要计算的单元格内，我们先将光标置于汇总右侧的单元格内。

步骤 2：单击【表格工具-布局】选项卡【数据】组中的【$\mathcal{F}_x$ 公式】选项，弹出的【公式】对话框如图 3-97 所示。

步骤 3：在【粘贴函数】列表框中可以选择求和函数 SUM、求平均值函数 AVERAGE、求最大值函数 MAX、求最小值函数 MIN 等。所选函数会在【公式】框中进行显示，并支持对公式进行编辑。在【编号格式】中可以选择计算结果的显示格式。

Word 会根据所选数据进行判断，并给出一个公式。图 3-97 所示的"=SUM(ABOVE)"即为自动生成的公式，本例正好需要计算数量的总和，我们直接单击【确定】按钮即可。这里的 ABOVE 参数表示光标所在单元格上方的所有单元格，相同属性的参数还有LEFT（表示此单元格左侧的所有单元格）BELOW（表示下方所有单元格），以及 RIGHT（表示右侧所有单元格）。

图 3-97 【公式】对话框

步骤 4：我们将光标置于总价单元格的下方，单击【$\mathcal{F}_x$ 公式】选项，在弹出的【公式】对话框中将自动生成的公式"=SUM(LEFT)"删除，输入公式"=E2*F2"，即在公式中利用单元格地址计算单价×数量的值；在【编号格式】框内选择格式"#,##0.00"，这表示将计算结果的格式设置为千分位且保留小数点后两位。设置完毕后单击【确定】按钮。

步骤 5：参照步骤 3 和步骤 4，便可计算出其他设备总价及所有设备总价。

3.4.3 能力拓展

1．插入快速表格

Word 提供了一个快速表格库，其中包含已设置好格式和样例的内置表格。单击【插入】选项卡，并在【表格】组中单击【表格】选项，将鼠标指针置于随即弹出的下拉列表的【快速表格】选项上时，右侧会弹出【内置】列表，如图 3-98 所示。在快速表格库中，用户选择其中一种表格样式，便可在文档中插入所选表格。用户也可以通过【表格工具-设计】选项卡对表格进行美化。

2. 边框刷

对于表格边框的设置，除了使用前面介绍的菜单或对话框外，Word 还提供了边框刷功能。当选择了边框主题样式，或设置了边框样式、线型粗细和笔颜色后，鼠标指针变成画刷，用户在表格边框上单击鼠标左键，即可将该段边框设置为指定的样式，或者按住鼠标右键沿着表格框线进行拖动，即可为多段边框设置样式，如图 3-99 所示。

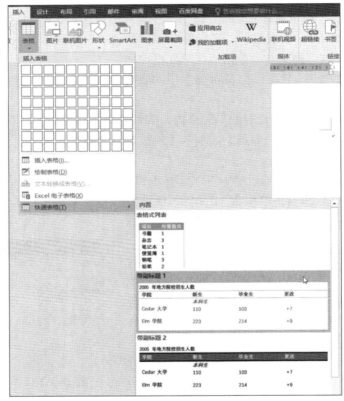

图 3-98 【插入】选项卡

3. 自动调整表格

（1）自动调整

在创建表格时，用户可以在【插入表格】对话框中的【自动调整】选项区根据需要设置表格的自动调整方式，也可以在【表格工具–布局】选项卡的【单元格大小】组中，单击【自动调整】选项，在弹出的下拉列表中选择调整方式，如图 3-100 所示。

【根据内容自动调整表格】选项：根据内容的多少来自动调整列宽。

【根据窗口自动调整表格】选项：以页面宽度为基准自动调整表格中各列的列宽，使得表格的宽度是页面宽度的 100%。

【固定列宽】选项：列宽固定不变，无论输入多少内容，都不会调节列宽。但若内容较多导致无法显示完整时，表格会自动调整行高。

（2）分布行、分布列

【表格工具-布局】选项卡的【单元格大小】组中有【分布行】和【分布列】两个选项，其中，【分布行】选项可以将表格各行的行高设置为表格总高度的均分值，【分布列】选项可以将表格各列的列宽设置为表格总宽度的均分值。

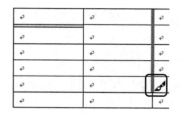

图 3-99　使用边框刷功能设置边框

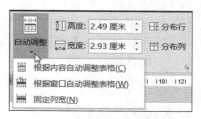

图 3-100　【自动调整】下拉列表

3.5　长文档排版更高效——标书长文档制作

长文档，顾名思义，一般是指篇幅比较长的文档，通常有几十页甚至上百页，如标书、毕业论文、建设方案、专著原稿等。由于长文档的结构通常比较复杂，内容较多，用户如果不掌握一定的排版方法和技巧，那么其长文档的排版过程可能既费时又费力。我们以标书长文档"数字博物馆建设方案.docx"的节选内容为例，介绍长文档排版的基本方法。长文档排版效果如图 3-101 所示。

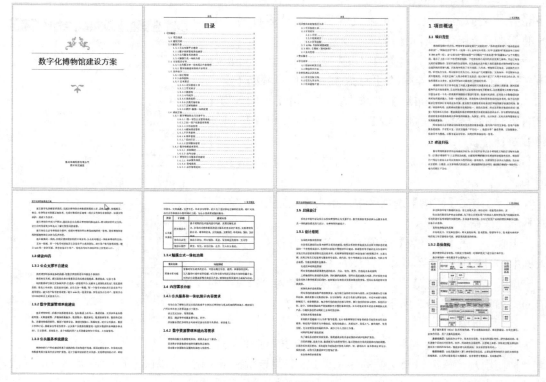

图 3-101　长文档排版效果

3.5.1 任务设置

1. 利用页面设置对页面的格式进行整体调整。
2. 利用导航窗格实时查看文档层次结构。
3. 利用样式来设置标书中各章/节标题的格式。
4. 利用插入封面给标书添加封面。
5. 利用分隔符划分文档。
6. 利用插入页眉页脚功能为标书各章/节添加相应的页眉,为目录和正文添加页码。

3.5.2 任务实现

1. 设置页面格式

【页面设置】对话框中除了可以设置纸张大小、方向、页边距等参数外,还可以设置文档网格。文档网格适用于页面网格的快速对齐。页面网格共分为 4 种:无网格、只指定行网格、指定行和字符网格、文字对齐字符网格,可以帮助用户实现更加精准的排版。

【无网格】选项:一般的普通排版采用此设置即可。

【只指定行网格】选项:可以控制每页的行数。

【指定行和字符网格】选项:除了可以指定每页的行数外,还可以指定每行的字数。我们通常建议长文档的排版选用此项,不但可以控制每页行数和每行字数,还可以统计页面字数,使长文档排版更加精简、高效和美观。

【文字对齐字符网格】选项:每个字符都被强制和网格对齐,类似方格稿纸。此设置容易造成段落右侧对不齐的问题,因而在实际排版中较少被使用。

我们以文档"数字博物馆建设方案.docx"为例,设置该文档每行字符数为 40,每页行数 40,操作步骤如下。

步骤 1:单击【布局】选项卡,并单击【页面设置】组右下角的【对话框启动器】选项,这时弹出【页面设置】对话框。

步骤 2:在弹出的对话框中,切换到【文档网格】选项卡。

步骤 3:在【网格】选项区中,单击【指定行和字符网格】单选按钮。

步骤 4:在【字符数】选项区中,在"每行"右侧的输入框中,设置其值为"40"。

步骤 5:在【行数】选项区中,同样设置为"每页"的值为"40",如图 3-102 所示。

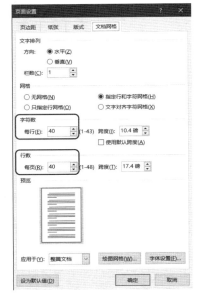

图 3-102 设置文档网格

2. 导航窗格

导航窗格是一种可以容纳重要标题的引导控件,也是一种使用户轻松编辑长文档的显示模式。借助导航窗格,用户可以快速查看各级标题的层次,易于厘清当前文档的整体结构。如果文档中的标题已应用样式,则这些标题会被显示在导航窗格中,便于读者查询。但是,导航窗格不会显示表格、文本框或者页眉页脚的内容。

(1) 打开导航窗格

单击【视图】选项卡,在【显示】组中勾选【导航窗格】前的复选框,即可在文档的左侧栏中显示【导航】窗格,如图 3-103 所示。

(2)【导航】窗格的功能

【导航】窗格具有以下功能。

查找。在导航栏中输入要查找的内容,并按【Backspace】键后,查到的内容将以黄色高亮进行显示。此外,单击导航栏右侧的下拉箭头,在弹出的下拉列表中可以设置【查找】选项,或调出【查找与替换】对话框,以便进行高级查找/替换。除了查找文本信息,导航窗格中还可以查找图形、表格、公式、脚注/尾注、批注等信息,如图 3-104 所示。

图 3-103 【导航】窗格在文档中的显示

图 3-104 【导航】窗格的查找功能

快速定位。若文档中标题已设置大纲级别或应用样式,则该标题会显示在导航窗格中。若要快速定位到该标题处,只需在导航窗格中单击相应的标题。

移动或重新组合文档。当文档中某一部分内容需要大幅变动,如整体向前或向后移动时,则可以直接在导航窗格中移动这部分内容对应标题的位置,而不需要进行任何的选择、复制、剪切操作。

删除标题及相对应内容。在导航窗格中选中某个标题,在单击鼠标右键后弹出的快捷菜单中单击【删除】命令即可。

重新组织文档内容的大纲结构。如果希望调整某些标题的大纲级别,则可以在导航窗格的该标题上单击鼠标右键,在弹出的快捷菜单中选择【升级】或【降级】选项,如图 3-105 所示。

显示标题的级别。在导航窗格的某个标题上单击鼠标右键,在弹出的快捷菜单中选择【显示标题级别】,用户可以在弹出的列表中根据需要选择显示【全部】【显示标题1】【显示至标题3】等选项,如图 3-106 所示。

选择内容打印。当只需要打印文档的某个章/节的内容时,用户可以先在导航窗格的某个章/节的标题上单击鼠标右键,然后在弹出的快捷菜单中选择【选择标题和内容】选项,将该标题下的内容全部选中;最后选择【打印标题

图 3-105 调整标题的大纲级别

和内容】选项即可。

3. 应用样式

样式是 Word 内置的格式排版命令。对于长文档来说，使用样式对文档进行格式化操作不仅准确且高效，而且易于后期编辑和修改。

（1）定义标题样式

请读者在文档"数字博物馆建设方案.docx"中，将"1 项目概述""2 项目整体实施管理及工具""3 售后服务"等标题设置为"标题 1"样式；将"1.1 项目背景""1.2 建设目标""1.3 建设内容"等标题设置为"标题 2"样式；将"1.3.1 公众支撑平台建设""1.3.2 数字资源管理系统建设""1.3.3 公共服务系统建设"等标题设置为"标题 3"样式；将"1.5.3.1 项目管理工具""1.5.3.2 开发语言""1.5.3.3 数据库"等标题设置为"标题 4"样式。

图 3-106　显示标题的级别

（2）使用格式刷

格式刷是 Word 中的常用工具。用格式刷"刷"格式，可以快速将指定文本或段落的格式沿用到其他文本或段落上。格式刷可以复制一个对象的所有格式，并将其应用到另一个对象上，可以理解这个操作为格式的复制和粘贴。本例中需要给大量的标题重复设置样式，使用格式刷将使这个工作变得简单且省时。具体操作步骤如下。

步骤 1：选择已设置格式的文本。需要注意的是，若要同时复制文本和段落格式，则需选中整个段落，其中包括段落标记。

步骤 2：单击【开始】选项卡，在【剪贴板】组中单击【格式刷】选项，如图 3-107 所示。此时将鼠标指针移动到文档中时，鼠标指针会变成画笔图标，如图 3-108 所示。

图 3-107　【格式刷】按钮

步骤 3：按住鼠标左键并拖动鼠标，选择好内容后松开鼠标，所选内容便应用了相应的格式。此时的格式刷仅一次有效，"刷"过一次后鼠标指针恢复正常形状。

图 3-108　格式刷

步骤 4：若要更改文档中多个内容的格式，则在选择好已设置格式的文本后，双击【格式刷】选项，此时便可多次使用格式刷来设置格式了。若要停止设置格式，则可单击【格式刷】选项，或者直接按【Esc】键。

4. 插入封面页

Word 提供了一个预先设计好的封面库，用户只需选择一个封面，并将示例文本替换为所需的文本即可。单击【插入】选项卡，在【页面】组中单击【封面】选项，其下拉列表中会列出多种内置的封面样式。在文档"数字博物馆建设方案.docx"中，我们选择"花丝"样式的封面，如图 3-109 所示，此时文档中便会插入一个封面页，如图 3-110 所示。我们将插入的封面页中的"文档标题""公司地址"等信息替换为所需内容，并删除不需要的控件，得到封面效果如图 3-111 所示。

图 3-109　内置封面库

图 3-110　插入的"花丝"封面页

图 3-111　封面页效果

需要注意的是，如果在文档中又插入一个封面，那么新封面会将原先的封面替换掉。若要删除插入的封面页，只需单击"插入"→"页面"→"封面"→"删除当前封面"。

5．使用分隔符划分文档

Word 中有 4 种分隔符，分别是分页符、分栏符、自动换行符和分节符。

（1）分页符

分页符用于标记当前页结束与下一页开始的位置。当文本、图形等内容填满一页时，Word 会自动插入一个分页符并开始新的一页。如果要在某个特定位置强制分页，则可手动插入分页符，以从新的一页开始输入内容。在排版"公司介绍.docx"的例子中，我们已使用分页符将不同部分的内容分页显示。

（2）分栏符

分栏符用于使其后面的文字从下一栏开始显示。文档（或某些段落）进行分栏后，Word 文档会在适当的位置自动分栏。若希望某一内容出现在下栏的顶部，则可用插入分栏符的方法来实现。在排版"公司介绍.docx"的例子中，我们也使用了分栏符来灵活确定分栏显示的文本，令文本排版更恰当且美观。

（3）自动换行符

通常情况下，文本到达文档页面右边距时会自动进行换行。而使用【自动换行符】或直接使用快捷键【Shift+Enter】则可在插入点位置强制断行，此时换行符显示为灰色箭头"↓"。不同于直接使用【Enter】键换行，这种方法产生的新行仍作为当前段的一部分。

（4）分节符

节是文档的一部分。在插入分节符之前，文档默认是不分节的，Word 将整篇文档视为一节。通过分节可把长文档从逻辑上拆分成几个部分，如封面部分、目录部分、正文部分，其中正文部分还可以按各章节进行拆分。每个节可以设置不同的页面格式。

分节符有以下 4 种不同选项，用户应根据不同用途来合理选用。

【下一页】选项：插入分节符并在下一页开始新节。

【连续】选项：插入分节符但不分页，在同一页开始新节。

【偶数页】选项：插入分节符并在下一个偶数页开始新节。

【奇数页】选项：插入分节符并在下一个奇数页开始新节。

我们在文档"数字博物馆建设方案.docx"中插入分节符，操作步骤如下。

步骤 1：先在"1 项目概述"前插入两个空行，并将其格式清除；然后在第一行输入文本内容"目录"，适当修改文本的字体及段落格式，为后期生成的目录留下位置。

步骤 2：将光标置于文本内容"目录"之前，单击【布局】选项卡，在【页面设置】组中单击【分隔符】按钮，在弹出的下拉列表中选择【分节符-下一页】，如图 3-112 所示，这时目录和封面页之间便被插入了一个分节符。

步骤 3：在导航窗格中选择"1 项目概述"，此时光标位于文本内容"1 项目概述"之前，然后按步骤 2 也在此处插入一个分节符。依次类推，在"2 项目整体实施管理及工具""3 售后服务""4 项目培训"和"5 合理化建议以及其他"之前各插入一个分节符，这样便将该文档的封面部分、目录部分，以及正文的各章都单独放在一节中。

接下来我们修改分节符类型。将光标置于需要修改分节符的节中，单击【布局】选项卡，单击【页面设置】组右下角的【对话框启动器】选项，并在弹出的【页面设置】对话框中切换到【版式】选项卡，在【节】选项区中单击【节的起始位置】右侧的下拉箭头，在弹出的下拉列表中选择一项即可修改分节符的类型，如图 3-113 所示。

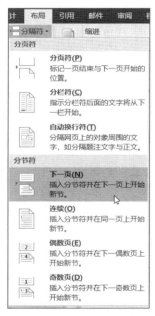

图 3-112　插入分节符

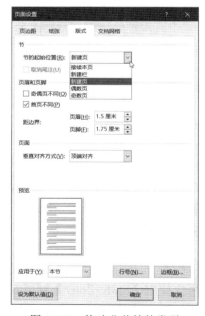

图 3-113　修改分节符的类型

各分节符类型的含义如下。

【持续本页】：和分节符【连续】的功能相同，分节但不分页。

【新建栏】：在下一栏的顶端开始显示节中的文本。

【新建页】：在分节符的位置进行分页，并在下一页顶端开始新节。

【偶数页】：在下一个偶数页开始新节，一般用于在偶数页开始的章节。

【奇数页】：在下一个奇数页开始新节，一般用于在奇数页开始的章节。

下面我们删除分节符。Word 中默认不显示分页符、分栏符和分节符，要删除这几种分隔符，首先要显示分隔符。在【视图】选项卡的【视图】组中，单击【草稿】选项，如图 3-114 所示；或者在【开始】选项卡的【段落】组中，单击【显示/隐藏编辑标记】选项，如图 3-115 所示，便可在文档中看到所插入的分隔符。图 3-116 展示了为本文档中插入的分节符，这时选中分隔符后，按【Delete】键即可将其删除。

图 3-114 【视图】草稿选项

图 3-115 【显示/隐藏编辑标记】按钮

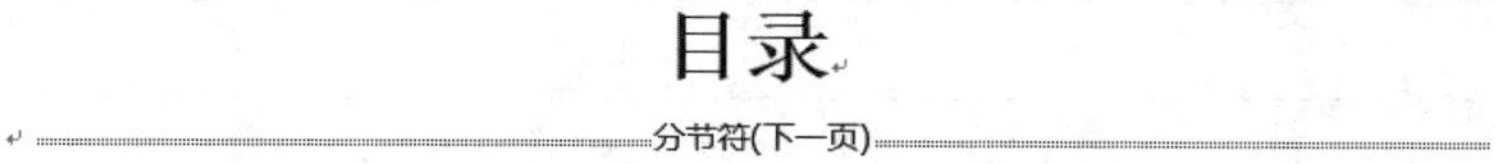

图 3-116 分节符(下一页)

但需要注意的是，删除分节符的同时也会删除该分节符前面文本的格式，对应文本将变成下一节的一部分，其格式会采用下一节的格式，这可能会造成文档排版的混乱，因此若两节格式不同，应谨慎处理删除操作，以免出现意想不到的错误。无论是更改还是删除分节符，都应该按照从后到前的顺序来处理。

6. 设置页眉页脚

在长文档排版中，封面页部分通常不需要显示页眉，目录部分通常需要单独显示页眉，正文部分通常按章显示页眉。同样地，在页脚中，封面页部分不需要插入页码，目录和正文部分的页码需要分别进行设置。

（1）设置首页不同或奇偶页不同的页眉和页脚

进入页眉和页脚编辑模式后，在【页眉和页脚工具-设计】选项卡【选项】组中，将【首页不同】或【奇偶页不同】选项前的复选框勾选即可首页不同或奇偶页不同的页眉和页脚。在文档"数字博物馆建设方案.docx"中，我们勾选【奇偶页不同】选项，然后通过【页眉和页脚工具-设计】选项卡【导航】组中的【上一节】或【下一节】选项，查看并设置每一节的选项，取消每一节【首页不同】选项的勾选，增加【奇偶页不同】的勾选，如图 3-117 所示。设置页眉和页脚后的效果如图 3-118 所示。

图 3-117 页眉和页脚工具

（2）取消各节页眉/页脚之间的链接

默认情况下，各节的页眉/页脚之间是有链接关系的，也就是说用户在修改其中一节的页眉/页脚内容时，同时会修改其他节的页眉/页脚内容。而在长文档中，封面、目录和正文部分的页眉/页脚内容各不相同，因此需要取消各节页眉页脚之间的链接。我们以文档"数字博物馆建设方案.docx"为例，介绍其操作步骤，具体如下。

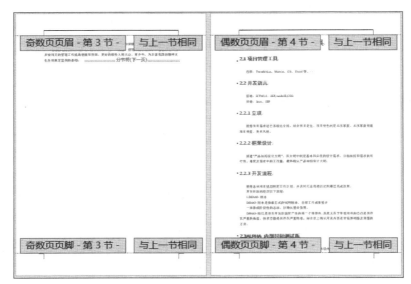

图 3-118　设置页眉和页脚后的效果

步骤 1：进入页眉和页脚编辑模式，将光标置于第 2 节，即目录页眉处。

步骤 2：在【页眉和页脚工具-设计】选项卡的【导航】组中，图 3-117 所示的【链接到前一条页眉】为选中状态，此时单击【链接到前一条页眉】选项便可取消选中状态，即取消了目录和封面页的页眉之间的链接。但是，此时目录尚未生成且只有一页，由于文档被设置了页眉和页脚的奇偶页不同，因此若生成的目录不止一页，则需要再次查看并修改该节页眉和页脚【链接到前一条页眉】选项的状态，并单击以删除链接。

步骤 3：单击【页眉和页脚工具-设计】选项卡【导航】组中的【下一节】选项，此时光标跳转到"偶数页页眉-第 3 节-"，即正文"1 项目概述"所在页的页眉处，同样单击【链接到前一条页眉】选项，便可取消选中状态。由于设置了奇偶页不同，奇偶页需要分别设置，因此我们再次单击【下一节】选项，待光标跳转到"奇数页页眉-第 3 节-"后单击【链接到前一条页眉】选项，取消选中状态，这样便取消了正文和目录之间页眉的链接。正文各部分的页眉具有关联性，因此不需要取消链接。

步骤 4：将光标置于第 2 节，即目录页脚处，按步骤 2 和步骤 3 的操作可以将目录与封面之间、正文与目录之间页脚的链接取消。

（3）插入页码

首先，我们以文档"数字博物馆建设方案.docx"为例，为目录页添加Ⅰ、Ⅱ、Ⅲ等格式的页码，操作步骤如下。

步骤 1：将光标置于目录页中，并和普通文档插入页码一样，选择"插入"→"页眉和页脚"→"页码"→"页面底端"→"简单-普通数字 2"。

步骤 2：选择"页眉和页脚工具-设计"→"页眉和页脚"→"页码"→"设置页码格式"，在弹出的【页码格式】对话框中设置其编码格式为"Ⅰ,Ⅱ,Ⅲ……"，并设置起始页码为"Ⅰ"。

步骤3：由于设置了奇偶页不同，若生成的目录超过一页，则需再次在目录页的偶数页中插入和奇数页相同格式的页码。

然后，我们仍以文档"数字博物馆建设方案.docx"为例，为正文添加页码，具体格式为奇数页居右显示页码、偶数页居左显示页码、页码均为普通数字型，操作步骤如下。

步骤1：双击正文第一页的页脚处，即光标位于"奇数页页脚-第3节-"处；选择"页眉和页脚工具–设计"→"页眉和页脚"→"页码"→"页面底端"→"简单–普通数字3"，即可为该页添加居右显示的页码。

步骤2：选择"页眉和页脚工具-设计"→"页眉和页脚"→"页码"→"设置页码格式"，在弹出的【页码格式】对话框中设置起始页码为"1"。

步骤3：将光标转到"偶数页页脚-第3节-"处，选择"页眉和页脚工具–设计"→"页眉和页脚"→"页码"→"页面底端"→"简单–普通数字1"，即可为该页添加居左显示的页码。我们同样设置起起始页码为"1"。

步骤4：单击【页眉页脚工具–设计】选项卡【导航】组中的【下一节】选项，查看下一节页码，如果该页码没有和上节连续显示，则选择"页眉和页脚工具–设计"→"页眉和页脚"→"页码"→"设置页码格式"，在弹出的【页码格式】对话框中，将【页码编号】选项区中【续前节】前的单选选项选中，如图3-119所示。

步骤5：重复步骤4，查看正文部分所有节中页码的显示，均将它们的页码格式修改为"续前节"。

图3-119　设置各节中页码连续显示

（4）插入页眉

首先，我们插入目录页页眉。和普通文档一样，双击目录页的页眉区，进入页眉的编辑状态。选择"页眉和页脚工具–设计"→"页眉"，并在弹出的下拉列表中选择一种页眉样式，单击"[在此处键入]"，输入文本内容"目录"。由于设置了奇偶页不同，若生成的目录超过一页，则需在"目录"部分的偶数页中插入页眉。

然后，我们插入正文页页眉。仍以文档"数字博物馆建设方案.docx"为例，奇数页利用"域"功能居右显示章标题，分别是文本内容"1 项目概述""2 项目整体试试管理及工具""3 售后服务""4 项目培训"和"5 合理化建议及其他"；偶数页均居左显示文本内容"数字化博物馆建设方案"，操作步骤如下。

步骤1：双击正文第一页眉处，进入页眉"奇数页页眉-第3节-"的编辑状态。

步骤2：设置页眉文本的对齐方式为右对齐。

步骤3：在【页眉和页脚工具–设计】选项卡的【插入】组中，单击【文档部件】，在弹出的下拉列表中选择【域】选项。

步骤4：在弹出的【域】对话框中的【域名】选项区的列表框中选择【StyleRef】选项，并在【样式名】选项区的列表框中选择【标题1】，如图3-120所示。此处选择【标题1】样式，是因为前文中已为"1 项目概述""2 项目整体试试管理及工具"等标题设置样式为"标题1"。

步骤5：单击【确定】按钮后，该页页眉便显示所在节的章标题，并且各章页眉内容均不同。设置后效果如图3-121所示。

图 3-120　使用"域"功能设置页眉

图 3-121　设置页眉后的效果

步骤 6：将光标移至"偶数页页眉-第 3 节-"中，输入文本内容"数字化博物馆建设方案"，并设置其对齐方式为左对齐，这时正文的所有节均会居左显示这段文本内容。

7．生成目录

目录是长文档不可缺少的部分，目录的作用是列出文档中各级标题所在的页码，使读者能对文本内容和结构有个大致了解，并且通过目录快速定位到所需要阅读的部分。Word 提供了两种方法来建立目录：手动生成目录和自动生成目录。在长文档的排版中，我们一般利用标题样式或大纲级别来自动生成目录，因此在生成目录前要对相应的标题设置样式，通常使用的样式是标题 1～标题 9。读者也可以在段落格式中为标题设置大纲级别。

（1）创建目录

我们以文档"数字博物馆建设方案.docx"为例，介绍创建目录的操作步骤，具体如下。

步骤 1：将光标置于需要插入目录的位置。

步骤 2：单击【引用】选项卡，在【目录】组中单击【目录】选项，这时弹出图 3-122 所示的下拉列表。可以看出，Word 内置目录中有手动目录和自动目录。手动目录是由用户手动输入目录中各级标题及页码等内容，目录项与文章内容和结构可以不相关。这种方式比较灵活，但创建过程较为麻烦。自动目录是指 Word 根据文档的层次结构自动创建目录。

步骤 3：单击【自定义目录】选项，在弹出的【目录】对话框中可以设置是否显示页码、页码对齐方式、制表符前导符的样式、目录格式、显示级别等参数。我们在本例中将【常规】选项区中的显示级别设置为"4",如图 3-123 所示。

图 3-122 【目录】列表

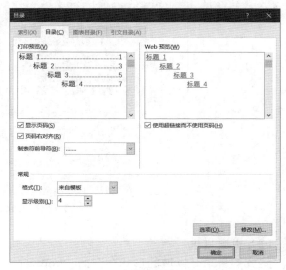

图 3-123 【目录】对话框

步骤 4:单击【目录】对话框中的【选项】选项,在弹出的【目录选项】对话框中可以设置将内容显示在目录中的标题级别,如图 3-124 所示。若目录中要显示没有应用样式的文本,则可以将该文本设置为相应的大纲级别,且勾选【目录选项】对话框中的【大纲级别】复选框。

步骤 5:单击【目录】对话框中的【修改】选项,在弹出的【样式】对话框中可以设置目录样式及修改其格式,如图 3-125 所示。其修改方法与修改样式类似。

图 3-124 【目录选项】对话框　　　　图 3-125 【样式】对话框

步骤 6:单击【目录】对话框中的【确定】选项,即可在文档中插入目录。生成的目录如图 3-126 所示,这时按住【Ctrl】键并单击目录中的标题即可跳转到相应的章/节中。

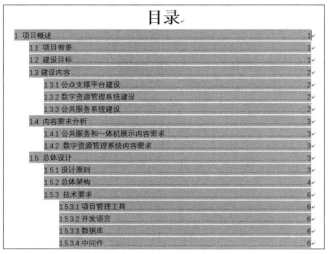

图 3-126　生成的目录

（2）更新目录

生成的目录是以域的形式存在的，Word 通过使用域来保证相应标题在文档中页码的一致性。若在生成目录后正文又进行了编辑，则需要更新目录才能保持目录和正文的一致性。更新目录的操作步骤如下。

步骤 1：将光标置于目录中任意位置。

步骤 2：选择"引用"→"目录"→"更新目录"，或者直接单击鼠标右键，在弹出的快捷菜单中选择【更新域】选项。用户还可以直接按【F9】键，这时弹出图 3-127 所示的【更新目录】对话框。

步骤 3：在【更新目录】对话框中，用户可根据实际情况选择【只更新页码】或【更新整个目录】选项。需要注意的是若更新整个目录，则针对目录部分所做的修改或格式设置将会失效。

图 3-127　【更新目录】对话框

步骤 4：设置完毕后，单击【确定】按钮即可更新目录。

（3）删除目录

若需要删除目录，单击【引用】选项卡，在【目录】组中单击【目录】选项，选择弹出的下拉列表中的【删除目录】选项即可。

3.5.3　能力拓展

1．大纲视图

大纲是文档的组织结构。Word 提供的大纲视图便于查看和组织文档的结构，因而对长文档的编辑和管理非常有用。用户可以使用大纲视图创建或编辑标题，调整标题级别和重新排列内容。只有文档中的文本采用了内置标题样式或在段落格式中设置了大纲级别，用户才能在大纲视图中通过改变文本的大纲级别来调整文档的结构，大纲视图的功能才能得到充分体现。

大纲视图中的文档结构是根据段落的大纲级别设置的，每个段落的前面都带有一个明确的标记，以引导读者理解和掌握信息，提高阅读效率和质量。进入和退出大纲视图的操作如下。

单击【视图】选项卡，在【视图】组中单击【大纲视图】选项，这时会显示【大纲】选项卡，其中有提升、降低、上移、下移、展开、折叠多个选项。我们在文档"数字博物馆建设方案.docx"中进入大纲视图模式，将【显示级别】设置为"4"，得到的效果如图 3-128 所示。在【大纲】选项卡的【关闭】组中单击【关闭大纲视图】选项，即可退出大纲视图，返回普通编辑状态。

图 3-128 大纲视图

大纲视图用于组织和管理文档，具体如下。

选择段落。单击段落前的标记，就可以选中这个段落和下文中从属于该段落的所有段落。

展开或折叠文本。选中标题后，在【大纲】选项卡的【大纲工具】组中单击【展开】加号"+"按钮，即可部分或全部展开一层文本；在【大纲】选项卡【大纲工具】组中，单击【折叠】减号"-"选项，即可折叠一层文本。当这个层次下出现一条下划线时，这表示已经完全折叠。

更改标题级别。选中某标题后，在【大纲】选项卡【大纲工具】组中单击【大纲级别】框两边的向左或向右箭头，便可令该标题的级别升级或降级。

移动段落。选定需要移动的段落，在【大纲】选项卡【大纲工具】组中单击【上移】或【下移】箭头形状的按钮，便可实现。用户也可以直接拖动段落标记来移动段落。

显示或隐藏标题。在【大纲】选项卡【大纲工具】组中的【显示级别】框中，选择要显示的最低的标题级别，其他低于该级别的标题将被隐藏。

创建子文档。在【大纲】选项卡【主控文档】组中单击【显示文档】选项，将展开【主控文档】组；单击其中的【创建】选项可以为当前选中的大纲项目创建子文档。在子文档中进行的修改可以即时反馈到主文档中。

2．文档属性

文档属性是有关描述或标识文件的详细信息，其中包括作者、标题、用途、单位、主题、关键词、类别、状态、备注等。文档属性可以让用户在传递和使用文档时更好地了解文档的用途，以便管理文档。

文档属性有以下 4 种类型。

标准属性。在默认情况下，文档与一组标准属性（如作者、标题和主题）相关联。用户可以为这些属性指定文本值，以便更好地组织和标识文档。

自动更新属性。该类型属性包括文件系统属性（例如文件大小，文件创建或上次更新的日期）以及 Word 维护的统计信息（例如文档中的字数或字符数）。用户不能指定或更改自动更新属性。

自定义属性。用户可以向自定义属性分配文本、时间或数值，也可以向这些属性分配"是"或"否"这种值。自定义属性名可以从推荐名称列表中进行选择，也可以由用户自行定义。

　　文档库属性。该类型属性与网站或公共文件夹的文档库中的文档相关。当创建一个新文档库时，用户可以定义一个或多个文档库属性，并设置这些属性值的规则。在向文档库中添加文档时，Word 会提示包含任何所需属性的值或更新任何不正确的属性。

　　查看和更改文档的属性的操作步骤如下。

　　步骤 1：在 Word 中打开文档，如打开文档"数字博物馆建设方案.docx"。

　　步骤 2：选择"文件"→"信息"→"属性"→"高级属性"，这时会弹出图 3-129 所示的对话框。

　　步骤 3：在图 3-129 中，选择【常规】选项卡，用户便可查看该文档的类型、位置、大小，以及创建、修改、访问等时间。

　　步骤 4：选择【摘要】选项卡，用户可以为文档添加或编辑标题、主题、作者、主管、单位、类别、关键词（也称为"标记"）、备注和超链接基础。

　　步骤 5：选择【统计】选项卡，用户可以查看文档创建、修改、访问及打印等时间，以及上次保存者、修订次数和编辑时间总计。用户还可以查看页数、段落数、行数、字数等统计信息。

　　步骤 6：选择【自定义】选项卡，用户可以添加文档的自定义属性：在【名称】文本框中为自定义属性键入一个名称，或从列表中选择一个名称；在【类型】列表中，选择要添加的属性的数据类型；在【取值】文本框中输入属性的值输入的值必须与【类型】列表中的选项相匹配。例如，【类型】列表中选择的是"数字"，那么【取值】文本框中必须输入数字。设置完毕后，单击【添加】按钮，即可将自定义的属性添加到【属性】列表框中，如图 3-130 所示。

图 3-129　文档摘要属性

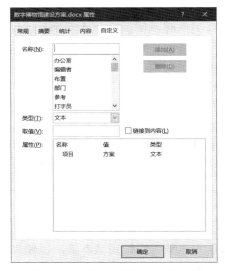

图 3-130　添加文档的自定义属性

3. 超链接

　　在 Word 中，超链接是指在单击一个对象时，可以对另外一个对象进行访问。文档在制作时可以通过加入"超链接"来实现扩展阅读，以更好地阐述文本的内容。超链接也有助于读者阅读时快速跳转到指定位置。

(1) 添加超链接

在 Word 中，常用超链接有两种：一种是文档内部的超链接，另一种是文档外部的超链接。这两种超链接分别应用于文档内部内容的跳转和对文档外部文件或网页的访问。

文档内部的超链接常见于文档目录，将目录与正文内容有效地联系起来，使用户能快速从目录跳转到正文的相应位置上。此外，书签功能也可以实现文档内部的超链接，操作步骤如下。

步骤 1：选中需要链接的对象（即单击后跳转的位置），单击【插入】选项卡【链接】组中的【书签】选项，并在弹出的【书签】对话框中输入书签名，单击【添加】按钮。

步骤 2：选中需要添加超链接的文本，单击【插入】选项卡【链接】组中的【超链接】选项，在弹出的【超链接】对话框中单击【本文档中的位置】，选中刚添加的书签后单击【确定】按钮即可。

添加文档外部超链接的操作步骤如下。

步骤 1：选中需要添加超链接的文本。

步骤 2：单击【插入】选项卡【链接】组中的【超链接】选项。

步骤 3：在弹出的【插入超链接】对话框中，根据实际需要选择"网页或文件"或者"电子邮件地址"选项栏，并选择对应文件或输入相应地址，单击【确定】按钮即可，如图 3-131 所示。

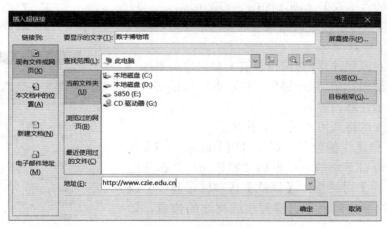

图 3-131　插入超链接

(2) 取消超链接

取消单个超链接：将鼠标指针移至"超链接"处，单击鼠标右键，在弹出的快捷菜单中选择【取消超链接】命令。

取消全部超链接：选中全文，按快捷键【Ctrl+Shift+F9】，即可一次性取消所有超链接。

(3) 关闭自动超链接

在 Word 中，当输入某些内容（如网址或者邮箱）时，这些内容的字体颜色会自动变成蓝色且带有下划线的超链接格式。虽然这有助于用户在使用的过程中直接跳转到相对应的链接，但是有时用户不希望被这样的自动超链接所困扰，这时可以选择暂时关闭自动超链接功能，待需要时再启用。关闭自动超链接的操作步骤如下。

步骤1：单击【文件】选项卡，选择【选项】命令。

步骤2：在弹出的【Word 选项】对话框的左侧栏中选择【校对】选项，并在右侧单击【自动更正选项】选项。

步骤3：在弹出的【自动更正】对话框中，取消【自动套用格式】选项区中【Internet 及网络路径替换为超链接】的选择状态。

步骤4：单击【确定】按钮回到【Word 选项】对话框，再次单击【确定】按钮即可。

4．注释文档

对文档进行基本编辑后，用户可能还要对文档中一些比较专业的词汇或引用的内容进行解释和标注，以增加文档的完整性和可读性，这时可以使用脚注和尾注功能。

脚注和尾注一般用于指明引用资料的来源，或者提供说明性或补充性的信息。在默认情况下，脚注位于当前页面的底部，通常是对该页中指定内容的补充说明。尾注位于文档的结尾处或者指定节的结尾处，也是对文本内容的补充说明。尾注由两个关联的部分组成，分别是注释引用标记和其所对应的注释文本。脚注和尾注均通过一条短横线与正文分隔开，也均包含注释文本，且它们的字号比正文文本的字号小一些。

添加脚注和尾注的操作步骤如下。

步骤1：将光标置于需要插入脚注或尾注的文本右侧。

步骤2：单击【引用】选项卡，在【脚注】组中选择【插入脚注】或【插入尾注】选项，如图3-132 所示。

步骤3：当光标跳转至页面底端或文档末尾时，输入注释内容。

图3-132　插入脚注或尾注

在添加脚注或尾注后，对应内容右上角会自动添加一个数字编号的引用标记。用户将鼠标指针置于该标记上方时，文档会显示注释内容。

脚注和尾注的格式可以进行如下设置。

改变脚注和尾注的位置：在【引用】选项卡的【脚注】组中，单击右下角的对话框启动器按钮，并在弹出的【脚注和尾注】对话框中【尾注】选项区【脚注】或【尾注】右侧的下拉列表中选择脚注或尾注的位置，如图3-133 所示。

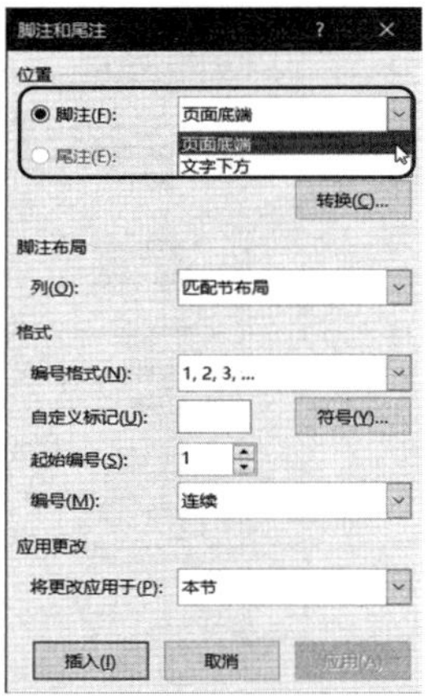

改变脚注或尾注的编号：在【脚注和尾注】对话框的【格式】选项区中，用户可以设置编号格式、自定义标记、起始编号和编号等参数，如图3-134 所示。

图3-133　设置脚注或尾注的位置

在添加脚注和尾注后，用户可以随时在两者之间进行转换。在【引用】选项卡的【脚注】组中，单击右下角的对话框启动器按钮，在弹出的【脚注和尾注】对话框中单击【转换】选项，并在弹出的【转换注释】对话框中选择需要的转换方式，单击【确定】按钮，如图3-135 所示。

如果文档不需要脚注或尾注，则可以删除脚注或尾注。在文档中选择脚注或尾注的引用标记编号，按【Delete】键即可删除对应的脚注和尾注。如果文档中插入了多个脚注或尾注，为便于查找，则可以选择"引用"→"脚注"→"下一条脚注"，在弹出的下拉列表中快速定位到具体脚注或尾注，如图 3-136 所示。

图 3-134　设置脚注或尾注编号的格式

图 3-135　脚注和尾注的转换

图 3-136　脚注和尾注的定位

5．审阅文档

文档在编辑好后有时会需要由他人来审阅，可以通过批注和修订这两种常用的审阅方法来进行。

（1）批注

批注是审阅者在阅读文档时所做的注释，其内容可以是评论、提问、建议等。批注默认显示在文档的右侧，但不会显示在正文中。批注不是文档的一部分，也不会对文档的排版产生任何影响。

在添加批注前，先用鼠标选中要添加批注的文字，然后添加批注。批注的添加方法有 3 种：第一种方法是单击【插入】选项卡，在【批注】组中单击【批注】选项；第二种方法是单击【审阅】选项卡，在【批注】组中单击【新建批注】选项；第三种方法是在选中的文本上单击鼠标右键，在弹出的快捷菜单中选择【新建批注】选项，如图 3-137 所示。

若要删除批注，则选中要删除批注的文本框，单击【审阅】选项卡【批注】组中的【删除】选项，并在弹出的下拉列表中单击【删除】命令。若要删除所有批注，则单击【删除文档中的所有批注】选项，如图 3-138 所示。用户还可以直接在批注文本框上单击鼠标右键，在弹出的快捷菜单中选择【删除批注】，即可删除该条批注。

图 3-137　添加批注

若要显示/隐藏批注，则选择"审阅"→"批注"→"显示批注"，即可显示所有批注内容；再次单击该命令按钮，即可隐藏所有批注。隐藏批注的右侧会有一个小图标，单击该图标，即可查看批注内容。

若要答复批注，则选中需要答复的批注，单击批注右侧的"答复"小图标，在新出现的批注框内输入新的批注内容即可，如图 3-139 所示。一条批注可以进行多次答复。

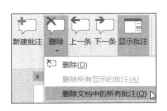

图 3-138　删除批注

图 3-139　答复批注

（2）修订

对文档的审阅过程中，如果需要对文档修改，则可以使用修订功能。当启用修订功能后，审阅者对文档做的每个改动都会被标记出来。当查看修订内容时，其他用户可以接受或拒绝这些改动。

对于启用/关闭修订模式，用户可以单击【审阅】选项卡【修订】组中的【修订】选项，即可进入修订模式；再次单击该按钮则退出修订模式。

当进入修订模式后，用户对文档所做的一切修改都将被添加修订标记，例如，删除的内容将会被标记删除线，添加的内容将被标记下划线。不同用户所做的更改用不同的颜色表示。当退出修订模式时，Word 将停止标记更改内容，但更改内容的下划线和删除线会被保留在文档中，直到它们被接受或拒绝。

在默认情况下，文档右侧的批注框内显示删除和批注。用户可以选择"审阅"→"修订"→"显示标记"→"批注框"，从右侧弹出的列表中选择显示修订的方式，如图 3-140 所示。此外，若选择"审阅"→"修订"→"审阅窗格"，则 Word 会显示所有修改内容的列表。

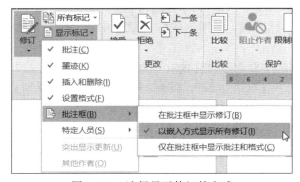

图 3-140　选择显示修订的方式

接受或拒绝修订有以下两种方式。

逐条接受或拒绝修订：选中修订后的内容，单击【审阅】选项卡【更改】组中的【接受】或【拒绝】选项，可接受或拒绝该处修订。通过单击【更改】组中的【上一条】或【下一条】选项，可以进行逐条检查，以执行接受或拒绝操作。

同时接受或拒绝所有修订：在【审阅】选项卡的【更改】组中，单击【接受】选项，在弹出的下拉列表中选择【接受所有修订】，即可接受所有修订；单击【拒绝】按钮，在弹出的下拉列表中选择【拒绝所有修订】，即可拒绝所有修订。

3.6 文档在线协作

目前国内外有多款成熟的在线编辑文档软件，比如腾讯文档、石墨文档、金山文档、飞书、Microsoft Teams、Google Docs 等，它们均支持多人协同编辑同一个文档，并且支持 Word、Excel、PPT 等文档类型。我们以腾讯文档为例，简单介绍文档在线协作的内容。

1．创建在线文档

用户可以在腾讯文档官方网站下载并安装客户端，也可以直接使用网页版。腾讯文档主界面如图 3-141 所示，其中会显示最近参与编辑或查看的文档。单击主界面的【新建】选项，选择所需要的文档类型，单击新建空白类型的文档，即可创建一个在线文档，如图 3-142 所示。

图 3-141　腾讯文档主界面

2．多人同时协作

创建在线文档后，用户会进入在线文档编辑界面，如图 3-143 所示。通过协同编辑，你能够邀请其他人共同完成文档的编写。在协作编辑状态下，每个人的头像会显示在当前编辑的段落之前，这样大家就能实时看到每人编辑的位置和内容。相比于本地文档编辑软件，在线文档编辑实现了即写即存，即使在没有联网的环境下也能实现本地保存。待网络恢复之后，在

图 3-142　创建在线文档

线文档会立即进行更新，这样就可以使文档内容始终处于最新状态。

3．设置多级别查看与编辑权限

腾讯文档有着明确的权限管控，通过【文档权限】功能可以设置协作者的文档权限，如图 3-144 所示。

图 3-143　在线文档编辑界面

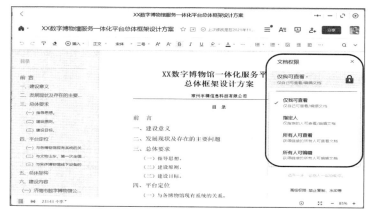

图 3-144　设置文档权限

4．导入本地文件

腾讯文档不仅支持导入或导出 Word、PDF、Excel 等类型的文档，还可以将本地文档直接导入并生成线上文档，实现在线文档与本地文档的无缝对接。导入本地文件如图 3-145 所示。

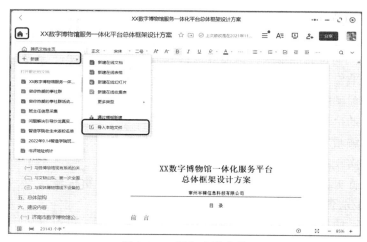

图 3-145　导入本地文件

习题与思考

打开文档"Word.docx",按照以下要求对该文档进行设置。

1．将标题段("如果你现在正值 20 岁")的中文格式设置为小一号隶书、绿色、居中、段后间距为 1 行,并为标题段添加"橙色,个性色 2,淡色 40%"、图案样式为 25%的底色;将正文各段文字设置为小四号仿宋、各段落首行缩进 2 字符。

2．将文中第一段的所有繁体字转换为简体字;将文中所有全角英文改为半角英文(不包含数字和标点符号);将标题中的"<标题>"在不删除的情况下隐藏起来不进行显示。

3．将页面纸张大小设置为 A4,上、下、左、右的边距均为 1.5 厘米;将文中"一些最成功的创业者和他们创业时的年龄:""20 岁的人没什么好失去的""20 岁的人能全心投入、孤注一掷""如果你现在正值 20 岁……大胆去做吧!"的样式设置为"标题 9"。

4．将正文第一段设置为首字下沉 3 行,距正文 0.5 厘米;将第一段分为等宽两栏,添加分隔线。

5．在正文第二段右侧插入图片"小女孩.jpg",设置图片格式为"四周型环绕"(注意:图片大小一适宜、美观为主,图片位置不能超出页边距),并设置图片的缩放为高度:80%、宽度:80%、颜色的色调为色温:4700K。

6．将正文中第七至第十一段的 5 行文字转换成 5 行 2 列的表格。设置表格的行高为 0.8 厘米、第 1 列列宽为 4 厘米、第 2 列列宽为 12 厘米,对齐方式为居中;设置单元格对齐方式为居中对齐;设置表格的外框线为深红色、0.75 磅、双线,内框线为橙色、0.5 磅、单线。

7．在【文件】菜单下编辑、修改该文档的高级属性为作者"NCRE"、单位"NEEA"、文档主题"奋斗的青春";在页面顶端插入"空白"型页眉,并将页眉设置为"奇偶页不同",奇数页的页眉内容为文档作者及单位,格式为"作者:××××,单位:×××";偶数页的页眉内容为文档主题;在页面底端插入页码,格式为"X/Y",并设置起始页码为"3",页码编号格式为"-3-"。

8．为文档添加内容为"奋斗的青春"的文字水印,水印的文本格式为:微软雅黑、蓝色(标准色)、斜式;设置页面颜色填充效果为"渐变,预设,麦浪滚滚",底纹样式为"角部辐射";设置页面边框为艺术型中的"红心"。

9．将正文中除了第一个"成功"外的其他所有"成功"的格式设置为宋体、五号、加粗、红色,并添加着重号。为正文第四段中的"MBA"插入尾注,具体内容为"工商管理硕士",并将编号格式设置为①。

10．将文中最后一段以句号为分隔符分成 3 段,并添加"wingdings"字体下的"·"(字符代码:0054)作为项目符号。

第4章

电子表格数据处理应用

本章导学

◆ 内容提要

Microsoft Excel 可以制作出各种复杂的表格，完成烦琐的数据分析运算，将单调的数字转化为生动、直观、形象的图形，从而大大提升数据分析的可视化性。本章以 Microsoft Excel 2016 为例，介绍 Excel 的创建、编辑表格功能，以及使用函数和公式来处理数据的方法。

◆ 学习目标

1. 熟练掌握 Excel 编辑数据与设置格式的方法和技巧。
2. 掌握公式和函数的应用方法。
3. 掌握数据分析和管理技巧，其中包括对数据进行排序、筛选和分类汇总，以便更好地理解和应用。
4. 掌握图表的制作和美化方法。

4.1 电子表格软件概述

4.1.1 Excel 简介

Excel 是一款功能很强大的表格处理软件，可以帮助用户生成图表，完成复杂的数据计算。Excel 用于数据统计、金融等领域。

1. Excel 的启动方法

用户在安装 Office 软件的同时会安装 Excel，系统也会自动将 Excel 列入【程序】菜单中。用户在通过选择"开始"菜单打开 Excel。

用户也可以双击要使用的 Excel 文件，系统在启动 Excel 的同时也会打开该文件。

用户亦可以双击桌面上的 Excel 图标来启动 Excel。

2. Excel 的退出方法

Excel 有以下几种退出方法。

（1）单击 Excel 主窗口的关闭按钮。

(2)使用【文件】选项卡的【关闭】选项。
(3)使用快捷键【Alt+F4】。
(4)在标题栏单击鼠标右键,在弹出的快捷菜单中选择【关闭】选项。
(5)双击标题栏左边的控制按钮。
(6)单击标题栏左边的控制按钮,在弹出的菜单中选择【关闭】选项。

3. Excel 2016 基本概念

(1)工作簿

工作簿是一个 Excel 文件,其默认扩展名是.xlsx。工作簿中可以包含一个或者多个工作表。

(2)工作表和单元格

Excel 的工作簿中默认包括一个名为"Sheet1"的工作表,它可以帮助用户更快地完成任务。用户可以通过单击工作表标签右侧的加号来增加工作表。每一个工作表由 2^{14} 列(即16384 列)和 2^{20} 行(即 1048576 行)组成,并通过列号和行号表示单元格的位置。例如,A2 表示位于第 A 列第 2 行的单元格。

(3)单元格区域

单元格区域是指一组相邻单元格组成的矩形区域。单元格区域可以通过它左上角的单元格地址和右下角单元格的地址来表示,这两个地址中间用一个冒号作为分隔符,如A2:D5。

4. Excel 窗口界面

启动 Excel 后,我们可以看到图 4-1 所示的主窗口,它与 Word 的主窗口相似,具有标题栏、功能区、编辑栏、工作表区、状态栏等内容。

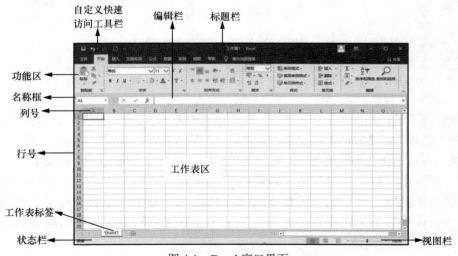

图 4-1 Excel 窗口界面

从图 4-1 中可以发现,Excel 主窗口显示了【文件】【开始】【插入】【页面布局】【公式】【数据】【审阅】【视图】【帮助】这 8 个选项卡。

【文件】选项卡:主要包括文件的新建、打开、保存、关闭、打印等操作。

【开始】选项卡：主要包括字体、对齐方式、数字、样式、单元格、编辑等选项组。

【插入】选项卡：主要包括表格、插图、图表、文本、符号等选项组。

【页面布局】选项卡：用户可以通过该选项卡设置主题。该选项卡还包括页面设置、工作表选项、排列等选项组。

【公式】选项卡：提供函数库、定义的名称、公式审核、计算等选项组。

【数据】选项卡：主要包括获取外部数据、连接、排序和筛选、数据工具、分级显示等选项组。

【审阅】选项卡：主要包括校对、中文简繁转换、批注、更改等选项组。

【视图】选项卡：主要包括工作簿视图、显示、缩放、窗口等选项组。

【帮助】选项卡：提供帮助、反馈、显示相关内容等导航。

单击菜单栏的【帮助】选项卡，并单击其显示选项中的【帮助】选项，即可打开图 4-2 所示的【帮助】窗格。用户也可以按【F1】键打开【帮助】窗格，在文本框内输入要查询的关键词并按【Enter】键，即可得到帮助信息，如图 4-3 所示。

图 4-2 【帮助】窗格

图 4-3 帮助信息

编辑栏用于输入和修改工作表数据。在工作表的单元格中输入数据时，编辑栏中会显示相应的属性选项。按【Enter】键或单击编辑栏上的输入按钮，输入的数据便会插入当前单元格；如果需要取消正在输入的数据，可以单击编辑栏上的取消按钮或按【Esc】键。

工作表区由行号、列号和网格线构成。工作表又称电子表格，是 Excel 存储和处理数据的工作区域。一个工作簿由不同工作表构成，每个工作表通过工作表标签来标记。工作表标签位于工作簿窗口底部。当前工作表中活动单元格的名称在名称框中进行显示。

4.1.2 电子表格通用处理流程

1. 创建新工作簿

在启动时，Excel 自动创建一个名为【工作簿 1】的空白工作簿。单击工具栏上的【新建】按钮或使用【新建工作簿】任务窗格可以建立另一个新工作簿，Excel 会将后面创建的工作簿命名为工作簿2、工作簿3……。新建的工作簿默认只有一个工作表，这个工作表的名称为Sheet1。

2．保存工作簿

工作簿在进行处理时会被存储在计算机的RAM中。当发生突然断电或死机等意外情况时，已完成的工作会被丢失，读者应及时保存工作簿，可以通过单击【自定义快速访问工具栏】的【保存】按钮进行或通过【文件】选项卡的【保存】选项进行。Excel第一次进行保存或另存为时会显示【另存为】对话框，如图4-4所示。

图4-4　【另存为】对话框

在退出Excel之前，如果没有保存文件，Excel也会显示一个提示框，询问是否在退出之前保存该文件，如图4-5所示。这时单击【保存】按钮，Excel将打开图4-4所示的【另存为】对话框。用户选择保存位置，并输入文件名即可。

3．打开工作簿

已存在的工作簿有两种打开方式，具体如下。

方式1：选择【文件】选项卡中的【打开】选项，或者单击【自定义快速访问工具栏】中的【打开】选项，这时会出现图4-6所示的【打开】对话框。在【查找范围】列表框中直接找出所要打开的文件，选择打开的文件，单击【打开】按钮即可。

图4-5　是否保存文件的对话框

方式2：直接双击要打开的工作簿文件。

4．Excel工作表的基本操作

（1）插入或删除工作表

Excel工作簿最多可以包含255张工作表，可以删除多余的工作表，但至少保留一张工作表。

图 4-6 【打开】对话框

插入新工作表的方法有以下几种。

① 单击工作表标签上的【插入工作表】按钮。

② 按快捷键【Shift+F11】。

③ 选定当前活动工作表（新工作表将插入在该工作表前面），在【开始】选项卡的【单元格】组中，单击【插入】选项右侧的下拉按钮，在弹出的下拉列表中选择【插入工作表】选项。

④ 选定当前活动工作表，在该工作表标签上单击鼠标右键，从弹出的快捷菜单中选择【插入】选项，在弹出的【插入】对话框中选择合适的工作表模板，单击【确定】按钮。

若要删除工作表，则在工作表标签上单击鼠标右键，从弹出的快捷菜单中选择【删除】选项，并在弹出提示对话框中单击【删除】按钮。工作表被删除后将不可恢复。

（2）重命名工作表

新建的工作簿默认有一个工作表，其名称为 Sheet1。为了使工作表的名称便于记忆，工作表的名称可以进行重新命名。工作表的重命名有以下几种方法。

① 双击要重新命名的工作表标签，该工作表标签会高亮显示，表示此时工作表标签处于编辑状态。在标签处输入新工作表名称，单击除该标签之外工作表的任意一处或按【Enter】键即可结束编辑，完成重命名。

② 单击要重新命名的工作表标签，在【开始】选项卡的【单元格】组中单击【格式】选项右侧的下拉按钮，在弹出的下拉列表中选择【重命名工作表】选项完成重命名。

③ 在需要重新命名的工作表标签上单击鼠标右键，从弹出的快捷菜单中选择【重命名】选项，便可重命名工作表。

（3）移动工作表

工作表的移动有以下几种方法。

① 按住鼠标左键直接拖动工作表标签到目标位置，并释放鼠标左键，即可完成工作表的移动。

② 在工作表标签上单击鼠标右键，在弹出的【移动或复制工作表】对话框中将【选定工作表移至工作簿】下拉列表框用于选择目标工作簿，将【下列选定工作表之前】列表框用于选择目标工作簿的位置，如图 4-7 所示。

③ 在【开始】选项卡的【单元格】组中，单击【格式】选项右侧的下拉按钮，在弹出的下拉列表中选择【移动或复制工作表】选项。

（4）复制工作表

工作表的复制有以下几种方法。

① 在工作表标签上单击鼠标右键并选择【移动或复制工作表】选项，在弹出的【移动或复制工作表】对话框中，【将选定工作表移至-工作簿】下拉列表框用于选择目标工作簿，【将选定工作表移至-下列选定工作表之前】列表框用于选择目标工作簿的位置，并选中【建立副本】复选框。

图 4-7 【移动或复制工作表】对话框

② 在【开始】选项卡的【单元格】组中，单击【格式】选项右侧的下拉按钮，在弹出的下拉列表中选择【移动或复制工作表】选项，进行工作表的复制。

③ 按住鼠标左键拖动要复制的工作表，并在拖动的同时按住【Ctrl】键，此时鼠标指针显示多了一个【+】号。当拖动到目标位置后，释放鼠标左键和【Ctrl】键即可完成工作表的复制。

复制的工作表由 Excel 自动命名，其命名格式为在源工作表名后加一个带括号的编号，如原工作表名为 Sheet1，则第一次复制的工作表名为 Sheet1(2)，第二次复制的工作表名为 Sheet1(3)……

（5）选取工作表组

工作簿由多个工作表组成，选取单个工作表时，只需单击该工作表的标签就行了。

选取多个工作表有以下几种情况。

选取一组相邻的工作表：先单击待选的第一个工作表标签，然后在按住【Shift】键的同时单击待选的最后一个工作表标签。

选取不相邻的一组工作表：在按住【Ctrl】键的同时依次单击待选的工作表标签。

选取工作簿中的全部工作表：用鼠标右键单击任一工作表标签，从弹出的快捷菜单中选择【选择全部工作表】选项即可。

多个选中的工作表组成了一个工作组，此时标题栏中会出现【工作组】字样。组成工作组后，当编辑其中一个工作表时，工作组中的其他工作表同时也会出现相应的编辑内容，即用户的操作作用于工作组中的所有工作表。

如果想取消工作组，只要单击除当前工作表之外的任意一个工作表标签即可；也可用鼠标右键单击任意一个工作表标签，从弹出的快捷菜单中选择【取消成组命令】选项。

（6）选择工作表的编辑范围

工作表的编辑主要是在单元格，单元格区域行、列，甚至整个工作表中进行，因而在编辑之前需先选择要编辑的范围。利用鼠标选择工作表编辑范围有以下几种情况。

编辑范围为一个单元格：单击该单元格即可。

编辑范围为一个单元格区域：按住鼠标左键从区域的左上角拖动到右下角即可。

编辑范围为一行：单击行号即可。

编辑范围为一列：单击列号即可。

编辑范围为整个工作表：单击工作表左上角行与列交界处的全选按钮即可。

行与列的选择又有以下几种情况。

选择相临的行（列）：先选择待选的第一行（列），按住【Shift】键的同时选择待选的最后一行（列）。这两行（列）之间的单元格区域均被选中。

选择不相临的行（列）：先选择一行（列），按住【Ctrl】键的同时再选择其他行（列）。所选行（列）的单元格区域均被选中。

同时选择行、列、单元格和单元格区域：按住【Ctrl】键的同时依次单击行号、列号、单元格和单元格区域，其中单元格区域的选择方法和上面相同。

◎案例引入

常州半稞科技有限公司在完成某项目后需要进行项目成本结算，主要内容包括创建项目人力资源信息表；创建项目人力成本结算表并进行数据处理；对项目结算清单中的数据进行统计和分析，并进行可视化展示。我们利用 Excel 来制作这些表格，完成各项任务。

4.2 电子表格创建有章法——创建项目人力资源信息表

财务部小佳需要制作参与项目人员的信息表。为了便于查看数据，她需要对信息表进行格式设置。

制作完成的项目人力资源信息表如图 4-8 所示。

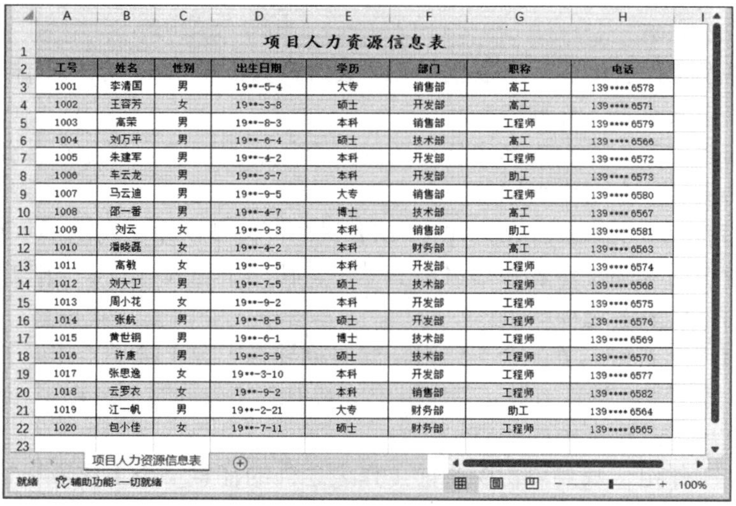

项目人力资源信息表

工号	姓名	性别	出生日期	学历	部门	职称	电话
1001	李清国	男	19**-5-4	大专	销售部	高工	139****6578
1002	王容芳	女	19**-3-8	硕士	开发部	高工	139****6571
1003	高荣	男	19**-8-3	本科	销售部	工程师	139****6579
1004	刘万平	男	19**-6-4	硕士	技术部	高工	139****6566
1005	朱建军	男	19**-4-2	本科	开发部	工程师	139****6572
1006	车云龙	男	19**-3-7	本科	开发部	助工	139****6573
1007	马云迪	男	19**-9-5	大专	销售部	工程师	139****6580
1008	邵一番	男	19**-4-7	博士	技术部	高工	139****6567
1009	刘云	女	19**-9-3	本科	销售部	助工	139****6581
1010	潘晓磊	女	19**-4-2	本科	财务部	高工	139****6563
1011	高敏	女	19**-9-5	本科	开发部	工程师	139****6574
1012	刘大卫	男	19**-7-5	硕士	技术部	工程师	139****6568
1013	周小花	女	19**-9-2	本科	开发部	工程师	139****6575
1014	张航	男	19**-8-5	硕士	开发部	工程师	139****6576
1015	黄世钢	男	19**-6-1	博士	技术部	工程师	139****6569
1016	许康	男	19**-3-9	硕士	技术部	工程师	139****6570
1017	张思逸	女	19**-3-10	本科	开发部	工程师	139****6577
1018	云罗衣	女	19**-9-2	本科	销售部	工程师	139****6582
1019	江一帆	男	19**-2-21	大专	财务部	助工	139****6564
1020	包小佳	女	19**-7-11	硕士	财务部	工程师	139****6565

图 4-8　人力资源信息表

4.2.1 任务设置

1. 利用 Excel 创建数据清单。
2. 利用数据填充功能快速输入数据。
3. 利用数据验证功能限制输入的内容。
4. 利用设置单元格格式的方式来格式化工作表，例如设置单元格的字体、对齐方式、数据类型、边框和底纹。

5．设置工作表的行高和列宽。
6．利用单元格样式、表格样式来美化工作表。
7．利用页面布局功能来打印数据表。

4.2.2 任务实现

1．新建工作簿和工作表

（1）创建新文档

双击桌面上的 Excel 2016 快捷方式图标，或者单击【开始】菜单【所有程序】的下一级子菜单【Microsoft Office】中的【Excel 2016】选项，启动 Excel 2016。

（2）保存工作簿

单击【文件】选项卡中的【另存为】选项，在弹出的【另存为】对话框中设置保存位置为桌面，并在【文件名】输入框中输入项目人力资源信息表，单击【保存】按钮。

2．录入员工基本信息

（1）输入文本内容

在 Excel 中，单元格中的内容具有多种数据类型，不同数据类型的内容的输入方式有一定的区别。如果是普通的文本和数值，则在选择单元格后直接输入内容即可。

选择工作表中的第一个单元格 A1，在其中直接输入"项目人力资源信息表"。按【Enter】键后 Excel 会自动换到下方的 A2 单元格，在其中输入"工号"。之后按【Tab】键，Excel 会自动水平切换到单元格 B2，在其中输入"姓名"，依次类推，分别在单元格 C2～H2 中输入性别、出生日期、学历等内容。输入的数据如图 4-9 所示。

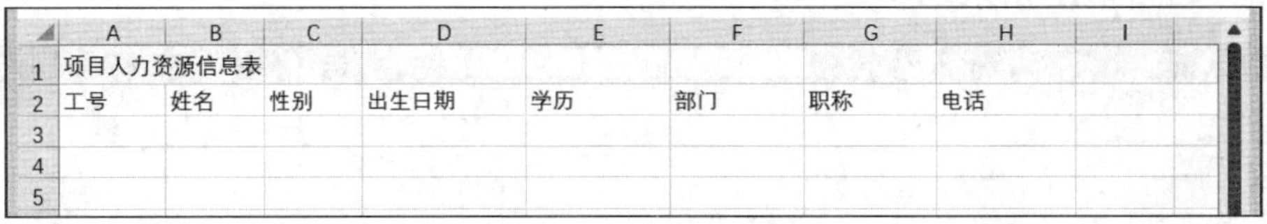

图 4-9 输入的数据

（2）填充数据

在单元格中输入数据时，如果数据是连续的，那么可以使用填充数据功能来快速输入数据，具体方法如下。

选择 A3 单元格，在单元格中输入工号"1001"。将鼠标指针指向 A3 单元格右下角的填充柄，此时鼠标指针将变为实心十字形，按住鼠标左键向下拖动填充柄至 A22 单元格，即可完成编号录入，得到的效果如图 4-10 所示。

如果输入的数据是文本型，那么上述方法只能复制数据，但在拖动时按住【Ctrl】键，则可实现数值的连续填充。

（3）快速输入相同的数据

在输入数据时，如果要在某些单元格中应输入相同的数据，那么可以使用以下方法实现。下面以性别列的数据为例，我们介绍快速输入相同数据的步骤，具体如下。

步骤 1：将光标定位到 C3 单元格。

步骤 2：按住【Ctrl】键选择所有需要输入相同数据"男"的单元格，并直接输入"男"。

步骤3：按快捷键【Ctrl+Enter】，便可将该数据填充至所有选择的单元格中。

步骤4：重复上述步骤，便可在剩下的单元格中输入数据"女"，最终效果如图4-11所示。

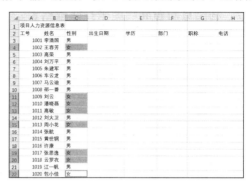

图4-10 数据填充效果

图4-11 快速输入相同的数据

（4）设置数据验证

为了保证数据的准确性，方便以后对数据进行查找，在表格中输入数据时应对相同的数据使用相同的描述。例如，"学历"列中输入的"大专"和"专科"有着相同的含义，因而在输入时应使用统一的描述，如"大专"。对于这种情况，用户可以使用数据验证功能为单元格加入限制，防止同一种数据出现多种表现形式。Excel单元格允许设置输入的数据序列，并提供下拉按钮让用户进行选择，具体操作步骤如下。

步骤1：选择E3:E22单元格区域，单击【数据】选项卡【数据工具】组中的【数据验证】按钮，如图4-12所示。

图4-12 【数据验证】选项

步骤2：打开图4-13所示的【数据验证】对话框，在【设置】选项卡【允许】选项下拉列表中选择【序列】选项；在【来源】文本框中输入数据，数据之间以英文逗号隔开，并单击【确定】按钮。

步骤3：返回工作表中，单击E3:E22单元格区域中的任意一个单元格，其右侧将出现下拉按钮。单击该下拉按钮，即可在下拉列表中选择数据。数据验证输入如图4-14所示。

第 4 章 电子表格数据处理应用

图 4-13 【数据验证】对话框

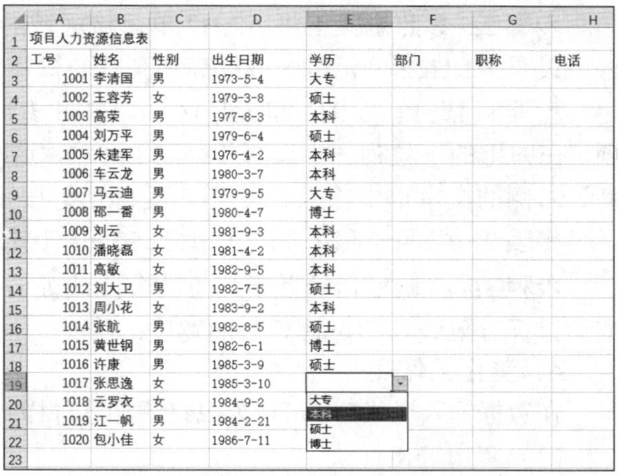

图 4-14 数据验证输入

3．编辑单元格和单元格区域

设置标题格式的操作步骤如下。

步骤 1：选择 A1:H22 单元格区域，在【开始】选项卡的【字体】组中，在字体的下拉列表中设置字体格式为楷体，并设置字形为加粗、字号为 16 磅。

步骤 2：在【开始】选项卡的【对齐方式】选项组中单击【合并后居中】选项，设置水平对齐方式为"居中"、垂直对齐方式为"居中"，如图 4-15 所示。用户也可以在图 4-16 和图 4-17 所示对话框中设置字体格式和对齐方式。

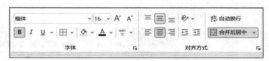

图 4-15 【字体】组和【对齐方式】组

图 4-16 【设置单元格格式】对话框之【字体】选项区

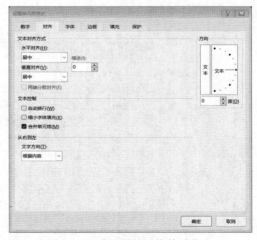

图 4-17 【设置单元格格式】之【对齐】选项区

设置 A2:H22 单元格区域字体格式的操作步骤如下。

步骤 1：选择 A2:H22 单元格区域，在【开始】选项卡的【字体】组中设置字体为宋体、字号为 9 磅、颜色为黑色。在【对齐方式】组中设置水平对齐为"居中"、垂直对齐为"居中"。

步骤 2：参照步骤 1 将 A2:H2 单元格区域的字形设置为加粗。

设置 A1:H22 单元格区域行高和列宽的操作步骤如下。

步骤 1：选择 A1:H1 单元格区域，单击【开始】选项卡【单元格】组中的【格式】选项，在弹出的下拉列表中选择【行高】选项，这时弹出【行高】对话框。在该对话框中【行高】右侧的文本框中输入 32，单击【确定】按钮。

步骤 2：参照步骤 1，将 A2:H22 单元格区域的行高设置为 17。

步骤 3：将鼠标指针置于列号的分隔线处，鼠标指针会变为✛，这时按住鼠标左键并拖动鼠标分隔线，即可调整列的宽度。

4. 美化工作表

在数据输入完成后，可以为表格添加各种样式，以美化表格。

（1）套用表格样式

Excel 的套用表格格式功能可以快速美化表格。该功能对所选的单元格区域应用已有的表格样式，具体操作步骤如下。

步骤 1：选择 A2:H22 单元格区域，单击【开始】选项卡【样式】组中的【套用表格格式】选项，并在弹出的下拉菜单中选择一种表格样式。这时会弹出图 4-18 所示的【创建表】对话框。

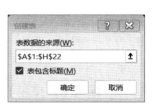

图 4-18 【创建表】对话框

步骤 2：在弹出的对话框中勾选【表包含标题】复选框，单击【确定】按钮，得到图 4-19 所示的筛选结果。

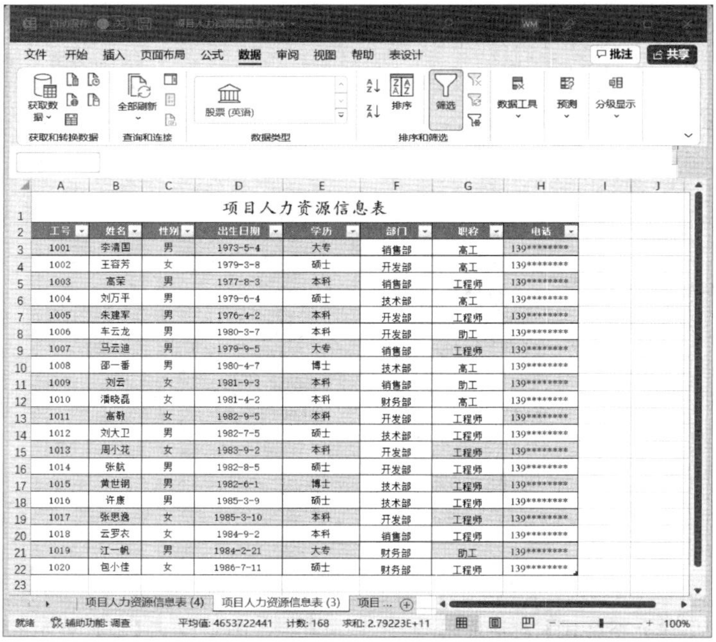

工号	姓名	性别	出生日期	学历	部门	职称	电话
1001	李清国	男	1973-5-4	大专	销售部	高工	139********
1002	王容芳	女	1979-3-8	硕士	开发部	高工	139********
1003	高荣	男	1977-8-3	本科	销售部	工程师	139********
1004	刘万平	男	1979-6-4	硕士	技术部	高工	139********
1005	朱建军	男	1976-4-2	本科	开发部	工程师	139********
1006	车云龙	男	1980-3-7	本科	开发部	助工	139********
1007	马云迪	男	1979-9-5	大专	销售部	工程师	139********
1008	邵一番	男	1980-4-7	博士	技术部	高工	139********
1009	刘云	女	1981-9-3	本科	销售部	助工	139********
1010	潘晓磊	女	1981-4-2	本科	财务部	高工	139********
1011	高敏	女	1982-9-5	本科	开发部	工程师	139********
1012	刘大卫	男	1982-7-5	硕士	技术部	工程师	139********
1013	周小花	女	1983-9-2	本科	开发部	工程师	139********
1014	张航	男	1982-8-5	硕士	开发部	工程师	139********
1015	黄世钢	男	1982-6-1	博士	技术部	工程师	139********
1016	许康	男	1985-3-9	硕士	技术部	工程师	139********
1017	张思逸	女	1985-3-10	本科	开发部	工程师	139********
1018	云罗衣	女	1984-9-2	本科	销售部	工程师	139********
1019	江一帆	男	1984-2-21	大专	财务部	助工	139********
1020	包小佳	女	1986-7-11	硕士	财务部	工程师	139********

图 4-19 筛选结果

步骤 3：单击【数据】选项卡【排序和筛选】组中的【筛选】选项，取消筛选状态。

（2）设置边框和底纹

除了套用表格样式，用户也可以自定义设置单元格的边框和底线，具体操作步骤如下。

第 4 章　电子表格数据处理应用

步骤 1：选择标题行，在【开始】选项卡【字体】组的【填充颜色】中设置底纹为"蓝色，个性色 5，淡色 80%"，如图 4-20 所示。

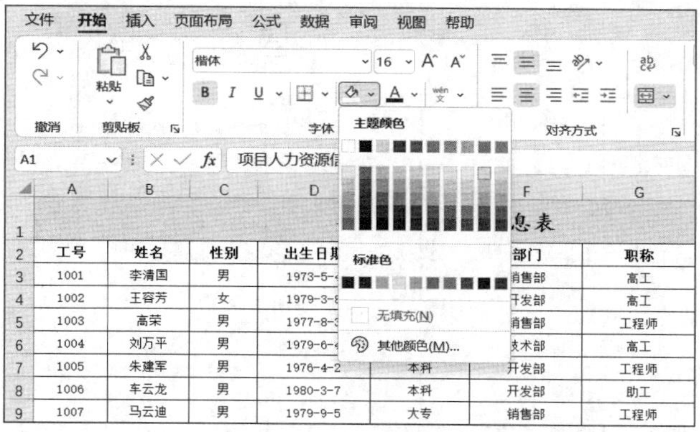

图 4-20　设置单元格的底纹

步骤 2：选择 A2:H2 单元格区域，在【开始】选项卡【字体】组的【填充颜色】中设置底纹为"绿色（标准色）"。

步骤 3：选择 A4:H4 单元格区域，在【开始】选项卡【字体】组的【填充颜色】中设置底纹为"绿色，个性色 6，淡色 80%"。

步骤 4：选择 A3:H4 单元格区域，单击【格式刷】选项，将其格式应用到 A5:H22 单元格区域上。

步骤 5：在【开始】选项卡的【单元格】组中单击【格式】选项，在弹出的下拉列表中选择【设置单元格格式】选项，这时弹出【设置单元格格式】对话框。在该对话框中的【边框】选项区中，设置外边框和内边框为最细单实线，并单击【确定】按钮，如图 4-21 所示。

（3）设置页面、页眉和页脚

在打印工作表之前，用户可以根据需要对工作表进行相应的设置，如设置页边距、页面大小、方向、页眉、页脚、页眉背景等。设置页面、页眉和页脚的操作步骤如下。

图 4-21　设置单元格的边框

步骤 1：单击【页面布局】选项卡【页面设置】组右下角的按钮，这时弹出【页面设置】对话框。在该对话框【页边距】选项区中设置上/下边距为 2，【居中方式】为水平，如图 4-22 所示。

步骤 2：单击【页面】选项卡，设置【方向】为横向、纸张大小为 A4，如图 4-23 所示。

步骤 3：单击【页眉/页脚】选项卡，单击【自定义页眉】按钮，这时弹出【页眉】对话框。在该对话框的【中部】文本框中输入【常州半稞科技有限公司】，并单击【确定】按钮，如图 4-24 所示。若要更改页眉的字体设置，则可以在【页眉】对话框中单击【字体】选项，在弹出的【字体】对话框中进行字体格式的设置。

· 121 ·

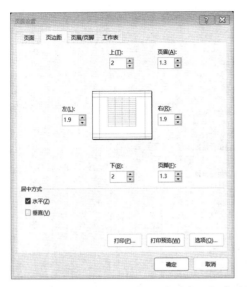 

图 4-22 【页面设置】对话框之【页边距】选项区　　图 4-23 【页面设置】对话框之【页面】选项区

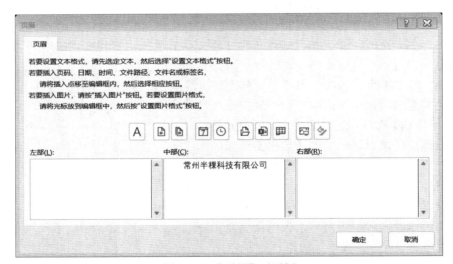

图 4-24 【页眉】对话框

步骤 4：单击【页眉/页脚】选项卡，单击页脚的下拉列表框并选择"第 1 页"，单击【确定】按钮，如图 4-25 所示。用户也可参照步骤 3，进行页脚的自定义设置。

（4）打印设置

打印设置可以在【页面设置】对话框中进行，也可以通过【打印预览】在弹出的窗口中进行。使用前一种方法进行打印设置的操作步骤如下。

步骤 1：选择 A1:H22 单元格区域，在【页面布局】选项卡的【页面设置】组中单击【打印区域】选项，再单击【设置打印区域】选项。

步骤 2：如果信息表数据较多且超过一页，则需要在【页面设置】对话框中选择【工作表】选项卡，设置【顶端标题行】为"项目人力成本信息表"工作表的第二行，并单击【确定】按钮，如图 4-26 所示。这样第二页的顶端行会自动显示标题行的内容。

图 4-25　【页面设置】对话框【页眉/页脚】标签页

图 4-26　【页面设置】对话框【工作表】标签页

此时，用户可以单击【打印】选项进行打印输出。

（5）保存工作簿文件

在【自定义快速访问工具栏】中单击【保存】按钮，即可保存工作簿。

4.2.3　能力拓展

1．单元格的基本操作

（1）插入行、列、单元格或单元格区域

在工作表编辑的过程中，用户可能需要在表格中插入一行、一列或单元格以容纳新的数据，具体如下。

插入一行：选择一个单元格，单击鼠标右键，在弹出的快捷菜单中选择【插入】选项，这时弹出图 4-27 所示的【插入】对话框。在该对话框中单击相应的单选钮，并单击【确定】按钮即可。用户也可以在当前行号上单击鼠标右键，在弹出的快捷菜单中选择【插入】选项，则可在当前行前面插入一行；若选择多行，则在行号上单击鼠标右键，在弹出的快捷菜单中选择【插入】选项，便可在所选行的第一行前面插入相同数量的行。

图 4-27　【插入】对话框

插入一列：选择一个单元格，单击图 4-27 中的【列】选项，即可在单元格所在列的左侧插入一列。用户也可以在列号上单击鼠标右键，在弹出的快捷菜单中选择【插入】选项，则可在当前列左侧插入一列；若选择多列，则在列号上单击鼠标右键，在弹出的快捷菜单中选择【插入】选项，则可在所选列的第一列左侧插入相同数量的列。

插入单元格：选择一个单元格，在图 4-27 所示的对话框中若选择【活动单元格右移】选项，则当前单元格及其右侧单元格右移；如果选择【活动单元格下移】选项，则当前单元格及其下方单元格下移。

插入单元格区域：选择一个单元格区域，在【开始】选项卡的【单元格】组中单击【插入】选项即可。

（2）删除行、列、单元格或单元格区域

删除行、列、单元格或单元格区域，选择要删除的单元格、单元格区域，或者选择要被删除的行或列中的任意一个单元格，单击鼠标右键，在弹出的快捷菜单中选择【删除】选项，这时出现图 4-28 所示的对话框。在该对话框中选中删除的方式，并单击【确定】按钮进行删除。

图 4-28　【删除】对话框

（3）清除单元格或单元格区域内的数据

选择要清除数据的单元格或单元格区域，在【开始】选项卡的【编辑】组中，单击【清除】选项，在弹出的下拉列表中选择相应的选项即可，其中，下拉列表包括以下选项。

全部清除：清除所选单元格中的全部内容，其中包括格式、内容、批注。

清除格式：只清除所选单元格的格式。

清除内容：清除所选单元格中的公式或数据值，但保留单元格的格式和批注。

清除批注：清除附加到所选单元格的任何批注，但不改变单元格的内容和格式。

清除超链接：只删除单元格中添加的超链接。

2．数据的输入与编辑

（1）数据的输入和修改

在 Excel 单元格中的内容都可以被看成数据，这些内容包括字符、数值、时间、日期、公式等。

数据可以直接在单元格中输入，也可以在【编辑栏】中输入。对于【编辑栏】中输入的数据，可以单击其左侧的【✓】按钮或按【Enter】键来确认输入数据，结束单元格的数据输入；单击其左侧【✗】按钮则会取消输入，保留单元格中的原有数据。

字符型数据是以字母、汉字或其他字符开头的数据，如表格标题、名称等。在默认的情况下，字符型数据在单元格中的对齐方式是左对齐。

当用户输入的数据过多，其长度超过了单元格的宽度时，数据的显示会有两种结果：如果右边相邻的单元格中没有任何数据，则超出的数据会显示在右边相邻的单元格中；如果右边相邻的单元格中已有数据，则超出的数据将不显示。对于后一种结果，用户只要增加列宽就可以看到全部内容。

数值型数据是用于计算的数据，0、1、2、3、4、5、6、7、8、9、+、-、%等被 Excel 认为是数值型数据。

负数的输入：可以直接输入负号和数字，也可以输入括号和数字。例如，-3 可以通过负号"-"和数字"3"来输入，也可以通过括号"()"和数字"3"来输入。

分数的输入：先输入数字"0"，再输入一个空格，最后输入分数值。例如，1/2 的输入顺序是"0"→""（空格）→"1/2"。

日期的输入：以 2023 年 6 月 30 日为例，它的输入方式有"2023/6/30""2023–06–30""30–Jun–2023""30/6/2023"等几种。

时间的输入：以 20 时 40 分为例，它的输入方式有"20:40""8:40 PM""20 时 40 分""下午 8 时 40 分"等几种。

当单元格中输入的数据有误或不完整，需要进行修改时，双击单元格可直接在单元格中修改数据。用户也可以单击单元格，这时编辑栏中会显示单元格的内容，用户在编辑栏中修改数据，修改结束后按【Enter】键即可。如果希望将某个单元格中的数据用新数据代替，则单击该单元格，直接输入新数据即可。如果想清除某个单元格中的数据，则可先单击该单元格，然后按【Del】键。但这种方法只能清除数据，不能清除单元格的格式。如果想清除单元格的格式，则选项路径为"开始"→"编辑"→"清除"→"清除格式"。

（2）复制和移动数据

若工作表中需要输入相同的数据，则可以使用复制或移动功能来实现。

复制数据：选择数据后，先单击【开始】选项卡【剪切板】组中的【复制】选项，然后在目标位置处单击【开始】选项卡【剪切板】组中的【粘贴】选项。用户也可以使用快捷键【Ctrl+C】复制数据，在目标位置处使用快捷键【Ctrl+V】粘贴数据。

移动数据：选择数据后，先单击【开始】选项卡【剪切板】组中的【剪切】选项，然后在目标位置处单击【开始】选项卡【剪切板】组中的【粘贴】选项。用户也可以使用快捷键【Ctrl+X】复制数据，在目标位置处使用快捷键【Ctrl+V】粘贴数据。

（3）自动填充

在输入数据的过程中，有时会遇到横向或纵向连续的若干个单元格内需要输入相同的数据的情况，有时会需要输入不同但有某种规律的数据的情况，如在连续的 7 个单元格内分别输入星期一、星期二、星期三、星期四、星期五、星期六、星期日。对于上述情况，我们可以采用自动填充的方法快速输入数据。所选单元格或单元格区域的右下角有一个小黑块，这就是填充柄。当鼠标指针移动到选择的单元格或单元格区域的右下角时，它会由空心十字形变成黑色实心十字形。按住鼠标左键并进行横向或纵向拖动，所经过的若干个相邻单元格会被有规律的数据填充。数据填充有以下几种类型。

相同数据填充（复制单元格）：选择单元格，将鼠标指针移到该单元格右下角的填充柄上，当鼠标指针变成十字状态后，按住鼠标左键并向下拖动，直到结束对应列相同数据的输入为止，这样会得到一列相同数据。执行相同的操作向右拖动，便可以得到相同的一行数据。

序列填充：根据已知的排序规律填充单元格中的数据。序列的类型主要有 4 种：日期、等差序列、等比序列和自动填充，我们主要介绍前 3 种。

① 日期：可按照日、工作日、月、年这 4 种日期单位进行填充。

② 等差序列：序列中任意两个连续的数的差值相等，这个相等的差值被称为步长。当步长值为正时，序列是递增序列；当步长值为负时，序列是递减序列。当需要填充等差序列时，先在相邻的两个单元格中分别输入等差序列中连续的两个数，然后选择这两个单元格，并向指定方向拖动填充句柄，所经过的区域会被等差数据填充。

③ 等比序列：序列中相邻的两个数值之间的比例关系都相同，这个相同的比例被称为

步长。当需要填充等比序列时，先在指定单元格中输入等比序列的第一个数，然后选择待填充序列的若干个连续单元格（单元格区域），在【开始】选项卡的【编辑】组中单击【填充】选项，选择【序列】选项，这时会出现【序列】对话框，如图4-29所示。在此对话框选择【类型】为"等比序列"，并输入步长值，单击【确定】按钮，这时所选区域会被等比序列填充。

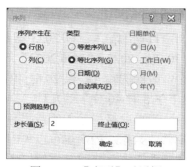

图4-29　【序列】对话框

如果用户经常使用某种填充序列，那么可以将它添加到自定义序列中。自定义填充序列的具体操作步骤如下。

步骤1：单击【文件】选项卡中的【选项】选项，这时会出现【选项】对话框。

步骤2：单击【高级】选项，在对话框右列中单击【编辑自定义列表】选项，这时弹出【自定义序列】对话框，如图4-30所示。

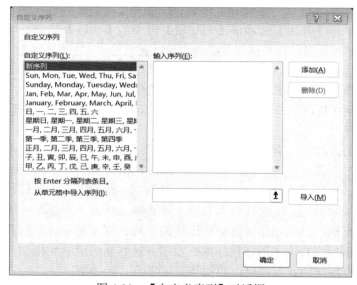

图4-30　【自定义序列】对话框

如果已有自定义序列的数据清单，则可先选中该清单，再单击【导入】按钮即可。如果要手动输入新的序列，则可选择【自定义序列】列表框中的【新序列】选项，然后在【输入序列】框中输入数据序列，并单击【添加】按钮。以后只要将自定义序列中的一个条目输入到某个单元格中，拖动填充柄就可以填充序列中的其他条目。

3. 单元格格式化

（1）调整列宽和行高

当单元格中数据较多时，现有列的宽度可能会使数据显示不完整，这时可以通过改变列宽进行调整。

拖动鼠标改变列宽：将鼠标指针移到两列之间，此时鼠标指针会变为形状✚。按住鼠标左键并向左或向右拖动，即改变左侧列的宽度。

精确设置列宽：单击【开始】选项卡【单元格】选项组中的
【格式】选项，在弹出的下拉列表中选择【列宽】选项，这时弹
出【列宽】对话框，如图 4-31 所示。在该对话框中即可精确设
置列宽。

图 4-31 【列宽】对话框

行高的设置参照列宽的设置方法和步骤。

（2）设置单元格文本的对齐方式

设置单元格文本对齐方式的操作步骤如下。

步骤 1：选择要设置对齐方式的单元格，在【开始】选项卡中单击【对齐方式】组右下角的对话框启动器，这时弹出【单元格格式】对话框。

步骤 2：在该对话框的【对齐】选项区中，从【水平对齐】下拉列表框中选择水平对齐方式，从【垂直对齐】下拉列表框中选择垂直对齐方式。

步骤 3：单击【确定】按钮，即可设置单元格文本的对齐方式为水平居中和垂直居中。
【水平对齐】下拉列表框中包含的选项有常规、靠右、居中、靠左、填充、两端对齐、跨列居中和分散对齐。【垂直对齐】下拉列标框中包含的选项有靠上、居中、靠下、两端对齐和分散对齐。

（3）设置字体格式

用户可以利用【字体】组和【对齐】组设置一些常用的字体格式，也可以使用【设置单元格格式】对话框中的【字体】选项区进行设置字体格式。

（4）设置单元格的边框和底纹

在默认情况下，Excel 中单元格的边框是淡虚线，这些虚线在打印时是不会被打印出来的。如果需要将这些边框打印出来，那么用户既可以使用【边框】选项进行设置，也可以使用【单元格格式】对话框进行设置。

使用【单元格格式】对话框设置单元格边框的具体操作步骤如下。

步骤 1：选择需要添加边框的单元格或单元格区域。

步骤 2：在【开始】选项卡中单击【单元格】组的【格式】选项，打开【单元格格式】对话框。

步骤 3：在【设置单元格格式】对话框中单击【边框】选项卡，在【预置】选项区中通过单击预置选项，或单击【边框】选项区旁边的选项，如上边框、下边框、左边框、右边框等，便可以添加边框样式。

步骤 4：在【样式】列表框中可以为边框设置线型。

步骤 5：在【颜色】下拉列表框中可以选择边框的颜色。

步骤 6：单击【确定】按钮。

设置单元格的底纹的具体操作步骤如下。

步骤 1：选中要填充背景的单元格或单元格区域。

步骤 2：在【开始】选项卡中单击【单元格】组的【格式】选项，打开【单元格格式】对话框。

步骤 3：在【单元格格式】对话框中单击【填充】选项区，在【颜色】区域选择需要的颜色。如果希望为单元格的背景设置底纹图案，则打开【图案颜色】和【图案样式】的下拉列表，选择合适的颜色和底纹样式。

步骤4：单击【确定】按钮。

(5) 设置数字格式

Excel 提供了 10 种不同的数字格式，供用户根据不同的情况进行选用。数字格式的设置有以下几种方法。

使用菜单命令格式化数字。选择要格式化的单元格或单元格区域，在【开始】选项卡中单击【单元格】组的【格式】选项，在打开的【单元格格式】对话框中选择【数字】选项区，如图 4-32 所示。在【分类】列表中选择所需的格式类型，单击【确定】按钮即可。

图 4-32　【设置单元格格式】对话框之【数字】选项区

在【开始】选项卡的【数字】组中格式化数字。【数字】选项组中有 5 个选项：【会计数字格式】【百分比样式】【千位分隔样式】【增加小数位数】和【减少小数位数】，它们可用于设置一些常用的数字格式。

(6) 自动套用格式

Excel 提供了 60 种内置的表格格式供用户自动套用。这些表格格式既美化了表格，又节省了时间。

选择要自动套用格式的单元格区域，在【开始】选项卡的【样式】组中单击【自动套用格式】选项，并在出现的对话框中选择需要的表格格式，单击【确定】按钮。Excel 内置的部分表格格式如图 4-33 所示。

(7) 设置工作表背景和工作表标签颜色

在【页面布局】选项卡的【页面设置】组中单击【背景】选项。在打开的【工作表背景】对话框中选择背景文件，并单击【打开】按钮完成设置，如图 4-34 所示。

此外，在【页面布局】选项卡的【页面设置】组中，单击【删除背景】可以删除工作表的背景。

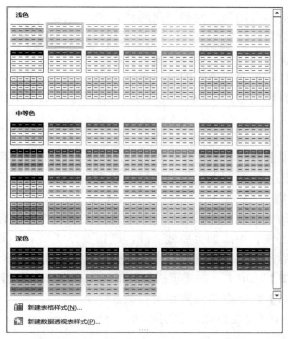

图 4-33 Excel 内置的表格格式（部分）

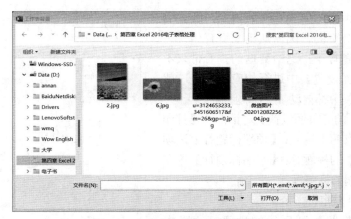

图 4-34 【工作表背景】对话框

单击【工作表标签】，并在其上单击鼠标右键，在弹出的快捷菜单中单击【工作标签颜色】。这时会弹出【工作标签颜色】对话框，在其中可以设置工作表标签颜色。

4．工作表的打印

工作表在打印之前，需要进行一些必要的设置，例如，设置打印的方向、纸张的大小、页眉与页脚、页边距等。在【页面布局】选项卡中单击【页面设置】组的对话框启动器，可以在弹出的【页面设置】对话框中进行以下设置。

（1）页面设置

在【页面】选项区中可设置方向、缩放比例、纸张大小、打印质量、起始页码等参数。

方向：可以设置页面方向为纵向和横向两种方式。

缩放：可调整页面是正常打印（100%）时的比例，值为百分数。

纸张大小：确定纸张的尺寸。该选项会受打印机的制约。

打印质量：设置打印机允许使用的分辨率。

起始页码：设置打印的起始页码。该页码出现在第一页的页眉或页脚中，以后的页码从它开始计数。

（2）设置页边距

在【页边距】选项卡中，可以设置表格到纸边的距离以及页眉/页脚与纸边的距离，并能设置工作表在打印纸上的对齐方式为水平居中或垂直居中。

（3）设置页眉/页脚

页眉和页脚在打印工作表时非常有用，页眉通常会放和工作表有关的标题，页脚通常会放页码。如果要在工作表中添加页眉或页脚，则需要在【页眉/页脚】选项卡中进行设置。添加页眉和页脚后，在打印预览窗口中可以查看页眉和页脚。

单击【页眉/页脚】选项卡，在【页眉】的下拉列表框选择页眉，单击【自定义页眉】按钮，在弹出的【页眉】对话框中设置相关参数。

页脚的设置与页眉的设置相似，我们不再详述。

（4）打印标题

在实际使用中常常遇到这样的情况：数据清单很长且是自动分页的，因而从第二页开始，表格中就看不到标题行了，这给数据的查看带来不便。只要在【页面设置】中进行相应的设置，就可以实现在每一页中都自动加上标题行。

图 4-35 所示的【页面设置】对话框的【打印标题】选项区中有两个选项：【顶端标题行】选项可以设置每页顶端的标题行；【左端标题行】选项可以设置每页左端的标题行。

（5）页面打印顺序

Excel 自动按照先列后行的顺序打印工作表。用户也可以在图 4-35 中的【打印顺序】选项区中更改打印顺序，从而使 Excel 按先行后列的顺序打印。

图 4-35 【页面设置】对话框

4.3 数据计算有技巧——制作项目人力成本结算表

项目快要结束了，财务部小佳需要制作项目人力成本结算表。要制作项目人力成本结算表，先需要创建数据清单，输入原始数据，再利用公式和函数对数据进行处理。这个过程中用到了 SUM、MAX、MIN、AVERAGE、RANK、COUNT、COUNTIF、IF、VLOOKUP、AVERAGEIF 等函数。

4.3.1 任务设置

1. 对不同工作表之间数据进行复制、粘贴及单元格引用。
2. 在工作表中运用公式处理数据。
3. 在公式中使用相对地址与绝对地址。
4. 使用公式的自动填充功能。
5. 使用函数处理数据。

4.3.2 任务实现

首先打开工作簿文件"项目结算表.xlsx",选择"项目人力成本结算表"工作表,并执行以下操作。

1. 制作项目人力成本结算表

新建项目人力成本结算表,其中包括工号、姓名、性别、职称、绩效评分、基本工资、岗位津贴、奖金、实发工资、绩效排名等内容。工号、姓名、性别、职称等列的数据可以从"人力资源信息表"工作表中进行复制,绩效评分和岗位津贴这两列需人工输入数据,输入数据的项目人力成本结算表如图 4-36 所示。

	A	B	C	D	E	F	G	H	I	J	K	L	M	N	O	P
1						项目人力成本结算表										
2	工号	姓名	性别	部门	职称	绩效评分	基本工资	岗位津贴	奖金	实发工资	绩效排名					
3	1010	潘晓磊	女	财务部	高工	77		8000								
4	1020	包小佳	女	财务部	工程师	96		7000					绩效评分平均分			
5	1008	邵一番	男	技术部	高工	68		8500					绩效评分最高分			
6	1012	刘大卫	男	技术部	工程师	51		7400					绩效评分最低分			
7	1015	黄世钢	男	技术部	工程师	84		7200								
8	1016	许康	男	技术部	高工	87		6900								
9	1001	李清国	男	开发部	高工	93		8800					人力成本统计表1			
10	1002	王容芳	女	开发部	高工	84		8700					部门	人数	所占比例	人力成本
11	1004	刘万平	男	开发部	高工	94		9000					技术部			
12	1005	朱建军	男	开发部	工程师	97		7500					开发部			
13	1006	车云龙	男	开发部	助工	88		5500					销售部			
14	1011	高敏	女	开发部	工程师	65		7200					财务部			
15	1013	周小花	女	开发部	工程师	70		6900					总计			
16	1014	张航	男	开发部	工程师	82		6900								
17	1017	张思逸	女	开发部	工程师	61		6700					人力成本统计表2			
18	1019	江一帆	男	开发部	助工	78		5000					职称	人数	实发工资平均值	
19	1003	高荣	男	销售部	工程师	83		7200					高工			
20	1007	马云迪	男	销售部	高工	80		7000					工程师			
21	1009	刘云	女	销售部	助工	78		4500					助工			
22	1018	云罗衣	女	销售部	工程师	45		6500								

图 4-36 输入数据的项目人力成本核算表

(1) 计算绩效评分的平均分、最高分和最低分

步骤1:选择单元格 N4,在【公式】选项卡中单击【函数库】组中的【插入函数】选项,打开【插入函数】对话框。

步骤2:将【或选择类别】下拉列表框设置为【全部】,并在【选择函数】列表框中选择【AVERAGE】选项,单击【确定】按钮,打开【函数参数】对话框。

步骤3:在工作表中选择单元格区域(Number)F3:F22,如图 4-37 所示,单击【确定】按钮即可得出绩效评分的平均分。

步骤4:用同样方法在 N5 单元格用 MAX 函数计算出绩效评分的最高分。

步骤5:用同样方法在 N6 单元格用 MIN 函数计算出绩效评分的最低分。

图 4-37 【函数参数】对话框之 AVERAGE 函数

(2) 计算各员工的奖金

IF 函数是一种常用的逻辑运算，可以根据逻辑表达式来判断指定条件是否成立，如果成立则返回真实条件下的结果；反之，则返回假条件下的结果。IF 函数的语法为：IF(logical_test, value_if_true, value_if_false)，其中，logical_test 表示逻辑判断条件，如果条件成立，则返回 value_if_true 的值；如果条件不成立，则返回 value_if_false 的值。

奖金按照表 4-1 所示的绩效评分奖金计算规则进行计算，这就需要用到 IF 函数。

表 4-1　绩效评分奖金计算规则

绩效评分	奖金/元
大于或等于 90	8000
大于或等于 80 且小于 90	6000
大于或等于 70 且小于 80	4000
大于或等于 60 且小于 70	2000
小于 60	800

计算奖金的具体操作步骤如下。

步骤 1：选择单元格 I3，在【公式】选项卡中单击【函数库】组中的【插入函数】选项，打开【插入函数】对话框。

步骤 2：将【或选择类别】下拉列表框设置为"逻辑"，并在【选择函数】列表框中选择【IF】选项，单击【确定】按钮打开【函数参数】对话框。在第一个参数框（Logical_test）内输入"F3>=90"，在第二个参数框（Value_if_true）内输入 8000，在第 3 个参数框（Value_if_false）内输入 IF(F3>=80, 6000, IF(IF(F3>=70, 4000, IF(F3>=60, 2000, 800)))），如图 4-38 所示，并单击【确定】按钮。编辑栏中同步显示的是=IF(F3>=90, 8000, IF(F3>=80, 6000, IF(F3>=70, 4000, IF(F3>=60, 2000, 800))))。

步骤 3：选择 I3 单元格，拖动填充柄，即可在其他单元格中复制公式，得到其他员工的奖金。

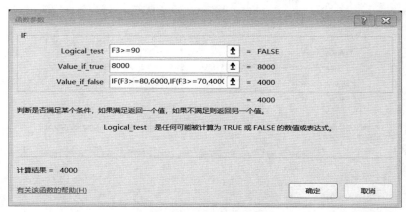

图 4-38 【函数参数】对话框之 IF 函数

(3) 计算员工基本工资

员工基本工资按照职称进行计算，具体规则如表 4-2 所示。

表 4-2 基本工资计算规则

职称	基本工资/（元·月$^{-1}$）
高工	5000
工程师	4000
助工	2800

员工基本工资的计算可以使用 IF 函数来完成，具体为：=IF(E3="高工", 5000, IF(E3="工程师", 4000, IF(E3="助工", 2800)))；也可以用查找函数 Vlookup 来完成。使用 Vlookup 函数的具体操作步骤如下。

步骤1：选择单元格 G3，在【公式】选项卡中单击【函数库】组的【插入函数】选项，打开【插入函数】对话框。

步骤2：将【或选择类别】下拉列表框设置为"查找与引用"，在【选择函数】列表框中选择【Vlookup】选项并单击【确定】按钮，打开【函数参数】对话框。先单击函数参数对话框中的"Lookup_value"框，再用单击单元格 E3，这时在"Lookup_value"框内就填入了"E3"。接下来在"Table_array"框中输入"基本工资对照表!$A$3:$B$5"，在 Col_index_num 框内输入"2"，在"Range_lookup"框内输入"FALSE"，如图 4-39 所示，单击【确定】按钮。编辑栏中同步显示的是"=Vlookup(E3,基本工资对照表!$A$3:$B$5,2,FALSE)"。

步骤3：选择 G3 单元格，拖动填充柄，即可在其他单元格中复制公式，得到其他员工的基本工资。

(4) 计算员工实发工资

具体操作步骤如下。

步骤1：选择单元格 J3，单击【开始】选项卡，在【编辑】组中单击求和命令，编辑栏中出现"=SUM(F3:I3)"。在编辑栏中把 F3 改为 G3，按【Enter】键，则可计算出员工的实发工资。

信 息 技 术

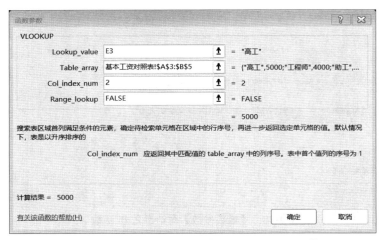

图 4-39 【函数参数】对话框之 VLOOKUP 函数

步骤 2：选择 J3 单元格，拖动填充柄，即可在其他单元格中复制公式，得到其他员工的实发工资。

（5）计算各员工的绩效排名

具体操作步骤如下。

步骤 1：选择单元格 K3，打开【插入函数】对话框并选择【RANK】选项，打开【函数参数】对话框。当光标位于"Number"框时，单击 F3 单元格选中绩效评分；将光标移至"Ref"框，选择单元格区域 F3:F22，并将其修改为$F$3:$F$22，如图 4-40 所示，单击【确定】按钮。

步骤 2：选择 K3 单元格，拖动填充柄，即可在其他单元格中复制公式，得到其他员工的绩效排名。

2．制作项目人力成本统计表 1

统计各部门员工人数的具体操作步骤如下。

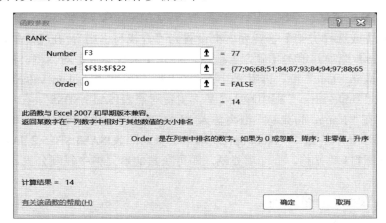

图 4-40 【函数参数】对话框之 RANK 函数

步骤 1：选择 N11 单元格，打开【插入函数】对话框，选择 COUNTIF 函数，并打开【函数参数】对话框。当光标位于"Range"框时，选择 D3:D22 单元格区域，并将其修改为$D$3:$D$22；再将光标移至"Criteria"框，选择 M11 单元格，如图 4-41 所示。单击【确定】按钮，即可计算出技术部的员工人数。

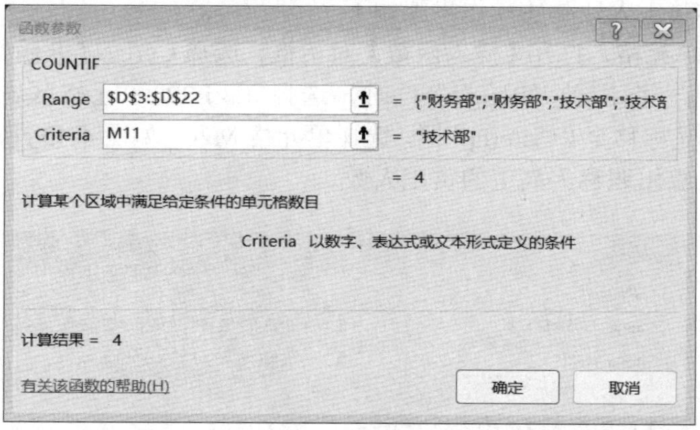

图 4-41　【函数参数】对话框之 COUNTIF 函数

步骤 2：选择 N11 单元格，拖动填充柄复制公式，得到其他部门的员工人数。
步骤 3：选择 N15 单元格，单击自动求和选项，即可计算出总人数。
计算各部门人员数所占比例的具体操作步骤如下。
步骤 1：在 O11 单元格中输入"="，单击 N11 单元格；接着输入"/"，再单击 N15 单元格，将公式修改为"=N11/N$15"；最后按【Enter】键计算结果。
步骤 2：选择 O11 单元格，拖动填充柄复制公式，得到其他部门的人员所占比例。
步骤 3：选择 O11:O14 单元格区域，在【开始】选项卡中单击【数字】组中的【百分比样式】选项，则数值会以百分比形式进行显示。
计算各部门人力成本的具体操作步骤如下。
步骤 1：选择 P11 单元格，打开【插入函数】对话框，选择 SUMIF 函数，并打开【函数参数】对话框。当光标位于"Range"框时，选择 D3:D22 单元格区域，并将其修改为$D$3:$D$22。将光标移至"Criteria"框，选择 M11 单元格；再将光标移至"Sum_range"框，选择 J3:J22 单元格区域，并将其修改为$J$3:$J$22，如图 4-42 所示。最后单击【确定】按钮，即可计算出技术部的人力成本。

图 4-42　【函数参数】对话框之 SUMIF 函数

步骤2：选择P11单元格，拖动填充柄复制公式，得到其他部门的人力成本。

3．制作项目人力成本统计表2

统计各级职称员工人数具体操作步骤如下。

① 选择N20单元格，打开【插入函数】对话框，选择COUNTIF函数，并打开【函数参数】对话框。当光标位于"Range"框时，选择 E3:E22 单元格区域，并将其修改为$E$3:$E$22；再将光标移至"Criteria"框，选择单元格M20，如图4-43所示。最后单击【确定】按钮，即可计算出职称为高工的员工人数。

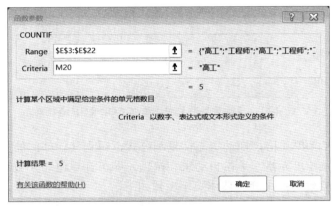

图4-43　【函数参数】对话框之COUNTIF函数

② 选择N20单元格，拖动填充柄复制公式，得到其他职称的员工人数。

统计各级职称员工实发工资平均值具体操作步骤如下。

① 选择单元格O11，打开【插入函数】对话框，选择AVERAGEIF函数，并打开【函数参数】对话框。当光标位于"Range"框时，选择 E3:E22 单元格区域，将其修改为$E$3:$E$22；将光标移至"Criteria"框，选择M20单元格；再将光标移至"Average_range"框，选择J3:J22单元格区域，将其修改为$J$3:$J$22，如图4-44所示。最后单击【确定】按钮，即可计算出高工的实发工资平均值。

② 选择O11单元格，拖动填充柄复制公式，得到其他职称的实发工资平均值。

图4-44　【函数参数】对话框之AVERAGEIF函数

4.3.3 能力拓展

公式的作用是对数据进行计算。使用复杂的公式与函数自动计算数据的相关结果，这是表格处理软件的特点与核心功能。

1. 建立公式

在 Excel 中，公式均以 "=" 开头，公式中可以包含运算符、常数、单元格名字、函数等内容，例如 "=20+80"。

在单元格输入公式后，按【Enter】键即可在单元格中显示计算结果，公式则会显示在编辑栏中。

Excel 中有 4 种运算：算术运算、文字运算、比较运算和引用运算，如表 4-3 所示。

表 4-3　Excel 中的运算及其符号

运算名称	运算符号
算术运算	+、-、*、/、%、^
文字运算	&
比较运算	=、<>、>、>=、<、<=
引用运算	:、,、（空格）

当公式中同时用到了多个运算符时，用户应该了解运算符的优先级。表 4-4 展示了运算符的优先顺序。如果公式中包含了相同优先级的运算符，则按照从左到右的原则进行运算。用户如果要更改计算的顺序，则需要将公式中先计算的部分用圆括号括起来。

表 4-4　运算符的优先顺序

优先顺序	运算符号	说明
1	()	圆括号，可以改变运算的优先级
2	-	负号，可以使正数变为负数
3	%	百分号，可以将数字变为百分数
4	^	乘幂，可以进行幂运算
5	*、/	乘号和除号
6	+、-	加号和减号
7	&	文本运算符
8	=、<>、>、>=、<、<=	比较运算符

2. 单元格地址的引用

单元格是 Excel 的基本操作单位，每个单元格都有一个地址，以方便在公式和函数中进行计算。

单元格地址由列号和行号组成，例如 A5 表示 A 列第 5 行的单元格，E8 表示 E 列第 8 行的单元格。单元格地址的引用方式有以 3 种。

（1）相对引用

相对引用中单元格地址由列号和行号组成，如 A5、E8。相对引用地址的含义是：单元格地址引用会随着公式所在的单元格位置的改变而改变。

例如在图 4-45 中，C2 中有公式"=A2+B2"，表示计算同一行中单元格 A2 和 B2 中数值的和。现将 C2 中的公式复制到 C3，则 C3 的数值是该行（第 3 行）中 A3 和 B3 两个单元格中数值的和。很显然，C3 中复制过来的公式是"=A3+B3"。

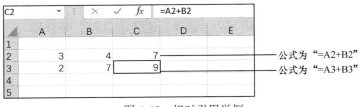

图 4-45　相对引用举例

注释：相对引用中的相对指的是引用地址与公式之间的相对位置关系保持不变。

（2）绝对引用

绝对引用中单元格地址的列号和行号前分别加$，如$A$2、$B$2。绝对引用地址的含义是：如果公式所在单元格的位置发生改变，所引用的地址不会随之改变。

例如将上例中 C2 的公式改为"=$A$2+$B$2"，这时若将 C2 中的公式复制到 C3 中，则 C3 中的公式不变，仍是"=$A$2+$B$2"，如图 4-46 所示。

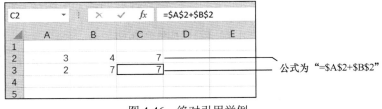

图 4-46　绝对引用举例

（3）混合引用

混合引用中单元格地址的列号或行号前加$，例如，$A2，表示行号是相对的，列号是绝对的；B$3 表示行号是绝对的，列号是相对的。在这里，符号$表示引用是绝对引用，如果$在行号的前面，则行号就是绝对引用；如果$在列号的前面，则列号就是绝对引用，它们不随公式所在单元格的位置改变而改变。混合引用举例如图 4-47 所示。

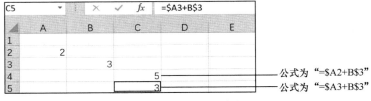

图 4-47　混合引用举例

在混合引用的情况下，如果公式的位置改变，引用地址中的绝对引用部分不会发生改变，相对引用部分则会发生改变。

3．单元格范围的命名和名称管理

为了便于操作，可以给单元格或单元格区域进行命名，这样在公式中可以直接引用该名称。常用的命名方法有以下两种。

利用名字框命名单元格或单元格区域的具体步骤如下。

步骤1：选择单元格或单元格区域。

步骤2：使鼠标指针指向名字框，单击鼠标左键，使之进入可编辑状态，在其中输入名字即可。例如要将A1单元格命名为"销售额"，则可以直接在名字框中输入"销售额"，如图4-48所示。

步骤3：按【Enter】键后，该名字就代表所选择的单元格或单元格区域。注意：在名字框中输入名字后，一定要按【Enter】键。

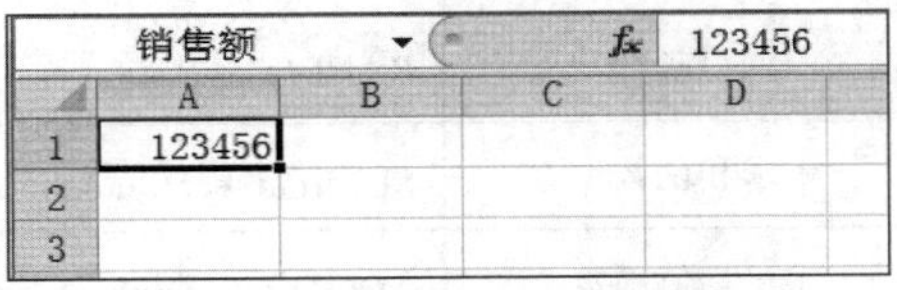

使用命令方法命名单元格或单元格区域的具体步骤如下。

步骤1：选择单元格或单元格范围区域。

步骤2：在【公式】选项卡中选择【定义的名称】组。

步骤3：单击【定义名称】命令，在弹出的【新建名称】对话框中输入名字。

步骤4：单击【确定】按钮。

单元格范围的名字可以通过名称管理器进行管理，具体步骤如下。

步骤1：在【公式】选项卡中选择【定义的名称】组。

步骤2：单击【名称管理器】选项，在弹出的【名称管理器】对话框中进行设置。【名称管理器】对话框中可以新建、编辑或删除名称，如图4-49所示。

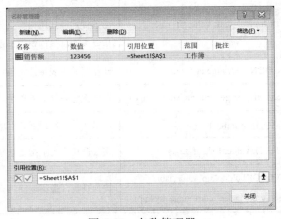

图4-49 名称管理器

图4-48 单元格的命名

4．函数

前面已介绍如何建立公式及运用公式，下面我们介绍如何建立函数与使用函数。无论是简单的求和运算，还是复杂的计算，都可以用函数来实现。例如求均值，所用公式为"=(A1+A2+A3+A4+A5+A6)/6"，但用函数实现，会更方便、简单，具体为："=AVERAGE

(A1:A6)"。可以看出，利用函数计算，用户只要提供函数名和参数即可，其中，函数名告诉 Excel 作什么计算，参数告诉 Excel 对什么样的数值作计算。

Excel 提供了数百种函数，常用的函数如表 4-5 所示。

表 4-5 常用函数

函数名	格式	功能
取整函数	INT(x)	只取数 x 的整数部分，舍弃小数部分
求余数函数	MOD(x, y)	得到 x/y 的余数
求平方根函数	SQRT(x)	求 x 的平方根
随机函数	RAND()	得到 0~1 之间的随机数
求和函数	SUM(number1, number2, …)	求给定范围内数值之和
求平均值函数	AVERAGE(number1, number2, …)	求单元格区域数据的平均值
计数函数	COUNT(number1, number2, …)	求出数字参数和参数表示的单元格区域中包含的数值的单元格个数
最大值函数	MAX(number1, number2, …)	求出各参数所表示的单元格区域中的最大值
最小值函数	MIN(number1, number2, …)	求出各参数所代表的单元格区域中的最小值
四舍五入函数	ROUND(number, num_digits)	返回某个数字按指定位数取整后的数字
排名次函数	RANK(number, ref, order)	求出一个数字在数字列表中的排位。数字的排位是该数字与列表中其他值的比值（如果列表已排过序，则数字的排位就是它当前的位置）
逻辑函数	IF(logical_text, value_if_true, value_if_false)	当条件判断式所得结果为真时，返回第二个参数的值；为假时返回第三个参数的值
条件计数函数	COUNTIF(range,criteria)	计算区域中满足给定条件的单元格的个数
条件求和函数	SUMIF(range, criteria, sum_range)	根据指定条件对若干个单元格求和
普遍函数	MODE(number1, number2, …)	求出在某一数组或数据区域中出现频率最多的数值
Text 函数	TEXT(value, format_text)	将数值转换为按指定数字格式表示的文本
查找函数	VLOOKUP(lookup_value, table_array, col_index_num, range_lookup)	按列查找，最终返回该列所需查询序列所对应的值

函数由函数名、参数表、圆括号构成，函数的一般格式为：函数名(参数表)。各个参数之间以逗号相隔。工作表中建立函数的方法有以下两种。

直接在单元格或编辑栏输入函数：输入函数与输入公式的方法类似，可以直接在单元格中进行输入，也可以选择单元格后在编辑栏中进行输入。

利用插入函数的方法输入函数：这种方法的具体步骤如下。

步骤1：选择要输入函数的单元格。

步骤2：单击常用工具栏上的插入函数按钮，这时会出现插入函数对话框。在对话框的【搜索函数】文本框中输入"相加"并单击【转到】按钮，Excel 将自动搜索相应函数。用户在【选择函数】下拉列表框中选择求和函数"SUM"即可。

步骤3：单击【确定】按钮或双击函数名，这时会弹出【函数参数】对话框，在"Number1"右侧的文本框中输入要计算的单元格区域。

步骤4：如果还有要计算的参数，则可以在"Number2"文本框中输入需要的单元格区域。

在 Excel 中，除了可以利用公式和函数对数据进行计算外，还可以利用 Excel 本身的自动计算功能对数据进行一些简单的计算。

5．自动计算

Excel 具有自动计算功能，能够快速得到计算结果，这个结果显示在状态栏中。自动计算有以下几种。

均值：计算所选择单元格范围内数字的平均值。

计数：求所选择单元格范围内的单元格个数。

计数值：求所选择单元格范围中有数字的单元格个数。

最小值：求所选择单元格范围内数字的最小值。

最大值：求所选择单元格范围数字的最大值。

求和：求所选择单元格范围数字的和。

自动计算的操作步骤如下。

步骤1：选择要自动计算的单元格范围。

步骤2：在状态栏上单击鼠标右键，在出现的快捷菜单中选择所需计算方式，则状态栏中立即显示对应的计算结果。

对于求和运算，除了可以使用自动计算外，还可以使用常用工具栏的【求和】选项。利用这个选项可以很方便地进行纵向求和运算与横向求和运算，具体步骤如下。

步骤1：选择单元格范围。

步骤2：单击常用工具栏的【求和】选项，Excel 会在单元格范围右侧相邻单元格或下方相邻单元格中显示求和结果。

4.4 数据分析有妙招——项目结算清单数据统计分析

财务部小佳制作完项目人力成本结算表后，准备向领导汇报工作。为了便于领导查看数据，她将绩效评分用数据条直观地表示出来。她还将绩效等级为"优秀"和"差"的员工筛选出来，以方便领导给予表扬和批评。此外，她也汇总了各部门的项目结算情况及各个部门不同绩效等级的项目结算情况，以便领导了解人力成本的分配情况。

4.4.1 任务设置

1．利用条件格式中数据条功能展示选择区域内数值的大小情况。
2．利用高级筛选功能筛选出满足条件的数据。
3．利用排序和分类汇总功能对数据进行分类汇总。

4．利用数据透视表展示不同维度的明细数据。

4.4.2 任务实现

首先打开工作簿文件"项目结算表.xlsx"，将"项目人力成本结算统计分析表"工作表复制两份，并分别命名为"分类汇总"和"数据透视表"。

1．使用数据条直观显示数据大小

在"项目人力成本结算统计分析表"工作表中选择F3:F22单元格区域，先单击【开始】选项卡；然后在【样式】组中单击【条件格式】下拉按钮，并在下拉列表中选择【数据条】选项；最后在子列表中选择所需的数据条样式，如蓝色数据条，得到的效果如图4-50所示。

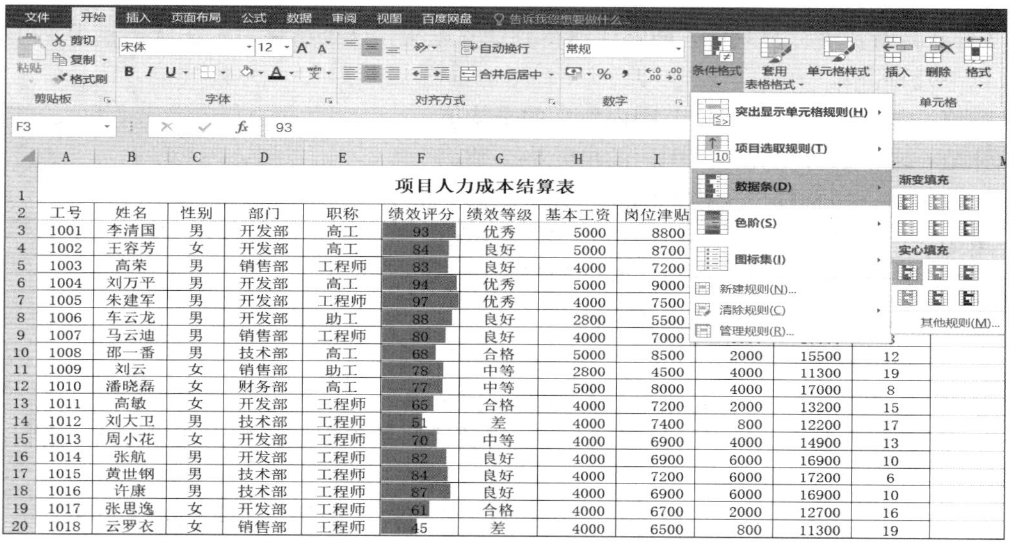

图4-50 "蓝色数据条"显示效果

2．筛选绩效考核信息

从工作表中筛选出绩效考核为"优秀"和"差"的员工的操作步骤如下。

步骤1：在"项目人力成本结算统计分析表"工作表中建立高级筛选条件，分别在A24、A25、A26单元格中输入"绩效等级""优秀""差"。

步骤2：选择"项目人力成本结算统计分析表"工作表中的任意单元格，单击【数据】选项卡，在【排序和筛选】组中单击【高级】选项，打开【高级筛选】对话框。

步骤3：在【方式】选项区选择"将筛选结果复制到其他位置(O)"单选按钮；"列表区域"文本框中的数据区域已经被自动锁定，保持不变。将鼠标指针移至"条件区域"文本框，选择设置的筛选条件单元格区域A24:A26；再将鼠标指针移至"复制到"文本框，选择A28单元格并单击【确定】按钮。【高级筛选】对话框如图4-51所示。

图4-51 【高级筛选】对话框

步骤4：单击【确定】按钮。筛选结果如图4-52所示。

	工号	姓名	性别	部门	职称	绩效评分	绩效等级	基本工资	岗位津贴	奖金	实发工资	绩效排名
24	绩效等级											
25	优秀											
26	差											
27												
28	工号	姓名	性别	部门	职称	绩效评分	绩效等级	基本工资	岗位津贴	奖金	实发工资	绩效排名
29	1001	李清国	男	开发部	高工	93	优秀	5000	8800	8000	21800	4
30	1004	刘万平	男	开发部	高工	94	优秀	5000	9000	8000	22000	3
31	1005	朱建军	男	开发部	工程师	97	优秀	4000	7500	8000	19500	1
32	1012	刘大卫	男	技术部	工程师	51	差	4000	7400	800	12200	19
33	1018	云罗衣	女	销售部	工程师	45	差	4000	6500	800	11300	20
34	1020	包小佳	女	财务部	工程师	96	优秀	4000	7000	8000	19000	2

图4-52　筛选结果

在图4-52中，单击"绩效排名"列的任意单元格，并单击【数据】选项卡，在【排序和筛选】组中单击【升序】选项，完成排序。这时可以看到"绩效等级"相同的数据集中显示在一起，如图4-53所示。

	工号	姓名	性别	部门	职称	绩效评分	绩效等级	基本工资	岗位津贴	奖金	实发工资	绩效排名
28	工号	姓名	性别	部门	职称	绩效评分	绩效等级	基本工资	岗位津贴	奖金	实发工资	绩效排名
29	1005	朱建军	男	开发部	工程师	97	优秀	4000	7500	8000	19500	1
30	1020	包小佳	女	财务部	工程师	96	优秀	4000	7000	8000	19000	2
31	1004	刘万平	男	开发部	高工	94	优秀	5000	9000	8000	22000	3
32	1001	李清国	男	开发部	高工	93	优秀	5000	8800	8000	21800	4
33	1012	刘大卫	男	技术部	工程师	51	差	4000	7400	800	12200	19
34	1018	云罗衣	女	销售部	工程师	45	差	4000	6500	800	11300	20

图4-53　排序后的筛选结果

3. 汇总各部门的实发工资

排序：在按照部门分类汇总之前，首先将"部门"作为关键字对数据进行排序，操作步骤如下。

步骤1：切换至"分类汇总"工作表。

步骤2：选择"部门"列的任意单元格，单击【数据】选项卡，在【排序和筛选】组中单击【升序】或【降序】按钮，完成排序。

然后进行分类汇总，操作步骤如下。

步骤1：选择"分类汇总"工作表中的任意单元格，单击【数据】选项卡，在【分级显示】组中单击【分类汇总】选项，这时会打开【分类汇总】对话框。

步骤2：在"分类字段"下拉列表中选择"部门"选项；在"汇总方式"下拉列表中选择"求和"选项；在"选定汇总项"列表中取消"绩效排名"选项，选择"实发工资"选项，如图4-54所示。

图4-54　【分类汇总】对话框

步骤3：单击【确定】按钮。可以看到，各部门实发工资的汇总已经完成，分类汇总结果如图4-55所示。

步骤4：单击工作表左上角的数字按钮，Excel会显示相应级别的数据。例如单击数字2，Excel会显示第二级的数据，其中包括各部门的实发工资汇总和总计金额，如图4-56所示。

	A	B	C	D	E	F	G	H	I	J	K	L
1	项目人力成本结算表											
2	工号	姓名	性别	部门	职称	绩效评分	绩效等级	基本工资	岗位津贴	奖金	实发工资	绩效排名
3	1010	潘晓磊	女	财务部	高工	77	中等	5000	8000	4000	17000	14
4	1020	包小佳	女	财务部	工程师	96	优秀	4000	7000	8000	19000	2
5				财务部 汇总							36000	
6	1008	邵一番	男	技术部	高工	68	合格	5000	8500	2000	15500	16
7	1012	刘大卫	男	技术部	工程师	51	差	4000	7400	800	12200	19
8	1015	黄世钢	男	技术部	工程师	84	良好	4000	7200	6000	17200	7
9	1016	许康	男	技术部	工程师	87	良好	4000	6900	6000	16900	6
10				技术部 汇总							61800	
11	1001	李清国	男	开发部	高工	93	优秀	5000	8800	8000	21800	4
12	1002	王容芳	女	开发部	高工	84	良好	5000	8700	6000	19700	7
13	1004	刘万平	男	开发部	高工	94	优秀	5000	9000	8000	22000	3
14	1005	朱建军	男	开发部	工程师	97	优秀	4000	7500	8000	19500	1
15	1006	车云龙	男	开发部	助工	88	良好	2800	5500	6000	14300	5
16	1011	高敏	女	开发部	工程师	65	合格	4000	7200	2000	13200	17
17	1013	周小花	女	开发部	工程师	70	中等	4000	6900	4000	14900	15
18	1014	张航	男	开发部	工程师	82	良好	4000	6900	6000	16900	10
19	1017	张思逸	女	开发部	工程师	61	合格	4000	6700	2000	12700	18
20	1019	江一帆	男	开发部	助工	78	中等	2800	5000	4000	11800	12
21				开发部 汇总							166800	
22	1003	高荣	男	销售部	工程师	83	良好	4000	7200	6000	17200	9
23	1007	马云迪	男	销售部	工程师	80	良好	4000	7000	6000	17000	11
24	1009	刘云	女	销售部	助工	78	中等	2800	4500	4000	11300	12
25	1018	云罗衣	女	销售部	工程师	45	差	4000	6500	800	11300	20
26				销售部 汇总							56800	
27				总计							321400	

图 4-55 分类汇总结果

	A	B	C	D	E	F	G	H	I	J	K	L
1	项目人力成本结算表											
2	工号	姓名	性别	部门	职称	绩效评分	绩效等级	基本工资	岗位津贴	奖金	实发工资	绩效排名
5				财务部 汇总							36000	
10				技术部 汇总							61800	
21				开发部 汇总							166800	
26				销售部 汇总							56800	
27				总计							321400	

图 4-56 分类汇总的第二级数据

4．创建数据透视表

创建数据透视表的操作步骤如下。

步骤1：切换至"数据透视表"工作表。

步骤2：选择"数据透视表"工作表中的任意单元格，单击【插入】选项卡。在【表格】组中单击【数据透视表】选项，这时会打开【收据透视表】对话框。

步骤3：在"选择放置数据透视表的位置"选项区中选择【现有工作表】单选按钮，将鼠标指针移至"位置"右侧的文本框，在工作表空白区域选择一个单元格，如N3，其他设置保持默认状态，如图4-57所示。单击【确定】按钮后，即可在N3单元格处创建空白的数据透视表，并同时打开【数据透视表字段】窗格，如图4-58所示。

图 4-57 【数据透视表】对话框

图 4-58 空白数据透视表和【数据透视表字段】窗格

步骤 4：在【数据透视表字段】窗格中，从【选择要添加到报表的字段】列表中将“部门”字段拖至【行】下方的文本框中，将“绩效等级”字段拖至【列】下方的文本框中，将“实发工资”字段拖至【值】下方的文本框中。图 4-59 所示的数据透视表结果中汇总了不同部门、不同绩效等级的实发工资情况。

接下来，我们将图 4-59 中的列标签从左到右按“优秀”“良好”“中等”“合格”“差”的顺序进行排列。选择“优秀”单元格，单击鼠标右键，在弹出的快捷菜单中选择【移动】选项，并在弹出的子菜单中选择【将“优秀”移至开头】选项，如图 4-60 所示。我们通过同样的方式将其他标签通过【上移】或【下移】排列好，列标签调整好顺序后的数据透视表如图 4-61 所示。

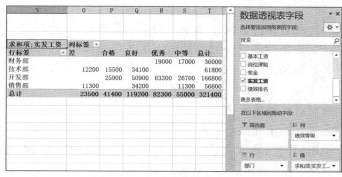

图 4-59　数据透视表结果

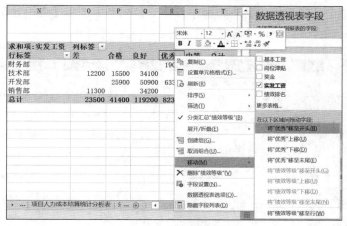

图 4-60　移动列标签

下面我们为数据透视表选择合适的样式。选择数据透视表中任意单元格，单击【数据透视表工具-设计】选项，在【数据透视表】组中单击【其他】选项，在打开的数据透视表样式库中选择合适的样式，如图 4-62 所示。

求和项:实发工资	列标签					
行标签	优秀	良好	中等	合格	差	总计
财务部	19000		17000			36000
技术部		34100		15500	12200	61800
开发部	63300	50900	26700	25900		166800
销售部		34200	11300		11300	56800
总计	82300	119200	55000	41400	23500	321400

图 4-61　调整好列标签后的数据透视表

求和项:实发工资	列标签					
行标签	优秀	良好	中等	合格	差	总计
财务部	19000		17000			36000
技术部		34100		15500	12200	61800
开发部	63300	50900	26700	25900		166800
销售部		34200	11300		11300	56800
总计	82300	119200	55000	41400	23500	321400

图 4-62　应用样式后的数据透视表

选择数据透视表中【求和项：实发工资】区域的任意单元格，如 P6，然后单击【数据透视表工具–分析】选项，在【活动字段】组中单击【字段设置】选项，这时会打开【值字段设置】对话框。

在【计算类型】列表中选择【计数】选项，单击【确定】按钮，便可以统计不同部门不同绩效等级的人数。得到的结果如图 4-63 所示。

计数项:实发工资	列标签					
行标签	优秀	良好	中等	合格	差	总计
财务部	1		1			2
技术部		2		1	1	4
开发部	3	3	2	2		10
销售部		2	1		1	4
总计	4	7	4	3	2	20

图 4-63　不同部门不同绩效等级的人数统计结果

4.4.3　能力拓展

1．条件格式

条件格式就是通过设置条件，将满足条件的单元格进行突出显示，可以帮助用户直观地查看和分析数据。常用条件格式有突出显示指定条件的单元格、项目规则突出显示指定条件范围的单元格、数据条、色阶、图标集等。下面以“成绩汇总表”为例，介绍条件格式的相关内容。

（1）突出显示指定条件的单元格

在突出显示指定条件的单元格时，常用的规则有大于、小于、等于、介于、文本包含、重复值等。下面介绍如何突出显示“成绩汇总表”中总分成绩大于 240 的单元格，操作步骤如下。

步骤 1：在“成绩汇总表”工作表中，选择 E2:E24 单元格区域，单击【开始】选项卡，在【样式】组中单击【条件格式】下拉按钮。在下拉列表中选择【突出显示单元格规则】→【大于】选项，如图 4-64 所示，这时会打开【大于】对话框。

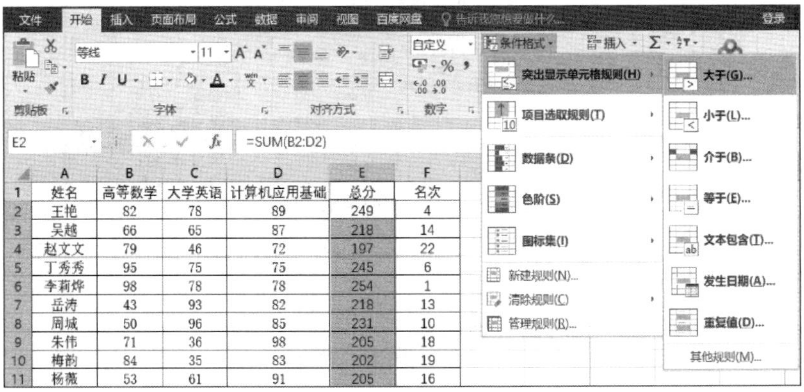

图 4-64　选择“大于”规则

步骤 2：在【为大于以下值的单元格设置格式】文本框中输入“240”，单击“设置为”右侧的下拉按钮，在下拉列表中选择突出显示的格式，如“浅红色填充”选项，如图 4-65 所示。

图 4-65　【大于】对话框

步骤 3：单击【确定】按钮。返回工作表后可以看到所选单元格区域中数值大于 240

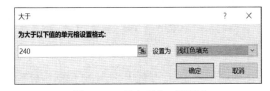

的单元格已经显示为浅红色填充效果，如图 4-66 所示。

在图 4-64 中，若最后一级下拉列表中没有符合要求的规则，则可以选择【其他规则】选项，这时会打开【新建格式规则】对话框。在该对话框的【编辑规则说明】选项区中设置条件和格式，如条件设置为"单元格值大于或等于 240"，突出显示格式设置为"淡蓝色填充"，如图 4-67 所示。

	A	B	C	D	E	F
1	姓名	高等数学	大学英语	计算机应用基础	总分	名次
2	王艳	82	78	89	249	4
3	吴越	66	65	87	218	14
4	赵文文	79	46	72	197	22
5	丁秀秀	95	75	75	245	6
6	李莉烨	98	78	78	254	1
7	岳涛	43	93	82	218	13
8	周城	50	96	85	231	10
9	朱伟	71	36	98	205	18
10	梅韵	84	35	83	202	19
11	杨薇	53	61	91	205	16
12	徐倩	79	47	99	225	11
13	吴正	74	96	81	251	2
14	张娟	85	76	78	239	7
15	张福祥	94	94	62	250	3
16	李毅	56	91	54	201	20

图 4-66　总分大于 240 的单元格显示为浅红色填充效果

图 4-67　【新建格式规则】对话框

在图 4-65 中，若在【大于】对话框中【设置为】右侧的下拉列表中没有合适的选项，则可以选择【自定义格式】选项，在打开【设置单元格格式】对话框中对满足条件的单元格的字体、边框、填充等参数进行设置，如图 4-68 所示。

图 4-68　【设置单元格格式】对话框

（2）项目规则突出显示指定条件范围的单元格

在 Excel 中，不但可以将指定条件的单元格突出显示，还可以通过设置项目选取规则突出显示指定条件范围的单元格，常用的规则有前 n 项、前 n%、最后 n 项、最后 n%、高于平均值、低于平均值等。下面介绍如何将"成绩汇总表"中总分成绩低于平均值的单元格突出显示为"红色文本"，操作步骤如下。

步骤1：在"成绩汇总表"工作表中，选择E2:E24单元格区域，单击【开始】选项卡，在【样式】组中单击【条件格式】下拉按钮，并在下拉列表中选择"项目选取规则"→"低于平均值"选项，如图4-69所示。这时打开【低于平均值】对话框。

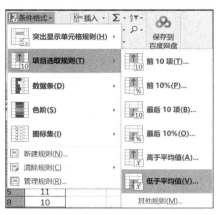

图4-69 选择"低于平均值"规则

步骤2：单击"设置为"右侧的下拉按钮，在下拉列表中选择"红色文本"选项。

步骤3：单击【确定】按钮，返回工作表后可以看到所选单元格区域中低于平均值的单元格已经显示为"红色文本"。

在图4-69中，若【项目选取规则】列表中没有符合要求的规则，则可以选择【其他规则】选项来新建规则。

（3）数据条

数据条以底纹颜色的长度来表示数据的大小，数据条越长表示数值越大，数据条越短表示数值越小。下面我们以"成绩汇总表"为例介绍数据条的使用方法，如用蓝色数据条显示"大学英语"成绩的高低。

在"成绩汇总表"工作表中，选择C2:C24单元格区域，单击【开始】选项卡，在【样式】组中单击【条件格式】下拉按钮，并在下拉列表中选择"数据条"→"实心填充→"蓝色数据条"选项即可，如图4-70所示。得到的数据条效果如图4-71所示，可以看出数据条的长短可以直观地显示数据的大小。

图4-70 【条件格式】对话框

	A	B	C	D	E	F
1	姓名	高等数学	大学英语	计算机应用基础	总分	名次
2	王艳	82	78	89	249	4
3	吴越	66	65	87	218	14
4	赵文文	79	46	72	197	22
5	丁秀秀	95	75	75	245	6
6	李莉烨	98	78	78	254	1
7	岳涛	43	93	82	218	13
8	周城	50	96	85	231	10
9	朱伟	71	36	98	205	18
10	梅韵	84	35	83	202	19
11	杨薇	53	61	91	205	16
12	徐倩	79	47	99	225	11
13	吴正	74	96	81	251	2
14	张娟	85	76	78	239	7
15	张福祥	94	94	62	250	3
16	李毅	56	91	54	201	20

图4-71 数据条效果

（4）色阶

色阶可以按一定的规则用颜色来体现数值关系，不仅能用颜色的渐变来表示数据的大小，还能直观地表示数据的整体分布和变化情况。下面我们用绿-黄-红色阶来表示"高等数学"成绩的高低。

在"成绩汇总表"工作表中，选择 B2:B24 单元格区域，单击【开始】选项卡，在【样式】组中单击【条件格式】下拉按钮，在下拉列表中选择"色阶→绿-黄-红"选项，如图 4-72 所示。色阶效果如图 4-73 所示，可以看出底纹颜色从绿色渐变到黄色再渐变到红色，这表示数据从大到小的变化。

图 4-72　选择"色阶"　　　　　　　图 4-73　色阶效果

（5）图标集

图标集是将多种样式的图标组合在一起，来表示不同范围内的数据。图标集可按"方向""形状""标记"和"等级"划分为 4 类，每类图表集里面有 3 个图标、4 个图标、5 个图标这 3 种组合。

有 3 个图标的图标集通常将数据按大于或等于 67%、小于 67%且大于或等于 33%、小于 33%的标准划分为 3 个等级。

有 4 个图标的图标集通常将数据按大于或等于 75%、小于 75%且大于或等于 50%、小于 50%且大于或等于 25%、小于 25%的标准划分为 4 个等级。

5 个图标的图标集通常将数据按大于或等于 80%、小于 80%且大于或等于 60%、小于 60%且大于或等于 40%、小于 40%且大于或等于 20%、小于 20%的标准划分为 5 个等级。

图表集的使用方法类似数据条和色阶。例如对数据使用【三色交通灯(无边框)】图标集，首先选择需要使用图标集的数据，然后在【开始】选项卡的【样式】组中单击【条件格式】下拉按钮，在下拉列表中选择"图标集→形状→三色交通灯(无边框)"选项即可。

用户还可以根据需要在【新建格式规则】对话框中设置更多样式的图标集。我们将总分大于或等于 240 的数据用"绿色上箭头"表示，总分小于 240 且大于或等于 210 的数据用"黄色三角形"表示，其余数据用"红旗"表示，操作步骤如下。

步骤 1：在"成绩汇总表"工作表中，选择 E2:E24 单元格区域，单击【开始】选项卡，在【样式】组中单击【条件格式】下拉按钮，并在其下拉列表中选择"图标集"→"其他规则"选项，如图 4-74 所示。这时会打开【新建格式规则】对话框。

步骤 2：在【编辑规则说明】选项区的“根据以下规则显示各个图标”栏中自定义图标及其显示范围。设置的自定义图标集如图 4-75 所示。

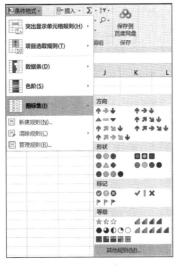

图 4-74　选择“图标集”

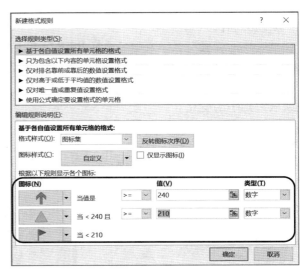

图 4-75　设置的定义图标集

大于或等于 240 的数据图标：单击右侧“类型”下方的下拉按钮，选择“数字”，修改“值”为“240”；单击左侧图标的下拉按钮，在下拉列表中选择“绿色上箭头”。

小于 240 且大于或等于 210 的数据图标：单击右侧“类型”下方的下拉按钮，选择“数字”，修改“值”为“210”；单击左侧图标的下拉按钮，在下拉列表中选择“黄色三角形”。

小于 210 的数据图标：单击左侧图标的下拉按钮，在下拉列表中选择“红旗”。

步骤 3：单击【确定】按钮，应用自定义图标集的效果如图 4-76 所示。

若不需要工作表中的条件格式，则可以使用【清除规则】选项将条件格式删除。例如我们将图 4-76 中的图标集清除，可以采用以下两种方法。

方法 1：在“成绩汇总表”工作表选择任意单元格，单击【开始】选项卡。在【样式】组中单击【条件格式】下拉按钮，在其下拉列表中选择“清除规则”→“清除整个工作表的规则”选项，如图 4-77 所示，即可清除工作表中的条件格式。

	A	B	C	D	E	F
1	姓名	高等数学	大学英语	计算机应用基础	总分	名次
2	王艳	82	78	89	249	4
3	吴越	66	65	87	218	14
4	赵文文	79	46	72	197	22
5	丁秀秀	95	75	75	245	6
6	李莉烨	98	78	78	254	1
7	岳涛	43	93	82	218	13
8	周城	50	96	85	231	10
9	朱伟	71	36	98	205	18
10	梅韵	84	35	83	202	19
11	杨薇	53	61	91	205	16
12	徐倩	79	47	99	225	11
13	吴正	74	96	81	251	2
14	张娟	85	76	78	239	7
15	张福祥	94	94	62	250	3
16	李毅	56	91	54	201	20

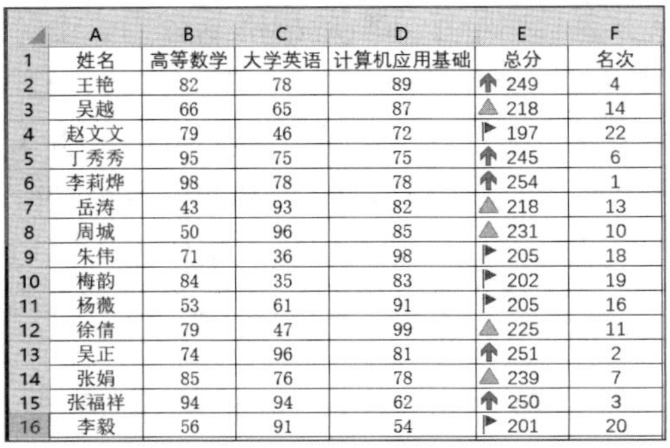

图 4-76　图标集效果图

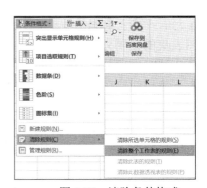

图 4-77　清除条件格式

方法 2：在“成绩汇总表”工作表，选择 E2:E24 单元格区域，单击【开始】选项卡。在【样式】组中单击【条件格式】下拉按钮，在其下拉列表中选择“清除规则”→“清除所选单元格的规则”选项。

2．排序

Excel 可以按字母、数字、日期等数据类型进行排序。排序有“升序”或“降序”两种方式，升序是将数据按从小到大排序，降序是将数据按从大到小排序的顺序进行。用户可以使用一列数据作为一个关键字进行简单排序，也可以使用多列数据作为关键字进行复杂排序。

下面我们以“产品销售情况表”和“成绩汇总表”为例，介绍数据的排序方法。

（1）简单排序

简单排序有两种实现方法，具体如下。

方法 1 的操作步骤如下。

步骤 1：在“产品销售情况表”工作表中选择数据清单中关键字所在列的任意一个单元格，如 E3。

步骤 2：单击【数据】选项卡，在【排序和筛选】组中单击【升序】选项或【降序】选项。这时可以看到“销售数量”列的数据按“升序”或“降序”进行排序的结果。图 4-78 展示了“销售数量”升序排序的效果。

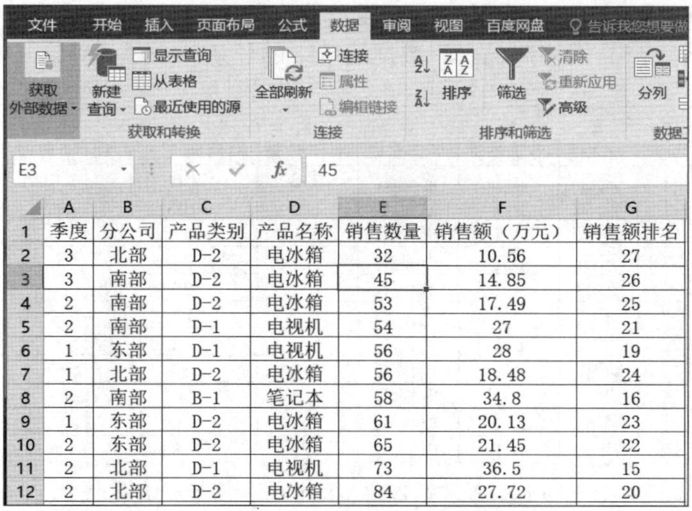

	A	B	C	D	E	F	G
1	季度	分公司	产品类别	产品名称	销售数量	销售额（万元）	销售额排名
2	3	北部	D-2	电冰箱	32	10.56	27
3	3	南部	D-2	电冰箱	45	14.85	26
4	2	南部	D-2	电冰箱	53	17.49	25
5	2	南部	D-1	电视机	54	27	21
6	1	东部	D-1	电视机	56	28	19
7	1	北部	D-2	电冰箱	56	18.48	24
8	2	南部	B-1	笔记本	58	34.8	16
9	1	东部	D-2	电冰箱	61	20.13	23
10	2	东部	D-2	电冰箱	65	21.45	22
11	2	北部	D-1	电视机	73	36.5	15
12	2	北部	D-2	电冰箱	84	27.72	20

图 4-78　“销售数量”升序排序效果

方法 2 的操作步骤如下。

步骤 1：选择数据清单中关键字所在列的任意一个单元格，如 F3。

步骤 2：单击【数据】选项卡，在【排序和筛选】组中单击【排序】选项，打开【排序】对话框。

步骤 3：在【主要关键字】下拉列表中选择需排序的字段名，如“销售额(万元)”，【排序依据】选项设置保持不变，单击【次序】下拉按钮选择【降序】选项，如图 4-79 所示。

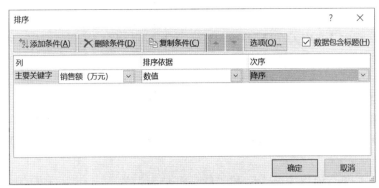

图4-79 【排序】对话框

步骤4：单击【确定】按钮，排序后的结果如图4-80所示。可以看到，"销售额（万元）"列的数据已经按降序排序。

（2）复杂排序

复杂排序是指将工作表中的数据按照两个或两个以上的关键字进行排序。在排序时，如果数据清单中主要关键字的值相同，则需要再按次要关键字的值来排序，依次类推。用户可以根据需要设置若干个次要关键字。

例如，在"产品销售情况表"的数据清单中，我们先按"季度"升序排序，当"季度"相同时再按"销售额（万元）"降序排序，操作步骤如下。

步骤1：选择"产品销售情况表"数据清单中的任意一个单元格。

	A	B	C	D	E	F	G
1	季度	分公司	产品类别	产品名称	销售数量	销售额（万元）	销售额排名
2	1	南部	B-1	笔记本	236	141.6	1
3	1	北部	B-1	笔记本	172	103.2	2
4	2	北部	B-1	笔记本	146	87.6	3
5	3	东部	D-1	电视机	167	83.5	4
6	1	东部	B-1	笔记本	134	80.4	5
7	3	东部	B-1	笔记本	132	79.2	6
8	3	北部	B-1	笔记本	128	76.8	7
9	2	东部	B-1	笔记本	112	67.2	8
10	3	北部	D-1	电视机	134	67	9
11	1	南部	D-1	电视机	124	62	10
12	2	东部	D-1	电视机	112	56	11

图4-80 按"销售额（万元）"降序排序结果

步骤2：单击【数据】选项卡，在【排序和筛选】组中单击【排序】按钮，这时会打开【排序】对话框。

步骤3：在【主要关键字】下拉列表中选择【季度】选项，保持【排序依据】选项设置不变，单击【次序】下拉按钮并选择【升序】选项。

步骤4：单击【排序】对话框左上角的【添加条件】选项，添加【次要关键字】条件。在【次要关键字】下拉列表中选择"销售额（万元）"，保持【排序依据】选项设置不变，单击【次序】下拉按钮并选择【降序】选项，如图4-81所示。

步骤5：单击【确定】按钮，得到的排序结果如图4-82所示。

第4章 电子表格数据处理应用

图 4-81　【排序】对话框　　　　　图 4-82　多关键字排序结果

（3）按笔画排序

在 Excel 中，中文默认的排序规是按字母排序。在实际工作中，Excel 也可以对中文按笔画进行排序。

例如，我们将"成绩汇总表"工作表中数据按照姓名笔画进行升序排序，操作步骤如下。

步骤1：选择"成绩汇总表"工作表数据清单中的任意一个单元格。

步骤2：单击【数据】选项卡，在【排序和筛选】组中单击【排序】选项，这时会打开【排序】对话框。

步骤3：在"主要关键字"下拉列表中选择"姓名"，保持其余选项设置不变，单击【选项】按钮。

步骤4：在打开的【排序选项】对话框中单击【笔画排序】单选按钮，如图 4-83 所示。

步骤5：单击【确定】按钮，得到的笔画排序结果如图 4-84 所示。

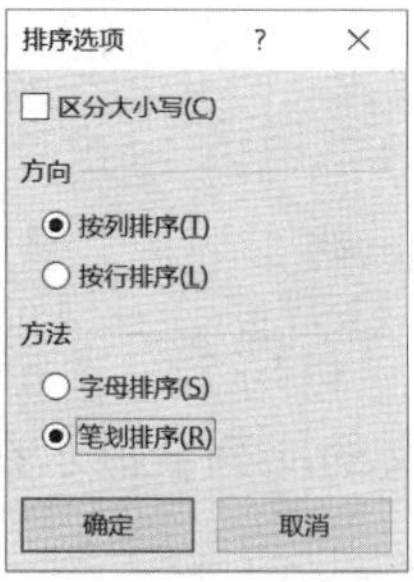

图 4-83　排序选项　　　　　图 4-84　笔画排序结果

注："笔划"应为"笔画"。

（4）自定义排序

如果需要按照特定的顺序进行排序，则可以使用自定义排序功能。

例如，我们将"产品销售情况表"工作表"分公司"列中的数据按照"东部""南部""北部"的顺序进行排序，操作步骤如下。

步骤1：选择"产品销售情况表"工作表数据清单中的任意一个单元格。

步骤2：单击【数据】选项卡，在【排序和筛选】组中单击【排序】选项，这时会打开【排序】对话框。

步骤3：在【主要关键字】下拉列表中选择"分公司"，保持【排序依据】选项设置不变，单击【次序】下拉按钮，选择"自定义序列"选项，如图 4-85 所示。这时会打开【自定义列表】对话框。

· 153 ·

图 4-85 【排序】对话框

步骤 4：在【输入序列】文本框中输入自定义的分公司，它们的顺序为"东部,南部,北部"。需要注意的是，各个分公司之间用英文半角状态下的逗号隔开。这时单击【添加】按钮，【自定义序列】中会显示自定义的分公司序列选项，如图 4-86 所示。

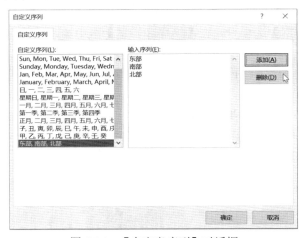

图 4-86 【自定义序列】对话框

步骤 5：单击【确定】按钮，返回【排序】对话框，自定义的序列会显示在"次序"中。再单击【确定】按钮，得到的排序结果如图 4-87 所示。

	A	B	C	D	E	F	G
1	季度	分公司	产品类别	产品名称	销售数量	销售额（万元）	销售额排名
2	1	东部	B-1	笔记本	134	80.4	5
3	1	东部	D-1	电视机	56	28	19
4	1	东部	D-2	电冰箱	61	20.13	23
5	2	东部	B-1	笔记本	112	67.2	8
6	2	东部	D-1	电视机	112	56	11
7	2	东部	D-2	电冰箱	65	21.45	22
8	3	东部	D-1	电视机	167	83.5	4
9	3	东部	B-1	笔记本	132	79.2	6
10	3	东部	D-2	电冰箱	89	29.37	17
11	1	南部	B-1	笔记本	236	141.6	1
12	1	南部	D-1	电视机	124	62	10
13	1	南部	D-2	电冰箱	88	29.04	18
14	2	南部	B-1	笔记本	58	34.8	16
15	2	南部	D-1	电视机	54	27	21
16	2	南部	D-2	电冰箱	53	17.49	25
17	3	南部	B-1	笔记本	92	55.2	12
18	3	南部	D-1	电视机	92	46	14
19	3	南部	D-2	电冰箱	45	14.85	26
20	1	北部	B-1	笔记本	172	103.2	2

图 4-87 自定义排序结果

3．筛选

筛选是根据给定的条件，从数据清单中找出并显示满足条件的记录，不满足条件的记录则被隐藏。与排序不同，筛选并不重排数据，只是暂时隐藏不必显示的行。Excel提供了自动筛选和高级筛选两种筛选方式。下面我们以"产品销售情况表"为例，介绍自动筛选和高级筛选的操作步骤。

（1）自动筛选

对筛选条件比较简单的数据，自动筛选功能可以很方便地帮助用户查找和显示所需的数据，例如，筛选出"产品销售情况表"工作表中分公司为"东部"和"南部"且销售量大于或等于100的数据。自动筛选的操作步骤如下。

步骤1：选择"产品销售情况表"工作表数据清单中的任意一个单元格。

步骤2：单击【数据】选项卡，在【排序和筛选】组中单击【筛选】选项，这时每个标题字段的右边都会自动出现一个筛选按钮。

步骤3：单击需要筛选的字段"分公司"，在展开的下拉列表中取消"全选"复选框，并勾选"东部"和"南部"复选框，如图4-88所示。

图4-88 勾选自动筛选复选框

步骤4：单击需要筛选的字段"销售数"，在展开的下拉列表中选择"数字筛选"→"大于或等于"选项，如图4-89所示。之后Excel会打开【自定义自动筛选方式】对话框。

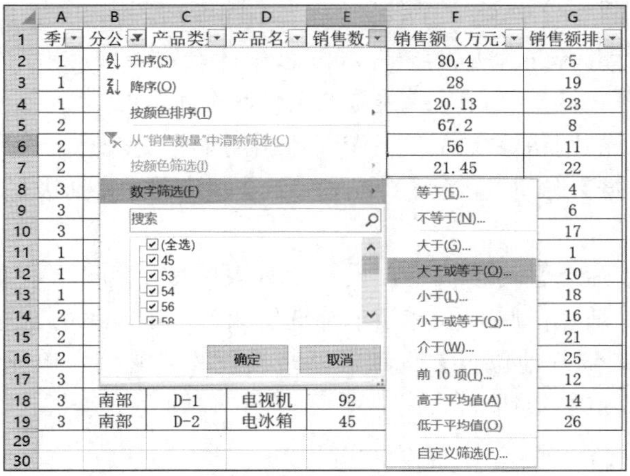

图4-89 选择"数字筛选"

步骤 5：在图 4-90 展示的【自定义自动筛选方式】对话框中设置销售数量“大于或等于”值为 100，并单击【确定】按钮。得到的自动筛选结果如图 4-91 所示。

如果要在数据清单中取消某一列的筛选操作，则单击该列标题字段右边的下拉箭头，在下拉列表中单击【从“分公司”中清除筛选】选项，如图 4-92 所示。其中，“分公司”表示标题字段名，我们以它为例。

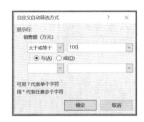

图 4-90　【自定义自动筛选方式】对话框

	A	B	C	D	E	F	G
1	季	分公	产品类	产品名	销售数	销售额（万元	销售额排
2	1	东部	B-1	笔记本	134	80.4	5
5	2	东部	B-1	笔记本	112	67.2	8
6	2	东部	D-1	电视机	112	56	11
8	3	东部	D-1	电视机	167	83.5	4
9	3	东部	B-1	笔记本	132	79.2	6
11	1	南部	B-1	笔记本	236	141.6	1
12	1	南部	D-1	电视机	124	62	10

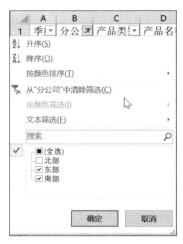

图 4-91　自动筛选结果

图 4-92　从“分公司”中清除筛选

如果要在数据清单中取消所有列的筛选操作，则在【排序和筛选】组中单击【筛选】或【清除】选项。

（2）高级筛选

要使用高级筛选，就需要先建立一个条件区域，其中条件区域用于设置筛选条件。

我们还以自动筛选的例子为例，筛选出“产品销售情况表”工作表中分公司为“东部和南部”且销售量大于或等于 100 的数据。使高级筛选功能来完成上述设置的操作步骤如下。

	A	B	C
29			
30		分公司	销售数量
31		东部	>=100
32		南部	>=100

图 4-93　建立条件区域

步骤 1：先在数据区域之外建立条件区域，如图 4-93 所示。在筛选条件标题字段下面输入对应的条件。注意：在设置条件时，与关系的条件要写在同一行内，或关系的条件写在不同行内。

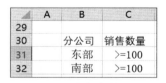

步骤 2：选择“产品销售情况表”工作表数据清单中的任意一个单元格。

步骤 3：单击【数据】选项卡，在【排序和筛选】组中单击【高级】选项，这时会打开【高级筛选】对话框。

步骤 4：在【高级筛选】对话框中，设置“列表区域”和“条件区域”。

步骤 5：默认设置是“在原有区域显示筛选结果”，如果想将筛选结果显示在别处，可选择【将筛选结果复制到其他位置】选项，同时设置“复制到”单元格的位置。

步骤 6：单击【确定】按钮。

4．分类汇总

分类汇总是把数据清单中的数据按类别进行统计处理。用户不需要自己建立公式，

Excel 会按照求和、求平均、计数等汇总方式对各类别的数据进行计算，并把汇总结果以"分类汇总"和"总计"的方式显示出来。注意，数据清单中必须包含带有标题的列，要分类汇总的列必须先进行排序。

分类汇总有单项分类汇总和嵌套分类汇总。单项分类汇总是指对某类数据进行汇总求和等操作，达到按类别来分析数据的目的。我们会在后面介绍单项分类汇总的操作步骤，下面先详细介绍嵌套分类汇总的操作步骤。

嵌套分类汇总是在单项分类汇总基础上，对其他字段进行再次分类汇总，例如，在"产品销售情况表"工作表中按"季度"和"产品名称"对"销售额（万元）"进行求和分类汇总。在进行嵌套分类汇总之前，需要先按分类字段进行排行，并对数据进行分类。注意，在设置排序条件时，排序条件的顺序要和汇总数据的类别顺序一致。嵌套分类汇总的操作步骤如下。

步骤 1：选择"产品销售情况表"数据清单中的任意一个单元格。

步骤 2：单击【数据】选项卡，在【排序和筛选】组中单击【排序】选项，这时会打开【排序】对话框。

步骤 3：在【主要关键字】下拉列表中选择【季度】选项，保持【排序依据】选项设置不变，单击【次序】下拉按钮并选择【升序】选项。

步骤 4：单击【排序】对话框左上角的【添加条件】按钮，添加【次要关键字】条件，在【次要关键字】下拉列表中选择"产品名称"选项，保持其余选项设置不变。

步骤 5：单击【确定】按钮，完成排序。

步骤 6：单击【数据】选项卡，在【分级显示】组中单击【分类汇总】选项，这时会打开【分类汇总】对话框。

步骤 7：在【分类字段】下拉列表中选择"季度"；在【汇总方式】下拉列表中选择"求和"；在【选定汇总项】下拉列表中取消"销售额排名"并选择"销售额（万元）"。保持其他设置为默认状态。

步骤 8：单击【确定】按钮。返回工作表后再次单击【分级显示】组中【分类汇总】选项，这时会打开【分类汇总】对话框。

步骤 9：在【分类字段】下拉列表中选择"产品名称"；在【汇总方式】下拉列表中选择"求和"；在【选定汇总项】列表中取消"销售额排名"并选择"销售额（万元）"；将【替换当前分类汇总】复选框取消勾选，如图 4-94 所示。

步骤 10：单击【确定】按钮。嵌套分类汇总结果如图 4-95 所示。

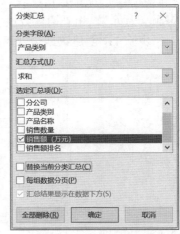

图 4-94 【分类汇总】对话框

在工作表中创建分类汇总之后，如果不需要数据以分类汇总的方式显示，那么可以删除分类汇总，操作步骤如下。

步骤 1：在分类汇总的数据区域任意选择一个单元格，单击【数据】选项卡，在【分级显示】组中单击【分类汇总】选项，这时会打开【分类汇总】对话框。

步骤 2：在打开的【分类汇总】对话框中，单击【全部删除】选项，便可以删除分类汇总。

5. 数据透视表

数据透视表是 Excel 中一个非常重要的功能，可以将数据的排序、筛选和分类汇总 3 个过程结合在一起，以多种不同的方式展示数据特征，将大量的数据转换为有价值的信息。

前面已经详细讲述创建数据透视表的操作方法，接下来我们介绍数据透视表中切片器的使用和数据透视图的创建。

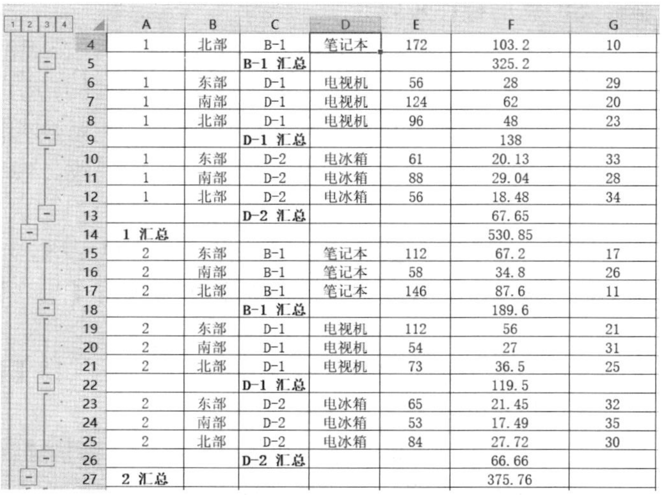

	A	B	C	D	E	F	G
4	1	北部	B-1	笔记本	172	103.2	10
5			B-1 汇总			325.2	
6	1	东部	D-1	电视机	56	28	29
7	1	南部	D-1	电视机	124	62	20
8	1	北部	D-1	电视机	96	48	23
9			D-1 汇总			138	
10	1	东部	D-2	电冰箱	61	20.13	33
11	1	南部	D-2	电冰箱	88	29.04	28
12	1	北部	D-2	电冰箱	56	18.48	34
13			D-2 汇总			67.65	
14	1 汇总					530.85	
15	2	东部	B-1	笔记本	112	67.2	17
16	2	南部	B-1	笔记本	58	34.8	26
17	2	北部	B-1	笔记本	146	87.6	11
18			B-1 汇总			189.6	
19	2	东部	D-1	电视机	112	56	21
20	2	南部	D-1	电视机	54	27	31
21	2	北部	D-1	电视机	73	36.5	25
22			D-1 汇总			119.5	
23	2	东部	D-2	电冰箱	65	21.45	32
24	2	南部	D-2	电冰箱	53	17.49	35
25	2	北部	D-2	电冰箱	84	27.72	30
26			D-2 汇总			66.66	
27	2 汇总					375.76	

图 4-95 嵌套分类汇总结果

(1) 切片器的应用

切片器提供了一种可视性极强的筛选方法，可以用于筛选来查找数据透视表中的数据。我们以在“产品销售情况表”工作表中建立行标签为“季度”和“产品名称”、求和项为“销售额（万元）”和“销售数量”的数据透视表为例介绍切片器的使用，操作步骤如下。

步骤 1：创建数据透视表，如图 4-96 所示。

	A	B	C
3	行标签	求和项:销售额（万元）	求和项:销售数量
4	⊟1	530.85	1023
5	笔记本	325.2	542
6	电冰箱	67.65	205
7	电视机	138	276
8	⊟2	375.76	757
9	笔记本	189.6	316
10	电冰箱	66.66	202
11	电视机	119.5	239
12	⊟3	462.48	911
13	笔记本	211.2	352
14	电冰箱	54.78	166
15	电视机	196.5	393
16	总计	1369.09	2691

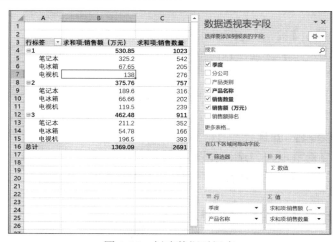

图 4-96 创建数据透视表

步骤 2：选择数据透视表中任意单元格，单击【数据透视表工具–分析】选项，在【筛选】组中单击【插入切片器】选项。

步骤 3：在打开的【插入切片器】对话框中选择要插入切片器的字段，如“季度”，如图 4-97 所示。

步骤 4：单击【确定】按钮，返回工作表。这时可以看到已经插入“季度”切片器，如图 4-98 所示。选择切片器，按住鼠标左键并拖动鼠标切片器，将切片器移动到合适的位置。

步骤 5：选择“季度”切片器中的“1”选项，数据透视表会立即显示所有一季度的数据明细情况，如图 4-99 所示。

若要进行多条件筛选，则单击“切片器”右上角的【多选】按钮，选择多个选项即可。若要取消多选模式，则再次单击该按钮即可。

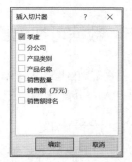

图 4-97　【插入切片器】对话框

图 4-98　“季度”切片器

（2）创建数据透视图

我们在“产品销售情况表”工作表中建立横坐标轴为“季度”、图例为“产品名称”、求和项为“销售额（万元）”的数据透视图，操作步骤如下。

步骤 1：选择“产品销售情况表”工作表中的任意单元格，单击【插入】选项卡，在【图表】组中单击【数据透视图】按钮，这时会打开【收据透视图】对话框。

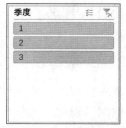

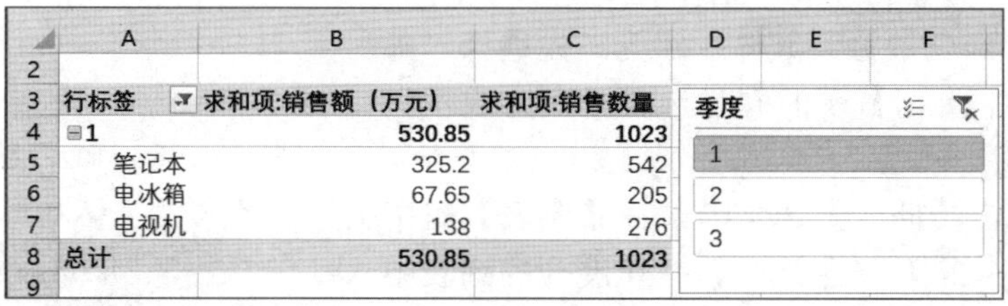

	A	B	C
2			
3	行标签	求和项:销售额（万元）	求和项:销售数量
4	⊟1	530.85	1023
5	笔记本	325.2	542
6	电冰箱	67.65	205
7	电视机	138	276
8	总计	530.85	1023
9			

图 4-99　切片器的筛选结果

步骤 2：保持默认设置，单击【确定】按钮，即可在新的工作表中创建空白的数据透视图，同时会打开【数据透视图字段】任务窗格。

步骤 3：在【数据透视图字段】窗格中，从【选择要添加到报表的字段】列表中将“季度”字段拖至【轴】下的文本框中，将“产品名称”字段拖至【图例】下的文本框中，将“销售额（万元）”字段拖至【值】下的文本框中。创建好的数据透视图如图 4-100 所示。

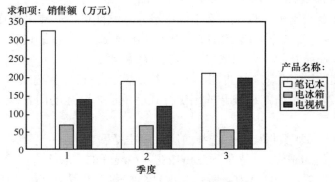

图 4-100　创建好的数据透视图

4.5 数据可视化更直观——项目结算清单图表制作

财务部小佳汇总统计了各部门人数及项目人力成本数据之后，为了更直观地展示各部门项目人力分配比例，把这些数据制作为饼图形式，并对饼图进行美化处理。

4.5.1 任务设置

1. 利用插入图表功能创建图表。

2. 利用图表工具中的设计功能编辑图表。

3. 利用图表工具中的格式和图表样式功能美化图表。

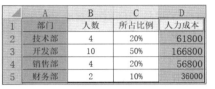

	A	B	C	D
1	部门	人数	所占比例	人力成本
2	技术部	4	20%	61800
3	开发部	10	50%	166800
4	销售部	4	20%	56800
5	财务部	2	10%	36000

图 4-101　选择数据

图 4-102　插入饼图

图 4-103　人力成本三维饼图

4.5.2 任务实现

首先打开工作簿文件“项目结算表.xlsx”并切换至“数据可视化”工作表，然后完成以下任务。

1. 创建人力成本饼图

创建人力成本饼图的操作步骤如下。

步骤 1：在“数据可视化”工作表中选择“部门”和“人力成本”两列数据。具体顺序为：先选择“部门”列，在按住【Ctrl】键的同时选择“人力成本”列，如图 4-101 所示。

步骤 2：单击【插入】选项卡，在【图表】组中单击【插入饼图或圆环图】选项，并在展开的列表中选择【三维饼图】选项，如图 4-102 所示。这时便可在工作表中创建人力成本三维饼图，如图 4-103 所示。

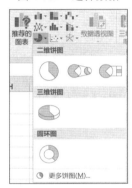

步骤 3：选择工作表，按住鼠标左键拖动，即可将饼图移动至合适的位置。

2. 编辑并美化人力成本饼图

编辑并美化人力成本饼图的操作步骤如下。

步骤 1：给饼图添加标题“项目人力成本分配图”。该图创建时包含标题文本框，直接在文本框中输入标题即可，并对字体格式进行设置。

步骤 2：为饼图更改颜色。选择饼图，单击【图表工具–设计】选项卡，单击【更改颜色】下三角按钮，在展开的列表中选择“彩色→颜色 4”。

步骤 3：应用图表样式。选择饼图，单击【图表工具–设计】选项卡，在【图表样式】选项组中单击【其他】按钮，在展开的图表样式库中选择合适的图表样式。我们在此处选择【样式 3】选项。

步骤 4：为图表添加数据标签。选择饼图，单击【图表工具–设计】选项卡，单击【图表布局】选项组中【添加图表元素】下三角按钮，在展开的列表中选择“数据标签”→“其他数据标签选项”选项，如图 4-104 所示。这时会打开【设置数据标签格式】窗格。

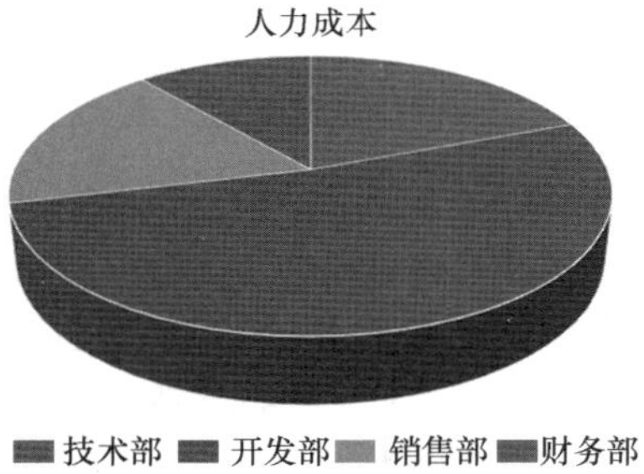

步骤5：在【设置数据标签格式】窗格中单击【标签选项】选项区，再单击【标签选项】选项展开的列表区中勾选"百分比""类别名称""显示引导线"复选框，在【标签位置】选项展开的列表中勾选"数据标签外"复选框，如图4-105所示。

步骤6：设置第一扇区起始角度。选择图表，单击【图表工具–格式】选项卡，单击【当前所选内容】组中【图表元素】下三角按钮，在展开的列表中选择"系列"和"人力成本"选项，并单击【当前所选内容】选项组中【设置所选内容格式】选项，这时会打开【设置数据系列格式】窗格。在该窗格中设置【第一扇区起始角度】的值为120°，如图4-106所示。得到的人力成本三维饼图的最终效果如图4-107所示。

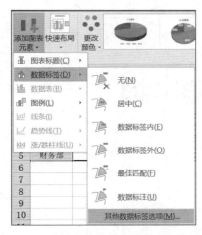

图4-104 选择【其他数据标签选项】选项

图4-105 【设置数据标签格式】窗格

图4-106 设置"第一扇区起始角度"

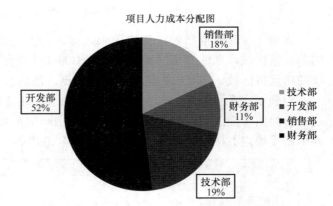

图4-107 人力成本三维饼图的最终效果

4.5.3 能力拓展

1．创建图表

（1）图表类型

Excel图表有14种图表类型，每一种图表类型包括2～7种子图表类型。这14种图表分别是柱形图、折线图、饼图、条形图、面积图、XY（散点图）、股价图、曲面图、雷达图、树状图、旭日图、直方图、箱形图和瀑布图。用户在【插入图表】对话框的【所有图表】选项中可以查看，如图 4-108 所示。

（2）创建图表流程

图表的创建一般分为两步：首先选择创建图表的数据源，然后插入图表。Excel 提供了推荐图表功能，可以根据不同的数据为用户推荐合适的图表，也可以在所有图表中自行选择合适所选数据的图表。创建图表的操作步骤如下。

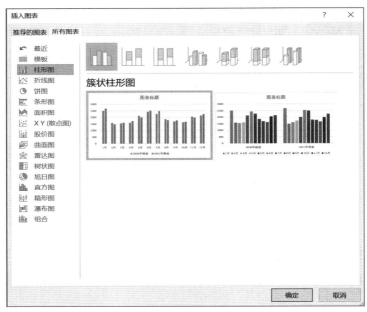

图 4-108　查看图表类型

步骤 1：选择数据。在创建图表之前，先要选择数据。若要创建图表的数据是连续的单元格区域，则选择该区域或该区域中的任意单元格即可；若要创建图表的数据是不连续的单元格区域，则可以先选择一部分数据，然后按住【Ctrl】键再选择剩下的数据区域。

步骤 2：插入图表。单击【插入】选项卡，在【图表】组中单击【推荐图表】选项，这时会弹出【插入图表】对话框。在该对话框选择合适的图表，我们此处选择“折线图”，并单击【确定】按钮。得到的折线图如图 4-109 所示。

某产品销量情况表 (单位:个)

月份	2020年销量	所占百分比	2021年销量	所占百分比	同比增长率
1月	2513	10.69%	2688	11.17%	7%
2月	1588	6.75%	1499	6.23%	-6%
3月	1557	6.62%	1612	6.70%	4%
4月	1607	6.83%	1732	7.20%	8%
5月	2133	9.07%	2013	8.37%	-6%
6月	2437	10.36%	2529	10.51%	4%
7月	2267	9.64%	2498	10.38%	10%
8月	1877	7.98%	1795	7.46%	-4%
9月	1696	7.21%	1789	7.44%	5%
10月	1630	6.93%	1667	6.93%	2%
11月	2056	8.74%	1989	8.27%	-3%
12月	2155	9.16%	2246	9.34%	4%

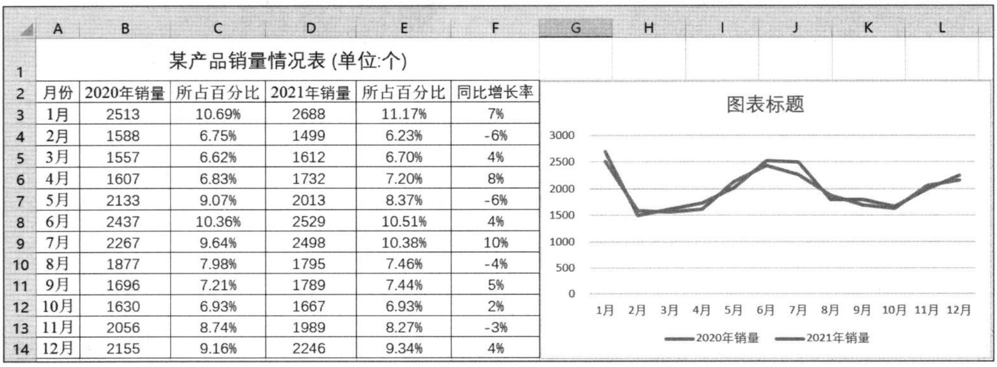

图 4-109　折线图

2. 编辑图表

（1）更改图表类

我们经常会用到 Excel 不同的图表来显示数据变化，这时可以通过更改图表类型来实现。我们将图 4-109 所示的折线图改为簇状柱形图，具体操作如下。

选择图表，单击【图表工具-设计】选项卡，在【类型】组中单击【更改图表类型】选项，这时会打开【更改图表类型】对话框。在该对话框中，选择"柱形图"→"簇状柱形图"选项，如图 4-110 所示。

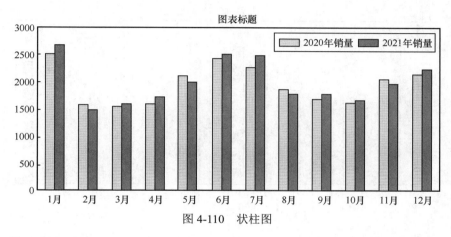

图 4-110　状柱图

（2）切换图表行/列

创建图表后，如果分类轴和图例正好与期望相反，则可以通过【切换行/列】命令来调整图表的分类轴和图例，操作方法如下。

选择图表，单击【图表工具-设计】选项卡，在【数据】组中单击【切换行/列】选项。

（3）添加图表标题

若插入的图表包含标题文本框，则可直接在该文本框中输入标题。若插入的图表没有标题文本框，则需要先添加标题文本框，再输入标题内容。添加标题的操作方法如下。

选择图表，单击【图表工具-设计】选项卡，在【图表布局】组中单击【添加图表元素】三角形按钮，在列表中选择"图表标题"→"图表上方"选项，如图 4-111 所示。这时图表上方会显示标题文本框。

（4）设置数据标签

为图表添加数据标签，这种方式可以直观地显示系列的数据。显示数据标签的操作方法如下。

选择图表，单击【图表工具-设计】选项卡，在【图表布局】组中单击【添加图表元素】三角形按钮，在列表中选择"数据标签"→"数据标签外"选项。图表中会在系列的上方显示数据标签。

添加完数据标签后，数据标签中的数据有些不易区分，这时可以通过设置数据标签的格式，以对不同系列的数据进行区分，例如，设置填充颜色、形状样式、位置等。我们以

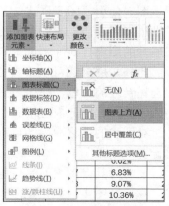

图 4-111　添加图表标题

图 4-110 为例，将系列"2020 年销量"数据标签的填充颜色设置为浅蓝色，操作方法如下。

选择图表，单击【图表工具-格式】选项卡，在【当前所选内容】组中单击【图表元素】三角形按钮，在展开的列表中选择"系列"2020 年销量"数据标签"选项，再单击【当前所选内容】组中【设置所选内容格式】选项，这时会打开【设置数据标签格式】窗格。在该窗格中单击【填充与线条】选项，单击【填充】选项在其展开的列表中选择【纯色填充】选项，并设置颜色为"浅蓝色"。在【设置数据标签格式】窗格中切换至【标签】选项区，选择【标签位置】选项为"居中"。设置数据标签后的效果如图 4-112 所示。

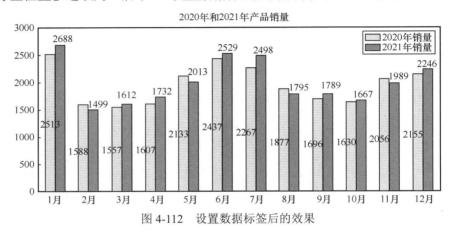

图 4-112　设置数据标签后的效果

（5）添加/删除图例

图表图例包含图表中每个类别的说明。图表始终包含一个或多个图例项，每个图例项包含一个表示序列的彩色块以及一个描述该序列的文本字符串。添加/删除图例以及设置图例位置的操作方法如下。

选择图表，单击【图表工具-设计】选项卡，单击【图表布局】组中【添加图表元素】三角形按钮，在列表中选择图例选项，并在弹出的子列表中选择是否显示图例及图例的位置。

3．美化图表

（1）应用图表样式

Excel 提供了多种图表样式，使用图表样式可以快速地完成图表美化。我们给图 4-112 所示图表使用"图表样式 2"，操作步骤如下。

选择图表，单击【图表工具-设计】选项卡，再单击【图表样式】组中的【其他】选项，在展开的图表样式库中选择合适的图表样式。我们在此处选择"样式 2"，如图 4-113 所示。

此外，用户还可以单击【图表样式】组中的【更改颜色】三角形按钮，在展开的列表中选择合适的颜色，使图表更美观。

（2）设置所选内容格式

对图表的美化，除了可以应用图表样式外，还可以通过设置所选内容格式来进行个性化设置。

要想对某个图表元素进行修饰，就要先选择该图表元素，然后再进行设置所选内容格式。我们给图 4-113 所示的图表区设置"蓝色面巾纸"的纹理背景，操作步骤如下。

步骤 1：选择图表，单击【图表工具-格式】选项卡，在【当前所选内容】组中单击【图表元素】三角形按钮,在展开的列表中选择【图表区】选项,如图4-114所示。再单击【当前所选内容】组的【设置所选内容格式】选项,这时会打开【设置图表区格式】窗格。

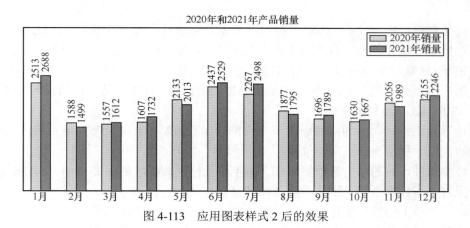

图4-113　应用图表样式2后的效果

步骤2:单击【填充与线条】按钮,单击【填充】选项,在其展开的列表中选择【图片或纹理填充】选项,并设置纹理为"蓝色面巾纸",如图4-115所示。设置纹理后的效果如图4-116所示。

图4-114　选择图表区

图4-115　设置图表区纹理背景

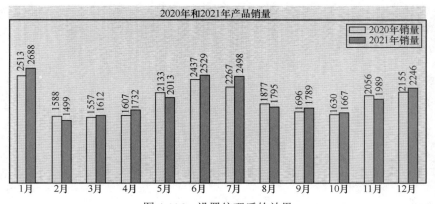

图4-116　设置纹理后的效果

习题与思考

打开工作簿"Excel 练习.xlsx",按照下列要求完成对此电子表格的操作并进行保存。

1. 选择 Sheet1 工作表,将 A1:E1 单元格区域合并为一个单元格,文字格式为居中对齐。

2. 依据 G3:H7 单元格区域"产品单品价格表"中的信息填写 Sheet1 工作表中"产品单价(万元)"列(C3:C57 单元格区域中数据类型为数值型、保留小数点后两位)的内容(要求利用 VLOOKUP 函数来完成)。

3. 计算员工不同产品的销售额置于"销售额(万元)"列(E3:E57 单元格区域中数据类型为数值型、保留小数点后一位)。

4. 计算每种产品的总销售数量(H11:H14 单元格区域要求利用 SUMIF 函数来完成),计算结果置于统计表 1 的"销售数量(件)"列。

5. 选取"员工销售额统计表"工作表,根据 Sheet1 工作表的内容计算每个员工各种产品的总销售额(要求利用 SUMIF 函数来完成),计算结果置于"总销售额(万元)"列(数据类型为多数值型、保留小数点后一位)。

6. 利用 RANK.EQ 函数对总销售额进行由高到低排名。

7. 为 Sheet1 工作表中统计表 1 中的"产品名称"列(G10:G14)、"销售数量(件)"列(H10:H14)单元格区域的数据建立"簇状条形图",其标题为"产品销售数量统计图"。该图以"布局 2"和"样式 8"进行修饰,数据条颜色设置为"彩色/颜色 3",并被插入到当前工作表的"G16:J28"单元格区域内。修改 Sheet1 工作表的名称为"员工销售情况表"。

8. 选择"图书销售统计表"工作表,为工作表"图书销售统计表"内数据清单的数据建立数据透视表,其中,行标签为"经销部门",列标签为"图书类别",数值为"销售额(万元)"求和布局。该数据透视表被置于现工作表的 I11:N19 单元格区域,所在工作表的名称不变。

9. 保存"Excel 练习.xlsx"工作簿。

第 5 章

演示文稿应用

本 章 导 学

◆ 内容提要

Microsoft PowerPoint 是一款演示文稿软件,具备强大的演示功能,其软件界面简洁明晰,操作方便快捷,在工作汇报、企业宣传、产品推介等领域得到了广泛应用。本章以 PowerPoint 2016 为例,围绕项目汇报演示文稿制作的典型任务,介绍 PowerPoint 在创建、编辑、设计、动画、放映等功能的使用技巧。

◆ 学习目标
1. 熟练掌握演示文稿的编辑方法。
2. 掌握演示文稿的设计方法。
3. 掌握演示文稿的动画编辑方法。
4. 掌握演示文稿放映方式的设置方法。

5.1 PowerPoint 概述

5.1.1 PowerPoint 简介

1. 演示文稿和幻灯片

演示文稿是利用 PowerPoint 生成的文件。一个演示文稿中的每一页被称为幻灯片,每张幻灯片之间既相互独立又相互联系。幻灯片中可以使用文字、图形、图表、图片、多媒体组件等对象表达信息。

2. PowerPoint 的启动和退出

第一次打开 PowerPoint 时,将出现"开始"界面,可以选择"空白演示文稿",创建一个新的演示文稿;也可以选择一个模板,进行编辑和设计。"开始"界面的下方会显示最近编辑的演示文稿。如果需要关闭演示文稿或者退出 PowerPoint,则可以直接单击窗口右上角的关闭按钮。

3. PowerPoint 工作界面窗格

PowerPoint 的工作界面包括幻灯片窗格、大纲窗格和备注窗格,如图 5-1 所示。不同窗格的比例大小可以通过拖动窗格边框的位置来调整。

图 5-1　PowerPoint 2016 工作界面

（1）幻灯片窗格

幻灯片窗格是主要的工作区域，在工作界面的中间，主要用于幻灯片的编辑。

（2）大纲窗格

大纲窗格位于工作界面的左侧，主要用于预览幻灯片的缩略图，支持对幻灯片进行的复制、移动、删除、插入等操作。

（3）备注窗格

备注窗格位于工作界面的下方，主要用于为当前幻灯片加入介绍、提醒内容等备注信息。若不显示备注窗口，则在窗口底部边缘处按住鼠标并向上拖动即可显示备注窗口。

4．PowerPoint 视图

PowerPoint 提供了 5 种视图模式，分别是普通、大纲视图、幻灯片浏览、备注页和阅读视图模块，如图 5-2 所示。用户可以根据需求选择不同的视图模式。

图 5-2　PowerPoint 提供的视图

（1）普通

普通是 PowerPoint 的默认视图模式，也是大纲视图、幻灯片浏览和备注页的综合视图模式。在该视图中，用户可以在工作界面左侧查看展示幻灯片的缩略图的大纲窗格；可以在工作界面中间幻灯片窗格编辑幻灯片；在工作界面下方的备注窗格增加备注信息。

（2）大纲视图

大纲视图共有 3 个部分：大纲窗格、幻灯片窗格和备注页窗格。在大纲窗口中，用户可以查看演示文稿的内容和结构。

（3）幻灯片浏览

在幻灯片浏览器中，所有幻灯片以缩略图的方式被完整地展示在同一窗口中。该视图中可以查看幻灯片的背景设计、配色方案或更换模板后文稿发生的整体变化；同时还可以轻松地拷贝、移动、删除幻灯片。

（4）备注页

备注页主要用于为演示文稿中的幻灯片添加备注内容或对备注内容进行编辑修改。在该视图模式下，用户无法对幻灯片的内容进行编辑。当用户切换到备注页时，工作界面上部会出现当前幻灯片的缩览图，下部会出现备注信息的占位符。单击该占位符，向占位符中输入内容，即可为幻灯片添加备注内容。

（5）阅读视图

阅读视图可将演示文稿中各张幻灯片的内容以全屏的形式展现出来，这种全屏视图可以让观众更加直观地看到演示文稿的最终效果。

5．幻灯片版式和占位符

幻灯片版式指的是幻灯片内容在幻灯片上的排列方式。幻灯片版式由占位符组成，占位符内可放置文字和其他幻灯片内容。PowerPoint 提供了多种版式，用户可以轻松地创建和使用这些版式。

在【开始】选项卡上单击【新建幻灯片】按钮，选择一种版式，便可以添加一张所选版式的幻灯片。用户也可以选中左侧的一张幻灯片，单击【版式】按钮来更改幻灯片的版式。

在 PowerPoint 中，占位符是幻灯片中文本、图形或视频的预设格式。预设格式可以让用户更快速、更一致地设置幻灯片的格式。比如"标题和内容"幻灯片有 3 个占位符：标题占位符提示用户输入文本，并对文本采用默认格式；项目符号列表占位符用于添加文字信息；内容占位符可用于添加文本、表格、图表、SmartArt 图形、图片、视频等对象。

6．幻灯片主题

主题是给设置好的幻灯片整体更换颜色、背景等内容，可以使幻灯片的显示效果与主题更匹配。用户可使用幻灯片主题来调整演示文稿的显示效果，使其更符合演示文稿的主题。

5.1.2　演示文稿通用处理流程

1．创建演示文稿

通常，用户可以从制作一个空白演示文稿开始，逐步完成演示文稿的创建，具体操作步骤如下。

步骤 1：切换到【文件】选项卡，选择【新建】命令，并单击右侧栏中的"空白演示文稿"图标，即可创建一个空白演示文稿。

步骤 2：向占位符中输入文本，插入对象，便可完成该页幻灯片的内容编辑。

步骤 3：单击【新建幻灯片】选项，选择一个版式，即可生成一张新的幻灯片。

步骤 4：重复步骤 3，可插入多页幻灯片。

步骤 5：设置幻灯片大小。在【设计】选项卡中的【自定义】组中单击【幻灯片大小】选项，在弹出的下拉列表中选择"标准 4:3"或者"宽屏 16:9"。用户也可以单击【自定义幻灯片大小】选项，在弹出的【幻灯片大小】对话框中设置具体参数。

2．管理幻灯片

（1）选择幻灯片

在对幻灯片进行操作之前，首先要选中幻灯片。

将视图模式切换到【普通】模式，在【大纲】选项卡中单击幻灯片标题前面的图标，即可选中该幻灯片。如果需要同时选择连续的多张幻灯片，则可单击第一张幻灯片，然后按【Shift】键再单击最后一张幻灯片。若要选择多张不连续的幻灯片，则单击第一张幻灯片，然后按住【Ctrl】键，再依次单击要选择的其他幻灯片。

在幻灯片浏览视图中单击幻灯片的缩略图，即可选中该幻灯片；使用快捷键【Ctrl+A】，便可以选择所有幻灯片。

（2）复制幻灯片

幻灯片可以通过拖拽鼠标，轻松实现复制，操作步骤如下。

步骤 1：在幻灯片浏览视图或者在普通视图的【大纲】选项卡中，选择要复制的幻灯片。

步骤 2：同时按住【Ctrl】键和鼠标左键拖动所选的幻灯片。

步骤 3：在目标位置松开鼠标左键和【Ctrl】键，所选幻灯片便被复制到目标位置上。

用户也可以使用复制、粘贴功能完成幻灯片的复制。

（3）移动幻灯片

在幻灯片浏览视图或者在普通视图中选择要移动的幻灯片，然后按住鼠标左键进行拖动。拖拽到指定位置后松开鼠标左键，即可完成幻灯片的移动。

用户也可以使用剪切、粘贴功能完成幻灯片的移动。

（4）删除幻灯片

无论是哪种视图，都可以方便地删除当前演示文稿中的幻灯片，操作步骤如下。

选择要删除的幻灯片，然后按【Delete】键；或者单击鼠标右键，在弹出的快捷菜单中选择【删除幻灯片】选项，如图 5-3 所示，即可完成。

（5）隐藏幻灯片

对于用户来说，某些幻灯片在演讲中不需要进行播放，但又需要保留备用，这时可将某些幻灯片隐藏起来，操作步骤如下。

在幻灯片浏览视图下，单击需要隐藏的幻灯片，并切换到【幻灯片放映】选项卡。在【设置】组中单击【隐藏幻灯片】命令选项，这时被隐藏的幻灯片序号上会出现一个斜杠。若要取消隐藏幻灯片，则再次选择"幻灯片放映"→"隐藏幻灯片"即可。

（6）更改幻灯片的版式

幻灯片版式是指幻灯片内容在幻灯片上的排列方式。选择要更改版式的幻灯片，切换到【开始】选项卡，在【幻灯片】组中单击【版式】选项，从弹出的下拉菜单中选择一种版式，即可快速更改当前幻灯片的版式，如图 5-4 所示。

图 5-3 【删除幻灯片】选项

图 5-4 【版式】选项的下拉菜单

第5章 演示文稿应用

◎案例引入

常州半稞科技有限公司在完成了某博物馆信息化服务平台开发项目后，需要制作项目总结和汇报用的演示文稿，其内容包括项目简介、完成情况、团队组成、经验总结和未来展望，以便在总结会议上配合展示。小张在完成资料整理、素材准备工作后，利用 PowerPoint 制作了演示文稿"项目总结汇报"，完成了该项工作任务。最终的演示文稿（部分）如图 5-5 所示。

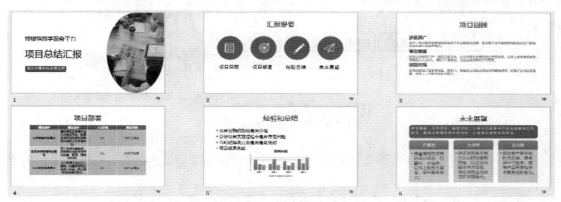

图 5-5 "项目总结汇报"演示文稿

5.2 演示文稿有逻辑——项目实例

5.2.1 演示文稿制作原则

演示文稿的目的是精准地表达演讲主题。一个演示文稿的结构至少包括封面页、目录页、内容页、封底页 4 个部分，其中，封面页是最重要的部分，负责展示主题，即演讲文稿的核心内容；目录页的作用是展示演示文稿的框架和结构；内容页是具体的内容；而封底页是为了升华或结束主题。这 4 个部分在整个演示文稿中的作用不同，编辑的重点也不相同。

一个演示文稿是由无数个论点和论据组成的。一个真正意义上的"好"演示文稿最核心的内容是逻辑，这才是演示文稿的根本。演示文稿的逻辑包括整体逻辑和单页逻辑，这些逻辑可以通过并列关系、对比关系、总分关系、循环关系等来展示，因此，在开始编辑演示文稿之前，一定要先理清楚内容的逻辑关系。

内容的结构化表达离不开逻辑框架的搭建。在演示文稿逻辑结构的搭建过程中，我们可以使用金字塔原理。金字塔原理的主要框架是：一个中心思想、多个分论点、每个分论点有多个论据。金字塔原理的 3 个显著特征是：观点突出、逻辑清晰、主次分明，这些特征能够让演示文稿更有说服力。

金字塔原理的四大原则如图 5-6 所示，具体如下。

结论先行：每张幻灯片都有一个中心思想，并将中心思想放在幻灯片的最前面，让读者只通过中心思想就能理解本张幻灯片的主题。

以上统下：每一层次的思想观点是低一层次思想观点的概括和总结。

归纳分组：将思想观点进行归纳，按照每一组思想观点要属于同一范畴的理念进行分组。
逻辑递进：每一组思想观点必须符合逻辑顺序。

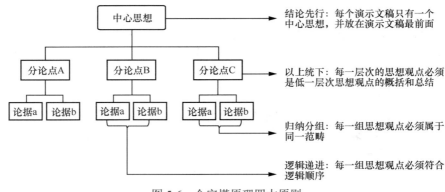

图 5-6　金字塔原理四大原则

要制作演示文稿，首先要确定大纲。如何确定一个演示文稿的大纲呢？一般有以下 5 个步骤。

步骤 1：确定中心主题。大纲一定要紧扣演示文稿的主题，不要跑偏。

步骤 2：确定逻辑关系。只有前后内容通过合理的关系联系起来，才能将信息准确地传达给接收方，因此，大纲必须存在内在的逻辑关系。

步骤 3：确定细分内容。在对一个演示文稿的主题毫无头绪时，可以先不考虑分章/节，而是将想要表达的内容罗列出来，想到哪里就写到哪里，以说服力作为细分内容去留的标准。

步骤 4：内容归类分层。通过归类与分层的操作将细分内容划分到具体的章或节中。

步骤 5：确定章/节顺序。以时间、空间、重要性或推理过程来确定章/节顺序。

由于演示文稿的大纲需要反复完善，因此这 5 个步骤实际上是一个不断循环的闭环流程，如图 5-7 所示。我们结合本章演示文稿的主题，按照金字塔原理进行逻辑梳理，确定的演示文稿大纲如图 5-8 所示。

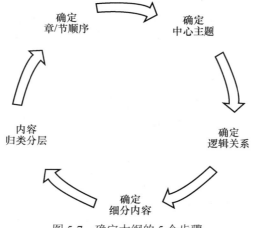

图 5-7　确定大纲的 5 个步骤

第 5 章 演示文稿应用

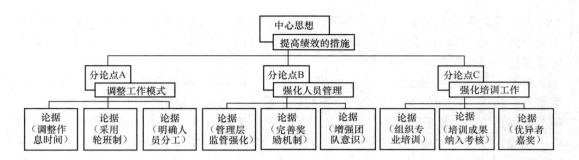

图 5-8 演示文稿的结构

5.2.2 项目实例制作实现

1．制作封面页

每个演示文稿都有封面页。封面页点明演示文稿的主题，在演示文稿中占有重要位置。常用的封面页版式有居中、左对齐等排版方式，我们采用左对齐的排版方式，操作步骤如下。

步骤 1：打开 PowerPoint，新建空白演示文稿，这时会默认生成第一张幻灯片，即标题幻灯片。切换到【设计】选项卡，在【自定义】组中单击【幻灯片大小】选项，在弹出的下拉列表中选择【宽屏 16:9】选项。

步骤 2：单击【设计】选项卡，在【变体】组中单击【字体】，选择"Arial Black-Arial 微软雅黑 黑体"字体组合，这样就可以设置好整个演示文稿的字体了，如图 5-9 所示。

图 5-9 设置演示文稿的字体

步骤 3：单击"单击此处添加标题"文本框，输入"项目总结汇报"，将占位符调整到页面左边并放置在合适的位置。选择该占位符，单击鼠标右键，从弹出的快捷菜单中选择【复制】选项；在空白处单击鼠标右键在【粘贴】选项中选择【使用目标主题】选项。将复制的占位符调整至页面左上方，修改其内容为"博物馆数字服务平台"，选择"博物馆数字服务平台"文字后，在【开始】选项卡的【字体】组中设置字体大小为36，在【段落】组中设置文字对齐方式为"左对齐"。

步骤4：单击"单击此处添加副标题"，输入"常州半稞科技有限公司"，并将占位符调整到合适的大小和位置。保持占位符的选中状态，选择"绘图工具"→"形状填充"→"标准色"→"蓝色"选项；单击【形状轮廓】，选择【无轮廓】选项；保持占位符的选中状态，在【形状格式】选项卡的【插入形状】组中，单击【编辑形状】选项，选择【更改形状】选项，从弹出的下拉菜单中选择【矩形:圆角】选项；选择"常州半稞科技有限公司"文字，在【开始】选项卡的【字体】组中设置字体颜色为白色，并将占位符放置在页面左下方。

步骤5：使用图片对封面页进行美化。单击"插入"→"图片"→"此设备"选项，找到【封面图片】选项，单击【插入】选项，即可将图片插入到幻灯片中。选择图片，在【图片工具】选项卡中单击【大小】组的【裁剪】选项，选择【裁剪为形状】选项，从弹出的下拉框中选择【泪滴形】选项，如图5-10所示。这时调整图片的位置和大小，便可完成封面页的设置。

图5-10 将图片裁剪为形状

2．制作目录页

目录页的作用是展示演示文稿的逻辑框架，使听众可以快速地了解演示文稿的结构。常用的目录页版式有左右型、上下型、卡片型、表格型、全局型等，这里我们选择使用全局型版式。顾名思义，全局型版式就是将整个版面作为目录页的布局空间。制作目录页的操作步骤如下。

步骤1：单击【新建幻灯片】选项中的【标题和内容】选项，这时会生成第二张幻灯片，即含有标题和正文占位符的幻灯片。

步骤2：在新插入的幻灯片中，单击"单击此处添加标题"文本框，输入"汇报提要"，并删除正文占位符。切换到【插入】选项卡，在【插图】组中单击【形状】选项，从弹出的下拉菜单中选择【椭圆】选项。这时同时按住【Shift】键和鼠标左键，并拖动鼠标，即可在幻灯片上绘制一个正圆形。

步骤3：选择圆形，在【形状格式】选项卡中单击【形状样式】组的对话框启动器，在窗口右侧的【设置形状格式】任务窗格中单击"填充与线条"→"填充"选项，并选择【纯色填充】选项中的"标准色"→"蓝色"选项。保持图形的选中状态，单击【线条】选项中的【无线条】选项，就可以完成圆形的设置，如图5-11所示。

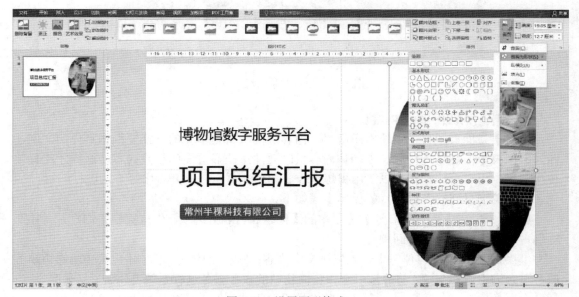

图 5-11　设置圆形格式

步骤4：选择圆形，单击"插入"→"图标"→"分析"选项，选择第3行的第8个图标后，单击【插入】选项，即可将图标插入到幻灯片中。将图标放置在圆形的中心位置，保持图标的选中状态，在【图形格式】选项卡中单击【图形样式】组中的【图形填充】选项，选择"白色，背景1"，将图标的颜色设置为白色。

步骤5：切换到【插入】选项卡，在【文本】组中单击【文本框】选项，从弹出的下拉菜单中选择【绘制横排文本框】选项，在圆形图形的下方绘制一个文本框，并在文本框中输入文字"项目回顾"。选择文字，设置其字体为32，对齐方式为居中对齐。

步骤6：在按住【Ctrl】键的同时选择圆形、图标和文本框，单击鼠标右键，从弹出的快捷菜单中选择"组合"选项，便可将多个对象组合成一个对象。

步骤7：选择组合后的对象，单击鼠标右键，从弹出的快捷菜单中选择【复制】选项，在幻灯片空白处单击鼠标右键，从弹出的快捷菜单中选择【粘贴】选项，完成对象的复制。

步骤8：重复步骤7，将组合后的对象复制成4个。接下来修改图标形状和文本框中文字内容，就可以快速地完成目录页内容的制作。

步骤9：选择4个组合后的对象，在【图形格式】选项卡中选择【排列】组中的【对齐】选项，从弹出的下拉菜单中选择【顶端对齐】和【横向分布】选项，使对象对齐，如图5-12所示。

图 5-12　设置对象的对齐方式

3．制作"项目回顾"内容页

相对于封面页和目录页的常用版式,内容页的版式是多变的,需要根据具体的文字、图片、图表等信息进行排版。在制作内容页时要注意凸显页面的重点内容,这样才能有效传递信息。内容页的制作可以采用提炼重点、弱化非重点、提升对比等方法进行编辑。

制作"项目回顾"幻灯片的操作步骤如下。

步骤 1：单击【新建幻灯片】选项中的【标题和内容】选项,生成第三张幻灯片,并在标题占位符中输入"项目回顾"。

步骤 2：在文本框占位符中输入以下文字内容："涉及面广　全市一体化数字博物馆政务服务平台为枢纽和支撑,将分散于全市各博物馆的政务服务进行系统性整合。复杂度高　包括公众服务门户、信息共享平台、公共支撑平台等软件开发服务,以及上线及测试服务,项目投入人力 6 人,耗时 9 个月完成,为企业实现利润 300 万元。创新性强　该项目实现了信息跨地区、跨部门、跨层级之间的业务协同和自动流转,拓展了公司业务范围,使员工工作能力得到较大提升。"在按住【Ctrl】键的同时选择"涉及面广""复杂度高""创新性强"等文字,在【开始】选项卡的【字体】选项组中设置文字格式为微软雅黑、28、深蓝色、加粗；设置其他文字格式为微软雅黑 Light、20,以凸显页面的重点内容。

至此,"项目回顾"内容页的制作便完成了,如图 5-13 所示。

4．制作"项目部署"内容页

制作"项目部署"内容页的操作步骤如下。

步骤 1：单击【新建幻灯片】选项中的【标题和内容】选项,生成第四张幻灯片,并在标题占位符中输入文字"项目部署"。

步骤 2：在正文占位符中单击【插入表格】选项,在图 5-14 所示的对话框中将【行数】和【列数】均调整为 4,并单击【确定】按钮,这时幻灯片中会生成一个表格。

步骤 3：单击表格,切换到【表格工具】选项卡中的【表设计】选项区,在【表格样式】组中选择【表样式】列表框中的"中等样式 2,强调 5"选项。

步骤 4：在表格中输入文本内容。选择表格内文本,切换到【表格工具/布局】选项卡,在【对齐方式】组中单击【水平】和【垂直居中】选项,设置文本的对齐方式为水平居中和垂直居中。

第 5 章　演示文稿应用

步骤 5：保持表格的选中状态，切换到【布局】选项卡，在【表格尺寸】组中设置表格的高度为 11.14 厘米、宽度为 26.04 厘米。

步骤 6：调整表格的位置，让表格处于页面的中间位置。

至此，"项目部署"内容页的制作便完成了，如图 5-15 所示。

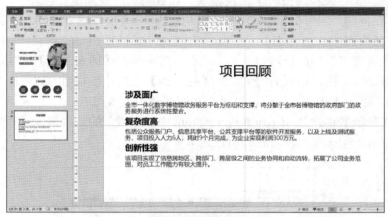

图 5-13　制作好的"项目回顾"内容页

图 5-14　插入表格

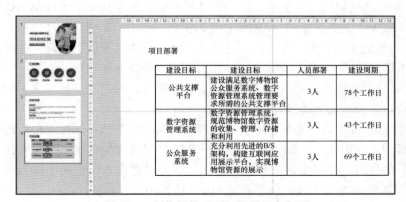

图 5-15　制作好的"项目部署"内容页

5. 制作"经验总结"内容页

制作"经验总结"内容页的操作步骤如下。

步骤1：单击【新建幻灯片】选项卡中的【标题和内容】选项，生成第五张幻灯片，并在标题占位符中输入文字"经验总结"。

步骤2：在正文占位符中按段落依次输入"项目初期的规划是否合理""分析项目实施过程中是否存在问题""当时的解决方案是否是最优的""项目成果总结"等文本内容，并设置它们的字体为黑体、28号。

步骤3：在含有"单击此处添加文本"的占位符中单击【插入图表】选项，这时会打开【插入图表】对话框。在对话框的左侧选择【柱形图】选项，在右侧的列表框中选择【簇状柱形图】选项，单击【确定】按钮，这时会在幻灯片中插入图表。

步骤4：在显示名称为"Microsoft PowerPoint 中的图表"的数据编辑窗口中，在工作表中修改数据，如图5-16所示，之后关闭数据编辑窗口。

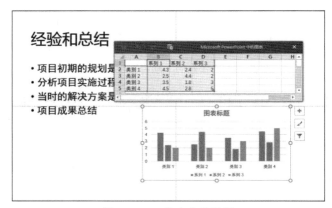

图 5-16　工作表中的数据

步骤5：选择图表，在【图表设计】选项卡的【图表样式】组中选择"样式6"选项，并调整图表的大小和位置，完成对图表的编辑。

6. 制作"未来展望"内容页

制作"未来展望"内容页的操作步骤如下。

步骤1：单击【新建幻灯片】选项卡中的【标题和内容】选项，生成第六张幻灯片，在标题占位符中输入"未来展望"，并删除正文占位符。

步骤2：切换到【插入】选项卡中的【插图】组，单击【形状】选项，在弹出的下拉菜单中选择"矩形:圆角"选项，即可在幻灯片上绘制一个圆角矩形。

步骤3：选择圆角矩形，切换到【形状格式】选项卡，单击【形状格式】的对话框启动器，设置圆角矩形的格式为"蓝色、无轮廓"。

步骤4：选择该图形，单击鼠标右键，选择【编辑文字】选项，在圆角矩形中输入文本内容"夯实基础，巩固优势，探索创新。以提升自主解决力和在线解决力为抓手，在确保业务稳定增长的同时，以精细化服务开拓市场。"，并设置文本内容的字体为微软雅黑，字号为20，文字间距为加宽6磅，段落格式为1.3倍行距、左对齐。

步骤5：在页面下方插入"水平项目符号列表"的 SmartArt 图形，输入文本内容，并调整 SmartArt 图形的大小和位置。选择 SmartArt 图形，切换到【SmartArt 设计】选项卡的【SmartArt 样式】选项，从样式列表框中选择"强烈效果"选项。制作好的"未来展望"内容页如图 5-17 所示。

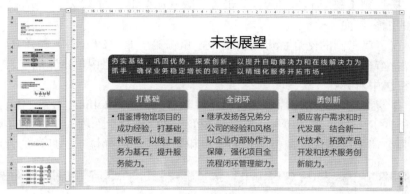

图 5-17　制作好的"未来展望"内容页

7．制作封底页

封底页是用来总结和升华主题的，可以展示感谢语、企业的愿景、联系方式等信息。封底页和封面页的版式比较相似，我们采用居中型版式进行编辑，操作步骤如下。

步骤 1：单击【新建幻灯片】选项卡中的【标题幻灯片】选项，生成第七页幻灯片。在"单击此处添加标题"的占位符中输入"做有态度的半稞人"。

步骤 2：保持标题文字的选中状态，切换到【绘图工具-形状格式】选项卡，在【艺术字样式】组中单击【艺术字】列表框中的【样式】选项，选择"填充-蓝色,着色 1,轮过-背景 1,清晰阴影-着色 1"选项，如图 5-18 所示。封底页的制作便完成了。

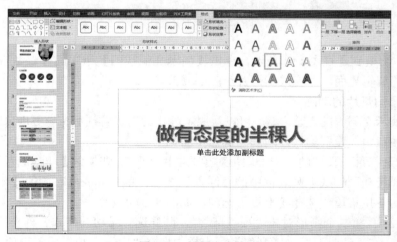

图 5-18　设置文字格式

8．保存演示文稿

单击快速访问工具栏中的【保存】按钮，并打开【另存为】对话框，以"博物馆数字服务平台项目总结汇报"为文件名，保存演示文稿。

9. 修改幻灯片母版

在完成演示文稿的初步编辑之后,为了更好地展现公司品牌,我们在演示文稿中加入企业图标,操作步骤如下。

步骤1:切换到【视图】选项卡,单击【母版视图】组中的【幻灯片母版】选项,进入幻灯片母版的编辑界面。

步骤2:在窗口左侧的幻灯片母版窗格中,单击第一张"Office 主题 幻灯片母版"缩略图中标题占位符,并切换到【开始】选项卡,在【段落】组中单击【居中对齐】选项,使标题占位符居中对齐。

步骤3:在窗口左侧的幻灯片母版窗格中,选择第一张"Office 主题 幻灯片母版"缩略图,如图5-19所示,并单击"插入"→"图像"→"图片"选项,在打开的【插入图片】对话框中选择公司图标图片。调整图片的大小和位置,使图片位于幻灯片的合适位置。

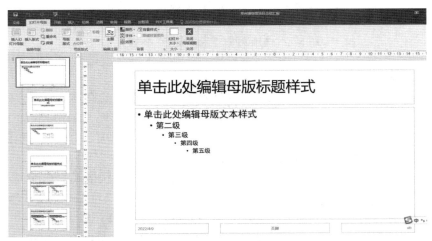

图5-19 幻灯片母版

步骤4:切换到【视图】选项卡,单击【演示文稿视图】组中的【普通视图】选项,返回幻灯片的编辑界面,即完成幻灯片母版的修改。

10. 设置幻灯片的动画

动画是演示文稿中的点睛之笔,可以让原本静止的对象鲜活起来,更形象地传递信息,吸引听众的注意力。设置幻灯片动画的操作步骤如下。

步骤1:选择目录页中的第一个图形对象"项目回顾",切换到【动画】选项卡,在【动画】组中选择【动画样式】列表框中的【浮入】选项;单击列表框右侧的【效果选项】选项,从弹出的下拉菜单中选择【上浮】选项,如图5-20所示。

步骤2:选择第二个图形对象"项目部署",同样选择【动画样式】列表的"浮入"→"上浮"选项,在【计时】组的【开始】列表框中选择"上一动画之后"选项。

步骤3:重复相同的操作,为目录页幻灯片中剩余的两个图形对象"经验总结""未来展望"添加动画,并在【计时】组的【开始】列表框中选择"上一动画之后"选项。

步骤4:单击【高级动画】组中的【动画窗格】选项,在打开的【动画窗格】任务窗格中单击【播放】选项,查看目录页幻灯片的动画效果。

第 5 章 演示文稿应用

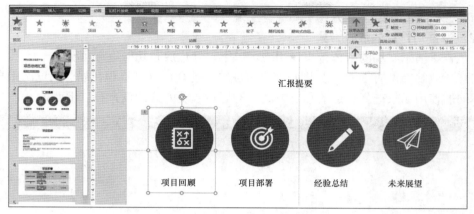

图 5-20 动画的效果选项

步骤 5：单击"项目回顾"内容页，选择正文占位符，在【动画】选项组中单击列表框，从弹出的下拉菜单中选择【更多进入效果】选项，在打开的下拉菜单中选择【更多进入效果】对话框中选择【细微】选项区中的【缩放】选项，并单击【确定】按钮。添加动画效果界面如图 5-21 所示。

步骤 6：单击"项目部署"内容页，单击其中的表格，为其添加【劈裂】动画效果。

步骤 7：单击"经验总结"内容页，为正文占位符添加【擦除】动画效果，为图表添加【放大/缩小】动画效果，效果选项为【较大】。

步骤 8：单击"未来展望"内容页，为包含文本的占位符和 SmartArt 图形添加【擦除】动画效果，效果选项为【从左侧】。

步骤 9：选择在封底页中的文字"做有态度的半稞人"，为其添加动画效果【字体颜色】。

通过以上步骤，我们完成了幻灯片中对象的动画效果设置。

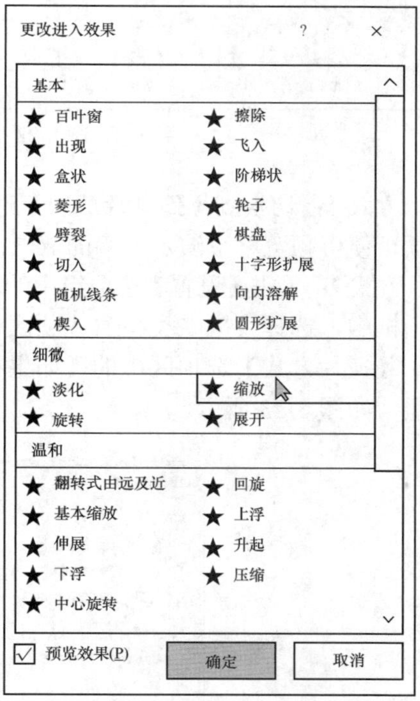

图 5-21 添加动画效果

11．设置幻灯片的切换效果

添加动画是为幻灯片页面上的对象设置动画效果，而切换效果是对幻灯片之间的换片方式进行设置。设置幻灯片的切换效果的操作步骤如下。

步骤 1：在大纲窗格中单击封面页的缩略图，在【切换】选项卡的【切换到此幻灯片】组中单击【切换方案】列表框中的【其他】选项，从弹出的下拉列表中选择【立方体】选项，如图 5-22 所示。

步骤 2：在右侧的【效果选项】下拉菜单中选择【自左侧】选项，并选择【应用到全部】选项，完成对幻灯片切换效果的设置。单击【计数】组中的【全部应用】选项，则此幻灯片的切换方式都变成了"立方体"和"自左侧"。

12. 设置幻灯片的放映方式

为了查看演示文稿的整体效果,用户可以用幻灯片放映功能进行预览。

幻灯片放映类型有 3 种,分别是演讲者放映、观众自行浏览和在展台浏览。用户可以根据不同的使用场景选择合适的预览方式。幻灯片放映方式的设置有以下两种。

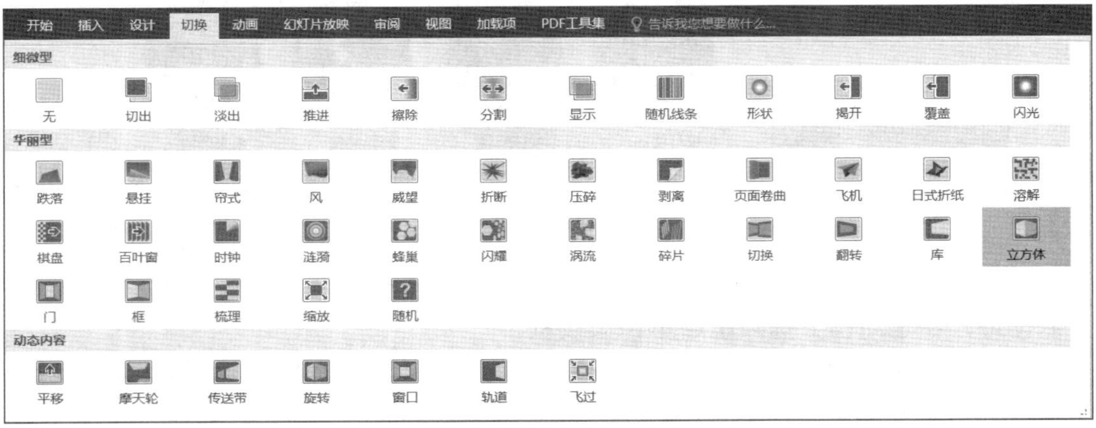

图 5-22 设置幻灯片切换效果界面

方式1:切换到【幻灯片放映】选项卡,在【开始放映幻灯片】组中单击【从头开始】选项,便可预览整个演示文稿的放映效果。

方式2:单击【设置】选项组中的【设置幻灯片放映】选项,在打开的【设置放映方式】对话框中,选择【放映类型】选项区中的【演讲者放映】、【放映幻灯片】选项区中的【全部】、【换片方式】选项区中的【如果存在排练时间,则使用它】等选项,并单击【确定】按钮,如图 5-23 所示。

图 5-23 设置放映方式

通过以上步骤,"博物馆数字服务平台项目总结汇报"演示文稿的制作便完成了。

5.2.3 拓展演示文稿的功能表现

1．插入幻灯片对象

（1）插入图片

在幻灯片中插入图片，可以使幻灯片更形象生动，也可以吸引受众的注意力。在幻灯片中插入图片的步骤如下。

步骤 1：在普通视图中单击要插入图片的幻灯片，并切换到【插入】选项卡，在【图像】组中单击【图片】选项，选择【插入图片/来自此设备……】选项，打开【插入图片】对话框。

步骤 2：选择图片文件，如图 5-24 所示。

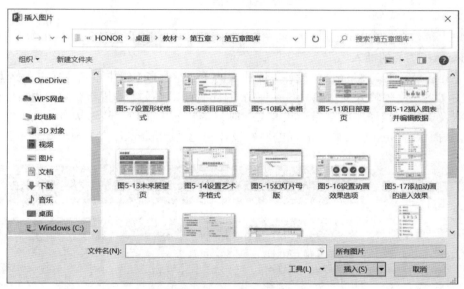

图 5-24　选择需插入的图片

步骤 3：单击【打开】按钮，即可将图片插入到幻灯片中。

如果幻灯片中有内容占位符，用户也可以单击内容占位符上的图片图标。这种方式同样可以打开【插入图片】对话框，完成图片的插入。

对于插入的图片，可以在保持图片被选中的状态下，利用【图片工具】选项对图片进行样式、大小、裁剪、颜色、排列等格式设置。

（2）插入 SmartArt 图形

创建 SmartArt 图形时，PowerPoint 提示选择一种 SmartArt 图形类型，例如流程、层次结构、循环或关系。创建 SmartArt 图形的操作步骤如下。

步骤 1：在普通视图中，选择要插入 SmartArt 图形的幻灯片，并切换到【插入】选项卡，在【插图】组中单击【SmartArt】选项，这时会打开【选择 SmartArt 图形】对话框。

步骤 2：在对话框左侧的类型栏中选择一种类型，并在对话框右侧的列表框中选择一种子类型，单击【确定】按钮，如图 5-25 所示。这样即可创建一个 SmartArt 图形。

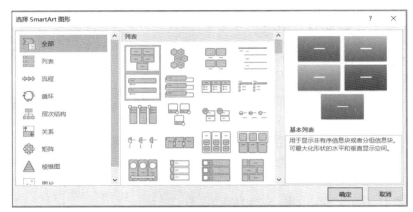

图 5-25　创建 SmartArt 图形

用户也可以在包含 SmartArt 图形占位符的幻灯片上单击【插入 SmartArt 图形】图标，完成 SmartArt 图形的插入。

在【SmartArt 工具/SmartArt 设计】选项卡的【创建图形】组中单击【文本窗格】选项，在弹出的文本窗格中输入文本信息，并使用【Tab】键调整文本的层级。用户也可以添加或删除形状及文字。当添加或删除形状及文字时，形状的排列和这些形状内的文字会进行自动调整，从而保持 SmartArt 图形布局的原始设计和边框。SmartArt 文本窗格如图 5-26 所示。

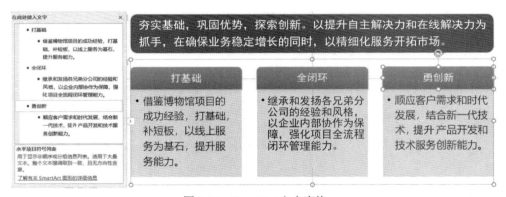

图 5-26　SmartArt 文本窗格

在【SmartArt 工具】选项卡的【设计】组中，有两个用于快速更改 SmartArt 图形外观的选项组，它们分别是【SmartArt-样式】和【更改颜色】。当鼠标指针停留在其中任意一个选项组的缩略图上时，用户不需要实际应用便可以看到相应 SmartArt 样式或颜色变体对 SmartArt 图形的应用效果。

（3）插入表格

在幻灯片中插入表格的步骤如下。

步骤1：在普通视图中选择要插入表格的幻灯片，并切换到【插入】选项卡，在【表格】组中单击【表格】选项。在打开的【插入表格】对话框中，输入表格的行数和列数，并单击【确定】按钮，即可在幻灯片中插入表格。

用户也可以在包含表格占位符的幻灯片上单击【插入表格】图标，完成插入表格。

步骤 2：保持表格的选中状态，在【表格工具】选项卡的【设计】中设置表格样式、表格边框等格式；在【布局】选项卡中对表格进行插入行/列、删除行/列、合并、拆分、设置表格大小、对齐等操作。【设计】和【布局】选项卡如图 5-27 和图 5-28 所示。

图 5-27 【设计】选项卡

图 5-28 【布局】选项卡

（4）插入图表

使用图表来展示数据信息，可以使数据更容易理解，更高效地传递演示文稿的主题。向幻灯片中插入图表的操作步骤如下。

步骤 1：在普通视图中选择要插入图表的幻灯片，并切换到【插入】选项卡，在【插图】组中单击【图表】选项。这时会打开【插入图表】对话框，如图 5-29 所示。

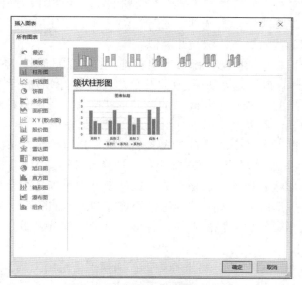

图 5-29 【插入图表】对话框

步骤 2：在对话框左侧列表框中选择图表类型，在对话框右侧列表框中选择一种子类型，并单击【确定】按钮，即可在幻灯片中插入图表。

步骤 3：与此同时打开的还有【Microsoft PowerPoint 中的图表】窗口，其中有示例数据。用户直接在该窗口中输入数据，幻灯片中的图表会随之自动更新，如图 5-30 所示。

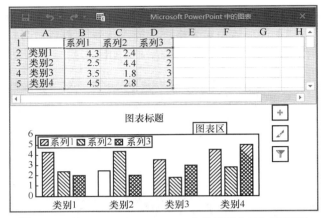

图 5-30 【Microsoft PowerPoint 中的图表】窗口和图表

步骤 4：完成数据输入并关闭窗口，即可完成图表数据的编辑。

步骤 5：保持图表的选中状态，在【图表工具/图表设计】选项卡中对图表进行布局、应用图表样式、更改图表颜色、更改图表类型、编辑数据等操作，在【图表工具/格式】选项卡中设置图表对象和形状格式的设置。

用户也可以在包含图表占位符的幻灯片上单击【插入图表】图标，在幻灯片上插入图表。

（5）插入形状

在幻灯片中插入图形的操作步骤如下。

新建空白版式幻灯片，并切换到【插入】选项卡，在【插图】组中单击【形状】选项，从弹出的下拉列表中选择【矩形】选项。这时在幻灯片上按住鼠标左键并拖拽，即可绘制一个矩形。绘制其他形状的操作方法与此类似。

如果要绘制一个正方形或圆形，那么在执行拖拽操作的同时按【Shift】键。

利用 PowerPoint 的布尔运算功能，用户可以方便地对图形进行"改造"。PowerPoint 的布尔运算功能其实指的是 PowerPoint 中的合并形状操作，其中包括结合、组合、拆分、相交、剪除，这 5 种操作可以对图形进行组合来产生新的图形。

结合：将两个及以上的多个形状合并成一个形状。具体操作方法如下。

按住【Ctrl】键，先选择圆形，再选择矩形；切换到【绘图工具】选项卡，在【插入形状】组中单击【合并形状】选项，在弹出的下拉列表框中单击【结合】选项，即可完成形状的结合。注意，最后形成的新图形的颜色和先选择的图形的颜色一致。

组合：多个形状相交的部分将被删除，各形状剩余的部分将组合成为一个形状。具体操作方法如下。

按住【Ctrl】键，先选择圆形，再选择矩形；切换到【绘图工具】选项卡，在【插入形状】组中单击【合并形状】选项，在弹出的下拉列表框中单击【组合】选项，即可完成图形的组合。注意，最后形成的新图形的颜色和先选择的图形的颜色一致。

组合也是将两个以上的元素合并成一个形状，但它和结合之间的区别在于它把形状之间重合的部分删除了。

拆分：将两个及以上的形状沿着相交的部分拆开，使形状各部分变成单独的形状。具体操作方法如下。

按住【Ctrl】键，先选择圆形，再选择矩形；切换到【绘图工具】选项卡，在【插入形状】组中单击【合并形状】选项，在弹出的下拉列表框中单击【拆分】选项，即可完成图形的拆分。注意，最后形成的新图形的颜色和先选择的图形的颜色一致。

相交：保留两个形状相交的部分，删除不相交的部分。这类似于数学中的交集，两个及以上的集合进行相交，保留重合的部分。具体操作方法如下。

按住【Ctrl】键，先选择圆形，再选择矩形；切换到【绘图工具】选项卡，在【插入形状】组中单击【合并形状】选项，在弹出的下拉列表框中单击【相交】选项，即可完成图形的相交。注意，最后形成的新图形的颜色和先选择的图形的颜色一致。

剪除：在其中一个形状中减去它与另一个形状重合的部分。

按住【Ctrl】键，先选择圆形，再选择矩形；切换到【绘图工具】选项卡，在【插入形状】组中单击【合并形状】选项，在弹出的下拉列表框中单击【相交】选项，即可完成图形的相交。注意，最后形成的新图形的颜色和先选择的图形的颜色一致。布尔运算示例如图 5-31 所示。

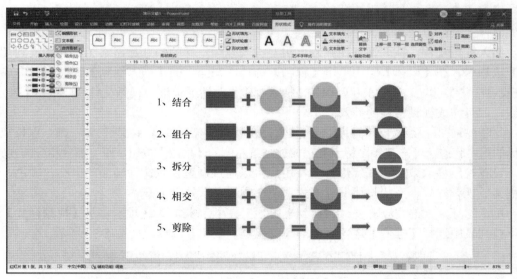

图 5-31　布尔运算示例

用户通过布尔运算和基本图形可以合并成任何形状。

（6）插入音频文件

PowerPoint 支持的音频文件格式包括 MP3、WAV、WMA 等，在幻灯片中插入音频文件的操作方法如下。

在普通视图下，单击要插入音频文件的幻灯片缩略图，并切换到【插入】选项卡，在【媒体】组中单击【音频】选项，从弹出的下拉框中选择【PC 上的音频】选项。在打开的【插入音频】对话框中选择音频文件，单击【确定】按钮，便可以将音频插入到幻灯片中。当前幻灯片中会显示声音图标，如图 5-32 所示。

音频默认的播放方式为单击声音图标播放。保持声音图标的选中状态，切换到【音频工具/播放】选项卡，在【音频选项】组中可以对音频文件的播放属性进行设置，其中包括开始方式、跨幻灯片播放、放映时隐藏、播放完返回开头、音量等。

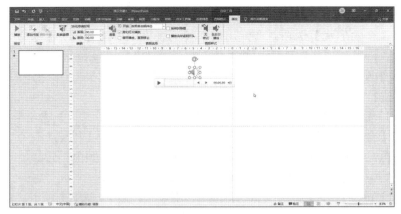

图 5-32 幻灯片中插入的音频文件

（7）插入视频文件

PowerPoint 支持的视频文件格式包括 AVI、MPG/MPEG、WMV 等。在幻灯片中插入视频文件的操作方法如下。

插入视频文件。在普通视图下，单击要插入视频文件的幻灯片缩略图，并切换到【插入】选项卡，在【媒体】组中单击【视频】选项，在弹出的【插入视频】下拉列表中选择【此设备……】选项。接下来从弹出的【插入视频】对话框中选择视频文件，并单击【确定】按钮，即可完成视频文件的插入。

此时视频图标显示在幻灯片的居中位置，在默认情况下只显示视频的第一帧。保持视频图标的选中状态，单击视频图标下方播放控制条左侧的【播放】按钮，即可播放相应的视频。

设置视频播放效果。在幻灯片中，用户可以通过调整视频文件画面的大小、颜色、海报框架、视频样式、形状与边框等格式，使视频的显示效果更好。

单击幻灯片上的视频文件，切换到【视频工具/视频格式】选项卡，从【视频样式】组的下拉列表中选择【强烈】选项区中的【监视器，灰色】选项，如图 5-33 所示。

图 5-33 设置视频的显示效果

设置视频文件的播放属性。PowerPoint 支持对视频进行剪裁操作方法如下。选择视频文件，切换到【视频工具/播放】选项卡，在【编辑】组中单击【剪辑视频】选项。在打开的【剪裁视频】对话框中向右拖动绿色滑块,设置视频的开始播放时间,向左拖动滑块,设置视频的结束播放时间。用户也可以直接在【开始时间】【结束时间】文本框中输入具体的开始时间和结束时间。设置完成后,单击【确定】按钮,即可完成视频的剪裁。【剪裁视频】对话框如图 5-34 所示。

设置视频的淡入和淡出时间,让视频能够在播放时自然地出现和结束,不至于太突兀,具体操作方法如下。选择视频文件,切换到【视频工具/播放】选项卡,在【编辑】组中输入淡入时间和淡出时间,即可完成视频的淡入淡出设置。

(8) 插入超链接

超链接是指向特定位置或文件的一种链接方式,在演示文稿中可以改变幻灯片的播放顺序。超链接只

图 5-34　【剪裁视频】对话框

有在幻灯片处于放映状态下才能被激活,在编辑状态下则无效。在放映状态下,超链接文本会显示下划线,其颜色为指定的颜色。当鼠标指针移至超链接时,鼠标指针会变成一个"手"的形状。单击超链接转到其他位置后,超链接文本的颜色会被改变,因此,超链接是否被访问过可以通过颜色的变化来分辨。

插入超链接。无论添加超链接的对象是文字还是图片,首选需要将对象选中。在"数字博物馆项目总结汇报"演示文稿中,选择目录页中的"项目回顾"文本对象,并切换到【插入】选项卡【链接】组中的【链接】选项,打开"插入超链接"对话框,如图 5-35 所示。

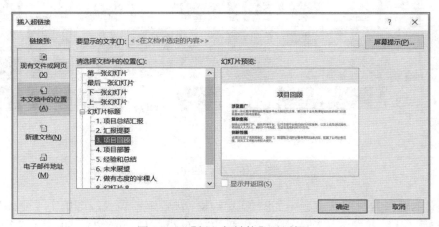

图 5-35　【插入超链接】对话框

【插入超链接】对话框的左侧【链接到】中设置了以下 4 种链接类型。

现有文件或网页:这是默认选项,单击后在对话框的右侧会出现当前文件夹、浏览过的网页、近期使用过的文件等选项。用户也可以在【地址】文本框中直接输入网址。

本文档中的位置:单击本选项后,在对话框的右侧会出现当前演示文稿的所有幻灯片。

我们选择"3.项目回顾",将"项目回顾"内容页链接到目录页的"项目回顾"文本对象上。

我们重复这一操作,将"完成情况""经验总结""未来展望"等内容页分别链接到目录页中对应的文本对象上。

新建文档:单击该选项,在对话框右侧的"新建文档名称"中输入文档名称,该文档所在的位置会显示在"完整路径"中。用户也可以单击【更改】按钮来对文档保存路径进行更改。

电子邮件地址:单击该选项,在对话框右侧【电子邮件地址】栏中输入地址,即可超链接到电子邮件。

若要删除超链接,单击选择添加了超链接的对象,并单击鼠标右键,在弹出的快捷菜单中选择【删除链接】选项即可。

2. 设计幻灯片外观

幻灯片的外观设计是美化演示文稿的重要方式。用户可以使用【设计】选项卡的主题以及自定义格式设置幻灯片外观。

(1)使用主题

主题有以下两种。

默认的主题。在当前打开的演示文稿中切换至【设计】选项卡,单击【主题】组的主题进行选择(如【平面】选项),即可为所有幻灯片应用相应主题,如图 5-36 所示。

图 5-36 默认的主题

自定义主题。若对默认主题中的颜色、字体、背景等不满意,可单击【变体】组中的【颜色】选项,从展开的下拉列表中选择需要的颜色(如"蓝绿色"),即可将所有幻灯片应用为所选颜色的平面主题。如果需要自定义主题颜色,则可以选择【自定义颜色】选项,在打开的【新建主题颜色】对话框中的【主题颜色】下单击要更改主题颜色的元素所对应的选项,选择所需颜色,并在【名称】文本框中输入名称,单击【保存】按钮,如图 5-37 所示。接下来单击【变体】组的【字体】选项,从展开的下拉列表中选择需要的字体样式;单击【变体】组的【效果】选项,从展开的下拉列表中选择需要的效果样式。设置完成后,单击【主题】列表框中的【保存当前主题】选项，在打开的【保存当前主题】对话框中输入主题名并单击【保存】按钮，便可以在【主题】列表框中看到自定义的主题。

（2）设置幻灯片背景格式

设置幻灯片背景格式有以下两种方法。

第一种方法是应用模板背景。单击要添加背景样式的幻灯片，并切换到【设计】选项卡的【变体】组，单击选项组右侧的选项，从弹出的下拉列表框中选择【背景样式】，在随后出现的背景样式列表中选择一种合适的背景样式。

第二种方法是在【设计】选项卡的【自定义】组中单击【设置背景格式】选项，从打开的【设置背景格式】对话框中进行相关的设置。

如果要将幻灯片背景清除，则可以选择【背景样式】下拉菜单中的【重置背景】选项，在图 5-38 所示的【设置背景格式】对话框中进行设置。

图 5-37　【新建主题颜色】对话框

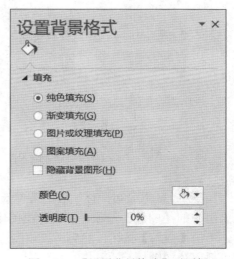

图 5-38　【设置背景格式】对话框

（3）使用母版

母版是演示文稿的主题架构，包含了字体样式、版式、背景设计、配色方案等内容，让幻灯片拥有统一的风格。母版也是模板的一部分，可以为用户减少很多重复性的工作，让用户提高工作效率。

母版可以帮助用户批量更改幻灯片中的页面元素，这种更改是全局性的，所以母版一般被用来添加幻灯片的附加信息，如公司图标、版权、日期等；设计幻灯片的界面，如添加图片、统一字体等；设置幻灯片的导航，如导航栏、链接等。

一般情况下，一份演示文稿包括 3 种类型的母版，它们分别是讲义母版、备注母版和幻灯片母版。讲义母版及备注母版主要是在打印讲义与备忘稿时使用，而与用户相关的只有幻灯片母版。一套完整的演示文稿包括标题幻灯片和普通幻灯片，因此，幻灯片母版包括相应的标题幻灯片母版和普通幻灯片母版两类。

使用母版的操作步骤如下。

步骤 1：进入母版视图。切换到【视图】选项卡，单击【母版视图】选项组中的【幻灯片母版】选项，进入母版的编辑状态，如图 5-39 所示。第一张幻灯片"Office 主题幻灯片母版"上的修改会应用于所有的幻灯片中，第二张幻灯片标题幻灯片上的修改只会应用于使用该版式的幻灯片中。

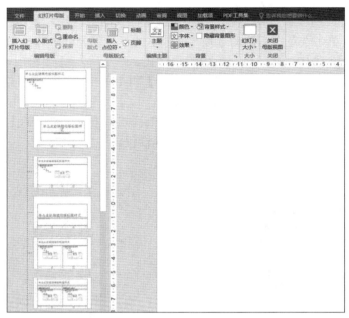

图 5-39 【幻灯片母版】界面

步骤 2：插入公司图标。单击第一张幻灯片母版，先切换到【插入】选项卡，单击【图像】组中的【图片】选项，并在弹出的【插入图片】对话框中找到"半稞 LOGO.png"图片，单击【插入】按钮；然后调整该图片的大小和位置；最后单击【关闭母版视图】按钮，即可插入公司图标。

步骤 3：设置幻灯片的背景。保持第一张幻灯片的选中状态，首先单击【幻灯片母版】选项卡【背景】组中的【背景样式】选项，从弹出的【设置背景格式】窗口中选择"填充"→"图片或纹理填充"选项；然后单击【插入】按钮，在弹出的【插入图片】对话框中选择需要作为背景的图片；最后单击【打开】按钮，回到【设置背景格式】窗口后单击【关闭】按钮，便可以将该图片设置应用于所有幻灯片中。

在【背景】选项组中，用户还可以对幻灯片母版的颜色、字体、效果等参数进行修改。

步骤 4：插入占位符。这是在幻灯片母版中非常常用的一个功能。占位符的位置非常显眼，可以添加文字、图片、图表等内容。在幻灯片母版视图下，在左侧幻灯片缩略图之间的空白处单击鼠标右键，在弹出的快捷菜单中选择【插入版式】选项，这时会插入一张新的幻灯片版式。单击在【母版版式】组中的【插入占位符】选项，在弹出的下拉框中选择【图片】选项，接着按住鼠标左键并拖动鼠标，在幻灯片上分别画出 3 个图片占位符，并调整它们的位置和大小。单击【编辑母版】组中的【重命名】选项，在弹出的对话框中版式名称处输入"图片"，并单击【重命名】按钮。得到的幻灯片母版"图片"版式如图 5-40 所示。

第 5 章　演示文稿应用

图 5-40　幻灯片母版"图片"版式

在普通视图下新建幻灯片时，选择"图片"版式就会创建一张包含 3 个图片占位符的幻灯片，如图 5-41 所示。单击图标就可以直接添加图片，大小样式完全相同，这种方式省去了逐个排版的麻烦。

图 5-41　新建"图片"版式幻灯片

3．设置动画

对于辅助演讲型演示文稿来说，用户需要重点考虑演示文稿与演讲的配合，将演讲内容有序展现给观众，让观众明白信息之间的内在联系和次序，使他们按照展示的顺序来理解信息。由此可知，设置动画的主要目的是确保演讲与演示文稿的内容同步。

PowerPoint 提供了多种动画方案，能够让原本静止的演示文稿变得生动起来。我们以"博物馆数字服务平台项目汇报"演示文稿中的第二张幻灯片的动画设置为例，介绍动画的设置。

（1）动画类型

在【动画】选项卡的【动画】组中单击【其他】选项后，我们可以看到展开的动画列表框，如图 5-42 所示。

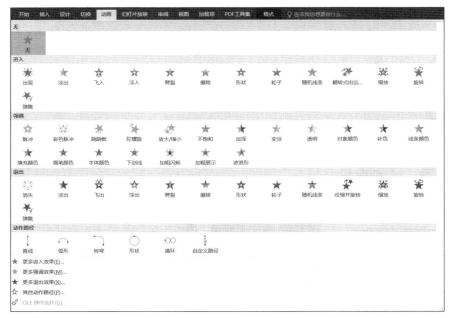

图 5-42 动画列表框

在动画库中，PowerPoint 预设了 4 种动画类型，分别是进入、强调、退出和动作路径。各种类型的含义如下。

进入：幻灯片在放映时，幻灯片中的文本、图片、图形等对象是直接显示在幻灯片中的。如果给对象设置了进入动画，则对象先被隐藏，然后按照动画效果显示在幻灯片上。

强调：强调是对已经显示在幻灯片中的对象所设置的动画效果。幻灯片中的对象在显示后，根据所设置的参数进行缩放、改变颜色、改变大小、变化透明度等动作，以吸引读者的注意力。

退出：如果不对幻灯片中的对象设置退出动画，则在切换幻灯片时，其中的对象会直接消失。在设置了退出动画后，对象将按照设定的动画效果从幻灯片上消失。

动作路径：用户有时希望对象按照所定义的路径进行运动，可以给对象设置动作路径。动作路径可以是直线、曲线，动作路径的两个端点分别作为动画的起点和终点。

（2）创建动画

创建动画的操作步骤如下。

步骤 1：选中对象。在普通视图中单击第二张幻灯片，选择要添加动画的"汇报提要"文本。

步骤 2：添加动画。切换到【动画】选项卡，在【动画】组中的动画列表框中选择【擦除】选项，即可快速地创建动画。

如果对选项组中的动画效果不满意，则可以选择【更多进入效果】选项，在打开的【更多进入效果】对话框中进行选择，并单击【确定】按钮，即可完成设置。

步骤 3：设置效果选项。选择需要设置动画效果的对象（这里选择"汇报提要"文本），单击【动画】组右边的【效果选项】选项，从弹出的下拉列表中选择【自左侧】选项，如图 5-43 所示。

步骤4：设置动画开始方式。为对象设置动画后，在幻灯片放映过程中，单击时幻灯片会播放动画。要改变动画的启动方式，可以先选择要调整动画效果的对象，然后在【动画】选项卡的【计时】组中单击【开始】右侧下拉按钮，在随后出现的下拉列表框中选择开始方式即可，如图5-44所示。

步骤5：设置动画持续时间。所谓的动画持续时间，是指在幻灯片放映过程中，从开始播放动画到结束动画播放的时间。用户可以在【计时】组中进行设置。

步骤6：设置动画延迟时间。动画延迟时间是指启动了动画【开始】命令之后，动画的持续时间，默认情况下此时间为"0"。同样地，用户也可以在【计时】组进行修改。

步骤7：对动画进行排序。一张幻灯片中多个对象设置了动画效果后，我们可以看到幻灯片中每个对象左上侧会有一个动画编号，该编号表明了动画播放的先后顺序。如果需要调整动画的顺序，则可以在【动画】选项卡的【高级动画】选项组中，单击【动画窗格】选项，在打开【动画窗格】任务窗格中选择要调整顺序的动画，并单击动画窗格上方的【向前移动】或【向后移动】选项或者直接将其拖动到目标位置。

图5-43 【效果选项】下拉列表

图5-44 修改动画效果开始方式

（3）删除动画效果

用户在删除动画时，可以先选择要删除动画的对象，然后在【动画】组的【动画样式】列表框中选择【无】选项；也可以在打开【动画窗格】任务窗格后，在列表区域要删除的动画上单击鼠标右键，从弹出的快捷菜单中选择【删除】选项。【动画窗格】如图5-45所示。

（4）修改动画效果选项

单击"汇报提要"占位符，在【动画】选项卡的【动画】组中单击命令对话框启动器按钮，这时会打开当前对象的动画效果对话框。我们想为"汇报提要"设置的动画效果是"擦除"，因此打开【擦除】对话框进行设置，如图5-46所示。

图5-45 【动画窗格】　　　　　图5-46 【擦除】对话框

4. 设置幻灯片的切换效果

幻灯片的切换效果是指在一张幻灯片放映结束后、下一张幻灯片出现之前，这两张连续的幻灯片之间的过渡效果。设置幻灯片切换效果的操作步骤如下。

在普通视图中，单击要设置切换效果的幻灯片缩略图，并切换到【切换】选项卡，在其中选择一种幻灯片切换效果，如图 5-47 所示。

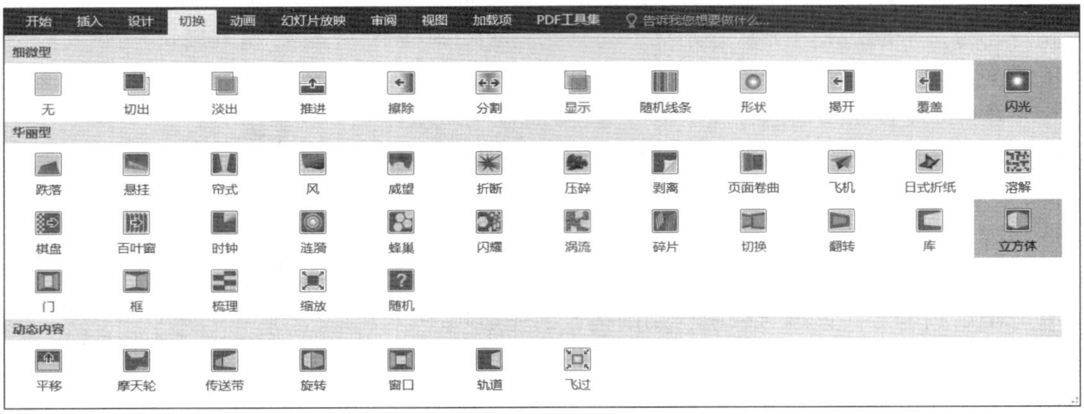

图 5-47　【切换】选项卡

设置效果选项。单击【切换到此幻灯片】组的右侧【效果选项】选项，在打开的下拉列表中选择【自左侧】选项，在【计时】组中设置声音、持续时间、以及换片方式。单击【应用到全部】选项，便可将切换效果应用到整个演示文稿。

5. 幻灯片放映

演示文稿制作完成后通过屏幕进行展示，这个过程在 PowerPoint 中被称为幻灯片放映。幻灯片的放映设置包括控制幻灯片的放映方式、设置放映时间等。

要放映幻灯片，先切换到【幻灯片放映】选项卡，然后单击【开始放映幻灯片】组的【从头开始】选项，或者直接按【F5】键，则幻灯片会从头开始放映；单击【从当前幻灯片开始】选项，或者按快捷键【Shift+F5】，则幻灯片会从当前幻灯片开始放映。

在幻灯片的放映过程中，通过快捷键【Ctrl+H】和【Ctrl+A】能够实现隐藏和显示鼠标指针的操作。放映时可以通过单击、按【Enter】键，或者单击鼠标右键并选择【下一张】选项来向下翻页。如果要返回到上一页幻灯片，则可以按【P】键，或者单击鼠标右键并选择【上一张】选项来进行操作。如果需要切换到指定的某一张幻灯片，可以单击鼠标右键并从弹出的快捷菜单中选择【定位至幻灯片】选项，然后从弹出下一级菜单中选择目标幻灯片。

用户可以通过按【Esc】键、单击鼠标右键并从快捷菜单中选择【结束放映】选项来结束幻灯片的放映。

默认的放映方式是演讲者手动放映演示文稿，用户可以根据需要创建自动播放演示文稿。设置幻灯片放映方式的操作方法如图 5-48 所示。

切换到【幻灯片放映】选项卡，单击【设置】组的【设置幻灯片放映】选项，这时会打开图 5-48 的【设置放映方式】对话框。

图 5-48 【设置放映方式】对话框

在【放映类型】选项区中选择合适的放映类型；在【放映幻灯片】选项区中设置要放映的幻灯片；在【放映选项】选项区中根据需要进行勾选相关选项；在【推进幻灯片】选项区中指定幻灯片的切换方式。当这些全部设置完成后，单击【确定】按钮。

6．演示文稿的打印

演示文稿在制作完成后，用户可以根据需要将演示文稿打印为不同的形式，如幻灯片、备注、大纲视图等，并且设置打印页面格式。

打印演示文稿的操作方法如下。

切换到【文件】选项卡，选择【打印】选项，界面右侧可以预览幻灯片的打印效果。如果要预览其他幻灯片，则单击下方的【下一页】按钮。

用户可以在【份数】微调框中指定打印份数，在【设置】栏中指定演示文稿的打印范围，如图 5-49 所示。

用户可以在【打印版式】列表框中确定打印的内容，如整张幻灯片、备注页、大纲、讲义等，如图 5-50 所示。全部设置完成后，单击【打印】按钮，即可开始打印演示文稿。

图 5-49 【打印】界面

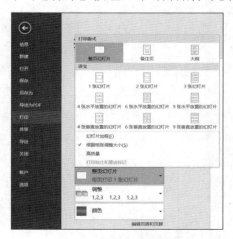

图 5-50 设置打印版式

7. 将演示文稿输出为指定类型的文件

将演示文稿保存为 PDF/XPS 文件的操作方法如下。

切换到【文件】选项卡，选择"导出"→"创建 PDF/XPS 文档"选项，单击右侧栏中的【创建 PDF/XPS】选项，即可打开【发布为 PDF 或 XPS】的对话框。在该对话框中输入文件名，选择文件类型为"PDF"或"XPS 文档"，并单击【发布】按钮，即可将文件保存成目标类型。

将演示文稿创建为视频的操作方法如下。

切换到【文件】选项卡，选择"导出"→"创建视频"选项，在右侧栏中选择相应的参数后单击【创建视频】选项，并在弹出的【另存为】对话框中确定好文件名和保存的位置，单击【保存】按钮，即可将演示文稿转换成视频格式文件。

习题与思考

1．演示文稿被保存后，其默认的文件扩展名是_____。

2．PowerPoint 中"视图"这一名词表示_____。

   A．一种图形   B．编辑演示文稿的方式

   C．显示幻灯片的方式   D．一张正在修改的幻灯片

3．请读者自由制作一个介绍自己所学专业的演示文稿，演示文稿的结构包括封面页、目录页、内容页和封底页。要求文字内容的逻辑层次明确、配图合适，动画和切换方式能契合演讲内容；演示文稿的整体效果风格统一、色彩协调、美观大方，能很好地展示具体内容。

第 6 章

信息安全

本章导学

◆ 内容提要

本章对信息安全进行简要介绍，涵盖信息安全概念和主要技术。本章先介绍信息安全的基础知识，如信息安全的概念和属性；然后介绍信息安全技术，如信息加密技术、病毒检测与防范技术。

◆ 学习目标

1. 了解信息安全的基础知识，了解信息安全问题及其产生原因，理解信息安全的属性。
2. 了解信息加密机制的应用，掌握 DES、RSA 等加密技术。
3. 掌握计算机病毒技术，以及计算机病毒的检测与防范方法。

6.1 信息安全概述

1. 信息安全的定义

在现实生活中，你可能会经常遇到这种情况：推销人员让我们填写姓名、手机号、地址等个人信息，或者扫码关注某个微信公众号，然后送一个小礼品。其实，这个小礼品并不是免费的，而是用个人信息交换的。信息是有价值的，因此需要对信息进行保护，这就涉及信息安全，不同机构对信息安全的定义是不同的。

ISO 对信息安全的定义是为数据处理系统建立和采用的技术、管理上的安全保护，旨在保护计算机硬件、软件、数据不因偶然事件或恶意攻击而遭到破坏。

信息安全国家重点实验室给出的定义是：信息安全涉及信息的机密性、完整性、可用性、可控性。综合来说，信息安全就是要保证电子信息的有效性。

在不发生歧义的时候，人们常常将计算机信息安全称为信息安全。结合计算机信息的存在形式和运行特点，信息安全可以包括操作系统安全、数据库安全、网络安全、病毒防护、访问控制、加密与鉴别等方面。

2. 信息安全

造成信息安全问题的因素有很多，比如技术故障、病毒、系统漏洞、黑客攻击等。从根源上来说，这些因素可以归纳为内因和外因两个方面。

内因方面主要体现在信息系统的复杂性上，这让系统漏洞不可避免地存在。也就是说，漏洞是客观存在的。这些复杂性包括过程复杂性、结构复杂性和应用复杂性。

外因方面主要包含环境因素和人为因素。从环境因素来看，地震、洪涝等自然灾害和极端天气容易引发信息安全问题。从人为因素来看，员工的误操作或者来自黑客、恐怖分子、竞争对手等的外部攻击都会造成信息安全问题。

信息安全可以划分为狭义和广义两层概念。狭义的信息安全是建立在以信息技术为基础的安全范畴上，是信息安全应用技术，有时也称为计算机安全或网络安全。计算机不仅包括家用的计算机终端，还包括具有处理器和存储器的设备，这类设备可以是未联网的独立设备（如计算机），也可以是智能手机、平板电脑等联网的移动设备。很多大型组织机构配备了信息安全专家，由他们专门负责保护组织机构内的信息系统及相关设备，使它们免受恶意攻击。

广义的信息安全是跨学科领域的安全问题。安全的根本目的是保证组织机构的业务可以得到可持续性运行，确保利益相关者的生命和财产的安全。与业务可持续性运行相关的不仅包括信息技术，还包括生产、财务、人力、行政、供应链等因素。信息安全应该建立在信息系统整个生命周期中所关联的人、事、物的基础上，它不是仅局限于某一个领域，而是涉及一个整体，需要综合考虑人、技术、管理、过程控制等因素。

3. 信息安全属性

在信息安全等级保护工作中，信息系统的安全等级根据信息系统的保密性、完整性、可用性进行划分。此外，信息安全还有其他属性，如真实性、可问责性、不可否认性和可靠性。

（1）保密性

保密性也称机密性，是指对信息资源开放范围的控制，只有授权用户可以获取信息，以确保信息不被非授权的个人、组织和计算机程序访问。保密性保护涉及信息系统的使用问题，这是因为信息存储于信息系统中。如果信息系统的使用无法得到有效控制，那么存储在系统中的信息的保密性就无法得到保证。

（2）完整性

完整性指信息在传输的过程中，不被非法授权修改和破坏，保证一致性。任何未经许可的对系统中的信息进行插入、篡改、伪造等操作都会破坏信息系统完整性，这些操作可能导致服务器/终端死机甚至更严重的后果。对于完整性的保护，需要先考虑的问题是什么样的信息数据是可能被攻击者篡改的，这就涉及保护对象。有些信息是需要进行保护的，我们要先分析这些信息被篡改后所产生的影响是直接导致信息系统无法运转、组织机构声誉受到影响，还是只影响个人，然后在这个基础上对信息进行安全管控，设置信息的访问权限，明确哪些用户可以对数据进行什么类型的操作，并对操作的行为和后果进行记录。

（3）可用性

可用性指保证合法用户对信息和资源的使用不会被不正当地拒绝。为了确保数据随时可用，信息系统必须能够正常运行，不能拒绝服务。增强的可用性还包括时效性，并且能够避免自然灾害和人为破坏所导致的系统失效。

要保护可用性，要先确保系统本身随时都能提供相应的功能和服务，这是因为承载着信息的系统若不能提供应有的功能，则用户是无法访问信息的。在实际应用中，可用性保护除了保证信息系统本身是可用的，还要考虑如果某种特殊原因（此原因是不可抗力因素）导致系统无法使用时的应对措施，例如是通过备份来确保数据不丢失，还是通过制订流程，使用手工模式来保障业务持续运行。

（4）其他属性

在信息安全中，除了上述属性外，还有以下属性。

真实性：可理解为对信息的来源进行判断，能对伪造来源的信息进行鉴别。

可问责性：问责意味着承认和承担行动、产品、决策和政策的相关责任，可被理解为相关人员对其行为所产生的后果负责。

不可否认性：证明要求保护的事件或动作及其发起的行为。在法律上，不可否认意味着交易的一方不能否认已经接受的交易，另一方也不能否认已经发送的交易，以确保交易的有效性和公平性。

可靠性：指信息系统能否在规定条件和规定时间内完成规定功能的特性。

6.2 信息安全技术策略

6.2.1 信息加密技术

1. 信息加密技术概述

信息加密技术是一种通过数学或物理方法对信息在传输过程中和存储体内进行保护，以防止出现信息泄露的技术。

密码学是一门古老而深奥的学科。对于一般人来说，它是陌生的，因为长期以来，它仅限于军事、外交、情报等领域使用。计算机密码学是研究计算机信息加密、解密及其变换的科学，是数学、计算机、电子、通信、网络等领域的交叉学科。随着计算机网络和计算机通信技术的发展，计算机密码学受到越来越多的重视，并得到了迅速普及和发展，成为构建安全信息系统的核心。

密码是实现秘密通信的主要手段，能够将语言、文字、图像用特殊符号表示。计算机通信采用密码技术将信息隐蔽起来，并将隐蔽后的信息传输出去，使得信息在传输过程中即使被窃取或截获，窃取者也不能了解信息的内容，从而保证信息传输的安全。

数据加密系统包括加密算法、明文、密文以及密钥。通信的参与方包括信息的发送方和接收方，潜在的密码分析方是双方通信中既非发送方又非接收方的实体，它会试图通过各种方式攻击发送方和接收方之间的安全服务，从而获取或篡改传输的信息。发送方要传递信息（明文）给接收方，就要事先和接收方约定好"方法"，用加密密钥加密信息；接收方接收到加密的消息（密文）后，使用解密密钥将密文解密成明文。如果传输中有人窃取了信息，那么他只能得到无法理解的密文，典型的密码通信过程如图 6-1 所示。

明文：不需要任何解密工具就可以读懂的原始信息，是待加密的信息。

密文：明文经过加密后的信息。

加密：将明文转换为密文的过程。

解密：将密文解密为明文的过程。

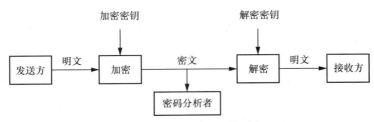

图 6-1　典型的密码通信过程

加密算法：指加密或解密过程中使用的信息转变规则。对明文进行加密时采取的规则称为加密算法，对密文进行解密时采取的规则称为解密算法，一般加密算法和解密算法的操作过程是在一组密钥的控制下进行的。

密钥：指将明文转换为密文或将密文转换为明文的算法中输入的参数。

加密算法有很多种，我们主要介绍数据加密标准（DES，Data Encryption Standard）算法，以及由 Ron Rivest、Adi Shamirh 和 Len Adleman 提出的 RSA 算法（RSA 取自他们姓氏首字母）。

2．DES 算法

DES 算法是一种对称加密算法。对称加密算法对信息的加密和解密使用的是相同的密钥，其特点是简单、计算量小、加密速度快、效率高。

DES 算法采用同样的密钥来实现加密运算、解密运算。信息的发送方和接收方在进行信息的传输与处理时，必须共同持有该密码，以确保双方信息的安全性和有效性。

（1）DES 算法的原理

DES 算法的入口参数有 3 个：Key、Data、Mode，其中，Key 表示 DES 算法的工作密钥，其长度为 64 bit；Data 表示要被加密或被解密的数据，其长度为 64 bit；Mode 是 DES 算法的工作方式，有加密和解密两种。

DES 算法的原理如下。若 Mode 为加密，则用 Key 对数据 Data 进行加密，生成数据 Data 的密文形式（64 bit），也就是 DES 算法的输出结果；若 Mode 为解密，则用 Key 对加密后的数据 Data 进行解密，Data 的明文形式（64 bit）就是 DES 算法的输出结果。

在通信网络的两端，通信双方约定一致的 Key，发送端用 Key 对核心数据进行加密，然后以密文形式在信道中进行传输；接收端用同样的 Key 对密文数据进行解密，获得明文形式的数据。DES 算法保证了数据在通信传输过程中的安全性和可靠性。

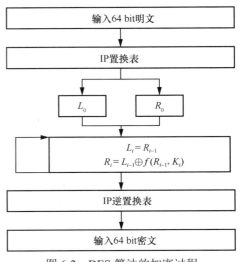

图 6-2　DES 算法的加密过程

（2）DES 算法的实现步骤

DES 算法的加密过程如图 6-2 所示。

DES 算法实现的步骤如下。

步骤1：初始置换，即对给定的64 bit的明文 x 通过IP置换表来重新排列 x 中各比特的顺序，构造出64 bit 的 x_0。IP置换表的规则如式（1）所式。

$$x_0 = \text{IP}(x) = L_0R_0 \tag{1}$$

其中，L_0 表示 x_0 的前32 bit数据，R_0 表示 x_0 的后32 bit数据。

表6-1的置换过程是将输入的64 bit明文中的第58个比特换到第一个比特，第50个比特换到第2个比特，依次类推，最后1个比特是原来的第7个比特。

表6-1 IP置换表

58	50	12	34	26	18	10	2	60	52	44	36	28	20	12	4
62	54	46	38	30	22	14	6	64	56	48	40	32	24	16	8
57	49	41	33	25	17	9	1	59	51	43	35	27	19	11	3
61	53	45	37	29	21	13	5	63	55	47	39	31	23	15	7

注：数字表示比特序号。

步骤2：按照式（2）和式（3）所示规则（迭代16次）进行迭代。

$$L_i = R_{i-1} \tag{2}$$

$$R_i = L_{i-1} \oplus f(R_{i-1}, K_i) \tag{3}$$

其中，符号 $\oplus$ 表示异或运算，f 表示置换函数，K_i 表示子密钥，$i = 1, 2, 3, \cdots, 16$。

（3）DES算法的安全性

由于DES算法的密钥长度较短，因此利用已有的明文和密文消息进行穷举猜测，便可找到正确的密钥。由此可知，DES算法并不是非常安全的，只要攻击者有运算能力足够强的计算机且对密钥逐个进行尝试，就可以破译密钥。但是，这个破译过程需要很长时间，只要破译的时间超过密文的有效期，那么加密就是有效的。

目前已经有一些比DES算法更安全的对称加密算法，如国际数据加密算法（IDEA，International Data Encryption Algorithm）算法、RC2算法、RC4算法等。

3．RSA算法

RSA算法采用两个密钥，它们分别是公钥和私钥。公钥可以被所有人知道，用于加密信息及验证签名；私钥只能被用户使用，用于解密信息和签名。

RSA算法遵循两个原则：①在加密算法和公钥都公开的前提下，在计算可行性方面不可能从密文推知明文或私钥；②在计算可行性上，要求密钥的产生过程、加密过程、解密过程都比较简单。

RSA算法密钥的产生如图6-3所示，具体步骤如下。

步骤1：选择两个大素数 p 和 q。

步骤2：计算 p 和 q 的乘积 $n = p \times q$，$\varphi(n) = (p-1)(q-1)$，其中 $\varphi(n)$ 是 n 的欧拉函数值。

步骤3：选择一个整数 e，满足 $1 < e < \varphi(n)$，且 $\gcd(e, \varphi(n)) = 1$，其中，e 和 $\varphi(n)$ 互质。

步骤4：计算 d，满足 $d \times e = 1 \bmod \varphi(n)$。

步骤5：以 $\{e, n\}$ 为公钥，$\{d, n\}$ 为私钥。

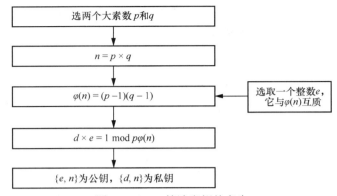

图 6-3　RSA 算法密钥的产生

RSA 算法在加密时先将明文分组，使得每个分组对应的十进制数小于 n；然后对于每个分组明文 m 做加密运算 $c = m^e \bmod n$，其中，c 表示密文。

RSA 算法在解密时对每个分组密文做解密运算 $m = c^d \bmod n$，得到原始明文。

RSA 算法的安全性依赖于大数分解，但是否等同于大数分解仍存在争议，目前尚未有理论来证明这一点。目前关于大数的因子分解算法有 3 种，它们分别是二次筛选法、数域筛选法和椭圆曲线分解算法。

为了避免整数分解算法对 RSA 公钥密码系统的攻击，必须慎重选择 RSA 算法大整数，例如 RSA 算法大整数 $n = p \times q$ 应该足够大，以抵抗数域筛选法的分解；p 和 q 的位数应该差不多，以抵抗椭圆曲线算法的分解。由此可见，由于分解大整数的能力日益增强，因此要保证 RSA 算法的安全性，就必须增加 p 和 q 的位数。

RSA 算法与 DES 算法各有优势和不足，它们的比较如表 6-2 所示。

表 6-2　DES 算法与 RSA 算法的比较

算法	密钥关系	密钥传送	数字签名	加密速度	主要用途
DES	加密密钥与解密密钥相同	不需要	困难	快	数据加密
RSA	加密密钥与解密密钥不同	需要	容易	慢	数字签名、密码加密

DES 算法加密速度比较快，但密钥的管理存在一定的安全隐患。RSA 算法的密钥管理简单，容易理解和实现，安全性较好。

4．信息加密技术的应用

在网络安全领域中，通信网络过程中信息安全的问题可以通过网络数据加密的方法来解决。链路加密、节点加密和端到端加密是常用的几种网络数据加密方式。

（1）链路加密

链路加密的目的是保护网络中两个相邻节点之间传输的信息。在传输之前，所有信息将会进行加密处理。每个节点在收到信息后要对信息进行解密，接着利用下一条链路的密钥对信息进行加密并传输。一条信息可能会经过多条链路的传输，信息每到达传输路径上的各个节点时，这些节点都要对信息进行解密和再加密，以确保信息的安全。

虽然链路加密在互联网中得到了广泛应用，但它也存在一些潜在的安全隐患。为了确保信息的安全,链路密码一般采用点对点的同步或异步方式,即在链路两端同步部署加密设备对链路上的信息进行加密。但是这种方式可能会给网络的性能和可管理性带来一些"副作用",比如在卫星通信网络中,信号传输经常会出现中断的情况,这时链路上的加密装置必须不断地进行同步,从而造成信息丢失或重传。此外,即使只有少量信息必须进行加密,也会使所有传送信息受到严密的防护,即进行加密。

在传统的密码计算中,用于解密消息的钥匙与用于加密的钥匙是一致的,但是由于密钥分发的复杂性,每个节点都不得不储存与其相连接的链路的密钥,这就要求系统采用物理传输或构建专用网络基础设施来实现,以保证密钥的安全性和可靠性。在现实中,网络节点的分布十分广泛,这让上述过程变得极其复杂,从而导致密钥连续分享的成本被大幅提高。

(2)节点加密

节点加密是一种有效的安全信息技术,通过在节点处安装一个与其相连的密码装置,对密文进行解密并重新加密。

虽然节点加密可以提供更高的安全性,但在实现消息传输上的操作方式与链路加密有异曲同工之处:两者的节点都会对消息进行解密,然后再进行加密。但是,与链接密码不同的是,节点加密不允许消息以明文形式存在于网络节点中,需要先将接收的消息解密,然后使用另一个不同的密钥对解密后的消息进行加密。

(3)端到端加密

端到端加密是一种为端到端传输的信息提供保护的加密方式。信息在从发送端到接收端的传输过程中,始终是以密文形式存在的。

端对端加密技术可以在应用层实现通信。除了报头外,其他报文以密文的形式出现,并且发送端和接收端都有加/解密装置。在传输过程中任一环节,报文都不会被解密,因而中间节点可以省去加/解密装置。在传输中,报文和报头都要进行信息加密,以保障信息的保密性和准确性。在端对端加密过程中,由于各个中心节点不会对报文加以解密,但想要将报文传送到目标处,就要查看报头中的路由信息,所以只能对报文加密,而无法对报头加密,这样某些通信分析系统会从中获取到一些敏感信息。

6.2.2 病毒检测与防范技术

1. 计算机病毒检测技术

计算机病毒是一种可以通过编写的程序或指令来破坏计算机系统的病毒,具有传染性、隐蔽性、感染性、潜伏性、可激发性、表现性和破坏性。

计算机病毒并非是单独存在的,而是隐蔽在一些可执行的程序中。它们会对计算机系统构成严重的损害,无论是降低设备的运行速度还是使系统死机,都会给用户带来损失,因此,计算机病毒被称为破坏性程序。

计算机病毒的演变过程为:研发过程、扩散过程、潜伏过程、发生过程、发现过程、消化过程和消亡过程。计算机病毒的演变周期是:开发期—传染期—潜伏期—发作期—发现期—消化期—消亡期。

计算机病毒具有复杂性、不确定性等特点,这使得它们的检测变得极其困难。常用的检测病毒的方法有特征代码法、校验和法、行为监测法、软件模拟法。

（1）特征代码法

特征代码法是检测已知病毒最简单、最经济的方法。

特征代码法的实现步骤如下。

步骤1：采集已知病毒样本。

步骤2：在病毒样本中抽取特征代码。

步骤3：打开被检测文件并进行搜索，检查文件中是否含有病毒数据库中的病毒特征代码。一旦检测出病毒特征代码，则可以根据这些特征代码与病毒对应的关联性，判断出被检测文件所感染的病毒类型。

当病毒种类的增多时，特征代码法的检测时间会随之变长。特征代码法不能检测出多态型病毒，也不能检测出隐藏型病毒。

（2）校验和法

校验和法指在使用文件前后或定期检查文件内容的校验和变化，以判断文件是否被感染病毒。

校验和法通常用于以下3种场景来检测病毒。

场景1：对被检测的文件执行一般情况的校验和，并将校验和输入检测软件中，实现文件内容前后的对比。

场景2：在应用程序中校验文件的状态。每当启动应用程序时，系统可以比较当前校验和与原校验和的值，从而实现应用程序的自检测。

场景3：将校验和检测程序存储于内存中。每当应用程序开始运行时，系统会自动比较检测应用程序内部或别的文件中预先保存的校验和。

校验和法的优势在于方法简单，可以检测出未知病毒和被检测文件的细微变化，能够及时发出警报。校验和法的缺点是无法识别病毒名称，也无法检测出隐藏型病毒。

（3）行为监测法

行为监测法是指利用病毒的特有行为或特征来监测病毒的方法。科研人员发现，有一些行为是病毒的共同行为，且较为特殊。在正常程序中，这些行为是比较罕见的。当程序运行时，系统可以通过行为监测法监视其行为，一旦发现病毒行为，便立刻采取行动。

行为监测法能够找到未知病毒，精准预测许多未知的病毒，但会存在误报的风险。此外，行为监测法无法识别病毒名称，在具体实施过程中存在一定的难度和局限性。

（4）软件模拟法

软件模拟法是一种利用软件分析器来模拟和分析程序运行过程的方法。检测工具支持软件模拟法后，在开始运行时可以先利用特征代码法检测病毒，一旦发现疑似隐藏型病毒或多态型病毒，便立即启动软件模拟模块，通过软件模拟法监视病毒的运行情况。

2．计算机病毒的防范

计算机病毒无时无刻不在威胁着计算机的安全，它们随时准备发起攻击。但是，计算机病毒不是无法控制的，我们可以通过采取以下措施来减少计算机病毒给计算机带来的破坏。

（1）提高病毒防范意识

首先要培养自觉的信息安全意识，在使用移动存储设备时应尽量避免共享这些设备，因为它们是计算机病毒攻击的主要目标。在对信息安全要求比较高的场所中，应禁用计算机上的 USB 接口功能，并在有条件的情况下使用专用设备。如今，网络中出现了越来越多的非法网页和恶意代码。它们一旦被打开，就会立马植入木马或其他病毒，因此，应该加强安全意识，不能轻易单击从网络下载的未经杀毒软件处理的应用软件，也不能轻易访问或登录陌生的网站。

（2）建立严格的管理制度

企业应当建立严格的管理制度，以防止病毒的传播。企业可以对信息系统实施资源访问控制策略，对外来人员或外部硬盘进行严重控制；设置下载的文件、接收电子邮件等专用的端口和账号，以确保信息系统的安全和可靠运行。

（3）安装升级防毒软件

用户应安装最新版本的防病毒软件，并定期对计算机系统进行安全检查。防病毒软件不仅具备检测、扫描和消灭病毒的功能，还具备对计算机进行实时监控、防止病毒入侵的功能。防病毒软件除了能够定期对计算机进行安全检查和病毒清理外，还能够及时监测当前病毒信息，识别新出现的病毒并及时发出警报的功能，以确保用户计算机的安全。此外，防病毒软件还应该及时更新最新的病毒信息，以及时检测和清除病毒。

（4）定期开展数据备份

用户应该定期对计算机上的数据进行备份，特别是对重要数据应及时备份并存储到相关设备中。只有形成常规化的操作，才能保证计算机的安全和可靠运行，避免丢失数据。

（5）及时维修"中毒"后的计算机

一旦计算机"中毒"后，用户应先关闭网络，防止病毒传播；然后寻求专业人员进行维修。用户如果缺乏对信息技术的了解，那么应避免按照网上提供的杀毒步骤进行处理，因为它可能会导致数据丢失，给计算机造成二次伤害。

习题与思考

1．信息安全有哪些属性？
2．有哪些计算机病毒检测技术？
3．信息加密技术的应用有哪几种？
4．在我们的日常生活和学习中，应如何保护自己的信息安全？

· 拓展篇 ·

第 7 章

大数据技术

本 章 导 学

◆ 内容提要

本章简要介绍大数据技术的发展史、大数据的概念、大数据处理的基本流程、大数据处理与分析，以及大数据的典型应用场景。

◆ 学习目标

1. 理解大数据的基本概念、结构类型和核心特征。
2. 了解大数据处理的基本流程。
3. 熟悉大数据处理与分析的主流技术。
4. 了解大数据技术的应用现状。

7.1 大数据概述

数据是一种记录客观事物的特征、状态和相互关系的有形文字，可以帮助我们更好地理解信息。记录在图书上的信息、保存在电子设备中的信息都是数据。

7.1.1 大数据的概念

1. 大数据的定义

维基百科对大数据的定义是：无法在一定时间内用常规软件工具对内容进行抓取、管理和处理的数据集合。

百度词条对大数据的定义是：大数据，或称巨量资料，指的是所涉及的资料规模大到无法通过目前主流的软件工具在合理时间内达到获取、管理、处理，并整理成为帮助企业经营决策更有效的资讯。

2. 大数据的来源

大数据有多种来源。按照生产主体来分，这些来源可以分为以下几种。

企业数据：包括企业生产数据、库存信息、订单信息、供应链信息等，以及企业购买的数据和自行爬取的数据。这些信息都是企业重要的资产。

人为数据：如可以用于记录信用卡使用情况的交易记录、网页的浏览信息、电子商务数据、文档、图片等。

机器数据：如日志数据、感应器采集数据、监控系统和其他设备记录的数据等。

互联网上的开放数据：如政府机构、非营利组织和企业免费提供的数据。

7.1.2 大数据的特点

大数据的特点一般体现在 5 个方面：大体量（Volume）、多种类（Variety）、高速度（Velocity）、低价值密度（Value）、准确性（Veracity）。这 5 个方面被称为5V，如图 7-1 所示。

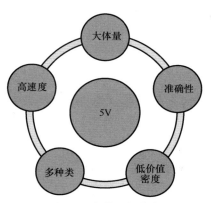

图 7-1 大数据的特点

1．大体量

从数据量的角度来说，大数据的采集量、计算量、存储量都非常庞大，从 TB 级别跃升到 PB 级别。目前很多应用场景中所产生的数据已经达到大数据的标准，比如各种传感器和监控系统，以及微博、微信等社交平台或软件所产生的数据。在一般情况下，大数据是以 PB、EB、ZB 为单位进行计量的。各单位之间的换算关系如表 7-1 所示。

表 7-1 各单位之间的换算关系

单位	换算关系
B（字节）	1 B = 8 bit
KB（千字节）	1 KB = 1024 B
MB（兆字节）	1 MB = 1024 KB
GB（吉字节）	1 GB = 1024 MB
TB（太字节）	1 TB = 1024 GB
PB（派字节）	1 PB = 1024 TB
EB（艾字节）	1 EB = 1024 PB
ZB（泽字节）	1 ZB = 1024 EB

2．多种类

随着科技的发展，数据的来源日益丰富。企业生产、科学研究、网络应用等领域都在不断地产生新的、各种类型的数据。数据来源的广泛性导致了大数据形式的多样性，多样的数据类型为数据处理带来了挑战。在数据结构上，大数据可以分为结构化数据、半结构化数据和非结构化数据。大数据的主要任务是挖掘出这些结构不同、形式多样的数据中隐含的相关性。

3．高速度

高速度是大数据区分于传统数据的显著特征。在大数据时代，数据的产生速度非常快。

随着快速生成的数据不断增加，许多应用需要对数据进行实时分析，以获得准确的结果，这对数据处理和分析的速度提出了很高的要求，例如响应速度要达到秒级甚至毫秒级。

4．低价值密度

与传统信息系统相比，大数据中有价值的数据密度相对较低，这就需要更快速、更高效的方式来完成有效数据的提取。这也是各个大数据平台的核心竞争力之一。

以图 7-2 所示的监控摄像头为例，在一小时的连续监控中，大部分的监控数据是无用的，有用的数据可能仅有几秒。但为了那仅有的几秒有价值的数据，我们不得不存储不断产生的监控数据。

图 7-2　监控摄像头

5．准确性

大数据的准确性和可信赖度是衡量其质量的重要标准，因此，大数据必须来源于真实世界，并且具有高可信度。研究大数据，就是从海量的数据中提取出有价值的信息，以便更好地理解和预测现实世界的发展趋势。

7.1.3　大数据的结构

1．结构化数据

结构化数据，简单来说，是具有规范组织和整齐格式化的数据，是可以使用数据库二维表进行存储的数据。结构化数据主要通过关系数据库进行存储和管理，能严格地遵循数据格式规范，比如，企业 ERP、财务系统、进销存系统、教育一卡通系统、政府行政审批系统中的数据都属于结构化数据。

2．非结构化数据

与结构化数据相对的是不适合用数据库二维表来存储的、字段可变的数据，这类数据被称为非结构化数据。非结构化数据的特点是不规则或不完整，没有预定义的数据模型，因此无法通过二维表来完整地表示和存储。日常办公中使用的文字、照片、视频等数据都属于非结构化数据。在互联网的各类数据中，非结构化数据占了很大比例。

3．半结构化数据

半结构化数据是介于结构化数据（如关系数据库及面向对象数据库中的数据）和非结构化数据（如声音、图像等）之间的数据。和普通纯文本数据相比，半结构化数据具有一定的结构性，但却不便于进行模式化。和具有严格理论模型的关系数据库的数据相比，半结构化数据更灵活。

例如，老师要整理学生资料，记录所有学生的学号、性别、班级、年龄等数据，这些数据就是结构化数据。老师给所有学生写了评语，用文字来描述学生的优点和存在不足，这些数据就是非结构化数据。又如，学校做了一个查询系统来保存学生的基本信息，这会产生一个对应的表，但其中的像对学校的发展贡献之类的数据是无法用一个表中的字段来对应的，那么这个表就是半结构化数据。

7.1.4 大数据与物联网、云计算、人工智能

大数据和物联网、云计算以及人工智能都是信息技术领域的热门技术，它们之间既千差万别，又密不可分，其关系如图 7-3 所示。

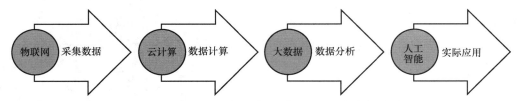

图 7-3 大数据和物联网、云计算以及人工智能的关系

1．大数据与物联网

物联网是一种将现实世界中的物品与网络相连接的技术，是互联网应用的拓展与延伸。物联网利用射频识别（RFID，Radio Frequency Identification）技术、感应器、二维码等采集现实世界中的数据并传输到互联网上，实现在任何时间、任何地点的人、机、物的互联互通。只有将数据关联起来，数据才能产生更大的价值。例如一辆车的位置数据没有太大价值，但是成千上万辆车的位置数据关联起来，就可以判断道路的拥堵情况。

2．大数据与云计算

物联网和互联网每时每刻都在产生大量的数据，云计算集中存储和处理这些大量的数据。云计算是分布式计算的一种，指的是通过网络"云"，先将巨大的数据计算处理程序分解成无数个小程序，然后通过由多台服务器组成的系统处理和分析这些小程序，并将得到的结果返回给用户。

3．大数据与人工智能

使用大数据技术对海量数据进行分析之后，我们会发现其中隐藏的规律、现象等有价值的信息。而人工智能在大数据分析的基础上更进一步，会对数据进行深度学习，并根据学习结果做出行动。

大数据、云计算、物联网、人工智能相互之间已经彼此渗透，密不可分。物联网主要负责采集数据；云计算主要负责数据的存储、计算；大数据对海量数据进行处理与分析；人工智能则将学习结果应用于实际应用，它们在很多场合相互协作，相互促进，共同推动社会发展。

7.2 大数据技术发展史

今天我们所熟知的大数据技术，其实起源于谷歌公司在 2004 年发布的 3 篇论文，这 3 篇论文分别提出了分布式文件系统 GFS（Google File System）、大数据分布式计算框架 MapReduce 和 NoSQL 数据库系统 BigTable。

2006 年，道格·卡廷（Doug Cutting）开发了一种大数据技术。该技术具有 MapReduce 的功能，被命名为 Hadoop，包含了众所周知的分布式文件管理系统 HDFS 和大数据处理引擎 MapReduce。

搜索引擎巨头雅虎公司迅速采用了 Hadoop，百度公司也利用 Hadoop 来实现大数据存

储和计算。

2008 年，Hadoop 正式成为 Apache 的项目。自此，Hadoop 被更多的人所熟知。

雅虎公司在使用 MapReduce 进行大数据计算时，发现其计算过程非常复杂，因此开发了 Pig。Pig 是一种脚本语言，它的功能与 SQL 语句相似。

脸书（Facebook）公司推出了一种 Hive 程序包，该程序包可以通过 SQL 语句进行大数据分析。

至此，大数据主要的技术栈基本形成，其中包括 HDFS、MapReduce、Pig、Hive 等。

加利福尼亚大学伯克利分校的科研人员在使用 MapReduce 开展大数据分析实验时，他们发现 MapReduce 的性能很差，远远无法适应复杂的运算。为了提高工作效率，他们开发了 Spark。Spark 具有优异的特性，一经推广就受到了业内的好评，得到了广泛使用。

根据数据分析的方式不同，大数据计算有两种：一种叫作批处理计算，对某个时间单位（比如天、小时）的数据进行计算，这种计算又被称为离线计算；另一种叫作实时计算，对系统接收到的数据进行实时计算。由于处理的数据是实时产生的，因此这种计算也被称为流计算。

1998 年，Carlo Strozzi 开发了一款轻量、开源的关系数据库 NoSQL，它是不提供 SQL 功能的数据库系统。NoSQL 数据库的产生就是为了应对大规模数据集合和多种数据所带来的挑战。

随着大数据存储和计算技术的发展，许多框架（如 Mahout、TersorFlow 等）也为这一领域提供了有力的支持。

最终，基于存储功能、大数据批处理、流数据处理计算能力，以及更先进的大数据分析和机器学习技术，一个完整的大数据平台就此建立起来，如图 7-4 所示。

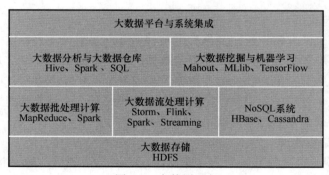

图 7-4　大数据平台

7.3　大数据处理的基本流程

大数据处理基本流程包括大数据采集、数据抽取与集成、大数据存储与管理、大数据处理与分析、大数据可视化、大数据应用等环节，如图 7-5 所示。

图 7-5　大数据处理基本流程

1. 大数据采集

大数据采集的目标是获取数据，搭建数据仓库。它通过传感器采集数据、抓取社交网络数据、采集移动互联网数据等方式获得包括各种数据类型的结构化、半结构化及非结构化的海量数据。

大数据采集的来源可以是网页、App、数据库、传感器，也可以是第三方数据。

大数据采集的工具有传感器、摄像头、麦克风等。采集的数据可以是模拟量，也可以是数字量。

数据的采样方式是间隔一定时间（采样周期），对同一个采样点的数据进行重复采集。数据采集能够捕捉瞬时值，也能够捕捉某段时间内的特征值，从而获得更加准确的结果。

大数据采集通常使用抽取、转换、装载（ETL，Extract Transformation Load）方法，将采集到的数据从源端经过抽取（Extract）、转换（Transformation）、加载（Load）到目的端，然后进行处理分析。ETL 方法的工作流程如图 7-6 所示。

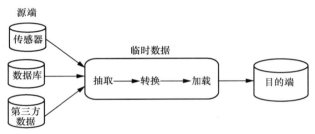

图 7-6　ETL 方法的工作流程

2. 数据抽取与集成

采集到的数据来源非常广泛，数据类型多种多样，要想处理大数据，必须先对所需数据源的数据进行抽取和集成，抽取出需要的数据，丢弃不需要的数据，并且对数据进行清洗，过滤和剔除那些异常值、缺失值的数据，去掉脏数据和噪声数据，以保证数据质量及可信性。此外，这一过程中还要提取出数据的实体和关系，经过关联和聚合之后，采用统一定义的结构、格式来存储这些数据。

3. 大数据存储与管理

大数据时代必须解决海量数据的存储问题。在海量数据中，非结构化数据的占比超过 90%。传统的关系数据库由于模型不够灵活性、水平扩展能力较差，无法满足非结构化数据的大规模存储要求，更无法实现对其进行存储、挖掘、分析等操作。为了解决这个问题，各类数据库不断出现，目前常用的大数据存储系统有分布式文件系统、NoSQL 数据库等。

（1）分布式文件系统

分布式文件系统是一种有效的信息储存和管理系统，其原理是将数据切分后分别存储到多个节点上，并在多个节点上发起计算请求，从而解决单节点的存储和计算瓶颈。分布式文件系统一般采用客户机/服务器（C/S，Client/Server）模式。

目前得到广泛应用的分布式文件系统主要有谷歌开发的 GFS 和 Hadoop 分布式文件系统 HDFS。HDFS 是对 GFS 的开源实现，具有良好的容错能力，并且兼容低配置的硬件设备。

（2）NoSQL 数据库

目前，NoSQL 已经成为处理大数据的首选数据库，可以有效解决传统的关系数据库无法解决的问题。

NoSQL 数据库最显著的特点是去除了关系数据库中的关联性，使数据之间没有任何联系，从而让数据的扩展变得容易。此外，NoSQL 数据库还拥有出色的读/写功能。

4．数据处理与分析

数据分析是大数据分析的关键步骤，所用方法通常分为批处理和流处理两种。

批处理：对一段时间内的离线数据进行统一处理，对应的处理框架有 Hadoop、Spark、MapReduce、Flink 等。

流处理：一种实时的数据处理方法。常见的流处理框架有 Storm、Spark Streaming、Flink Streaming 等。

批处理和流处理适用于不同的场景。对于那些对时效性要求不高或硬件资源有限的场景，批处理可以满足需求；而对于那些时效性要求高的场景，流处理是一种更合适的选择。近年来，随着服务器硬件设备价格的不断下降，以及人们对时效性要求的日益提高，流处理的应用已经越来越普遍，比如股票交易、互联网销售数据分析等。

数据分析是大数据处理流程的核心步骤，是大数据处理与应用的关键环节，需要根据应用情景与决策需求，从不同结构的数据源中提取出用于大数据处理的数据源，并选择合适的分析技术（如数据挖掘、机器学习、数据统计等），从而得出各种统计结果。数据分析结果可以用于决策支持、商业智能、推荐系统、预测系统等。

5．数据可视化

数据分析可视化可以将数据分析与预测结果以计算机图形或图像的方式直观地展现给用户，能够帮助用户更好地理解数据分析结果。数据可视化可以将数据中潜藏的规律清晰地展示出来，为用户的管理和决策提供有力的支持。

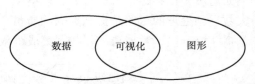

图 7-7 从概念层面来理解数据可视化

从概念层面来理解，数据可视化表示为图 7-7 所示形式。图 7-8 和图 7-9 展示了两个示例。

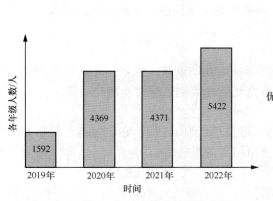

图 7-8 示例 1：某校在校生人数柱形图

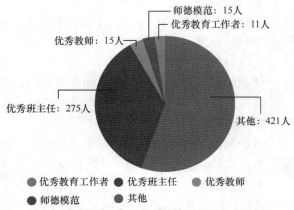

图 7-9 示例 2：某校教师各荣誉类型比例饼图

7.4 大数据的主要技术

从大数据的生命周期来看,大数据采集、大数据预处理、大数据存储、大数据分析共同构成了大数据生命周期的核心技术。

7.4.1 大数据采集

大数据采集,即对各种来源的结构化和非结构化数据所进行的采集。

1. 数据库采集

目前流行的数据库采集方式有 Sqoop 和 ETL,也有不少企业仍然采用传统的关系型数据库 MySQL 和 Oracle 的数据存储方式。对于开源的 Kettle 和 Talend,它们本身也集成了大数据内容,可实现 HDFS、HBase 和主流 NoSQL 数据库之间的数据同步和集成。

2. 网络数据采集

一种借助网络爬虫或网站公开的应用程序接口(API,Application Programming Interface)从网页抓取非结构化或半结构化数据,并将其统一结构化为本地数据的数据采集方式。

3. 文件采集

通过 Flume 等实现即时文档收集和管理,以及日志收集和增量收集。

7.4.2 大数据预处理

大数据预处理是指在进行数据分析之前,先对采集到的原始数据进行初步处理的过程,例如清洗、填补、平滑、合并、规格化、一致性检验等一系列操作,以得到干净的数据。大数据预处理的目的是提高数据的质量,为后面的分析工作奠定基础。大数据预处理主要包括 4 个阶段:数据清洗、数据集成、数据转换、数据归约,如图 7-10 所示。

图 7-10　大数据预处理的 4 个阶段

1. 数据清洗

数据清洗利用 ETL 等清洗工具对缺失了关键属性值、错误值、异常值等数据以及不一致数据进行处理。

2. 数据集成

数据集成是指将从不同数据源采集来的数据合并后存储到统一的数据库的存储方法。数据集成需要重点解决 3 个问题:模式匹配、数据冗余、数据值冲突检测与处理。

3. 数据转换

数据转换是指对抽取的数据中存在的不一致性进行处理的过程。它也包含了根据业务规则对异常数据进行清洗的工作,以保证后续分析结果的准确性。

4. 数据归约

数据归约是指在最大限度保持数据原貌的基础上,最大限度地精简数据,以得到较小数据集的过程。

7.4.3 大数据存储

大数据存储技术分为大数据文件系统和数据库两部分。大数据文件系统解决海量且形态各异的数据存储问题、分布式系统的容错问题、大数据中的冗余问题等。目前典型的大数据文件系统有 GFS、HDFS 等，数据库有 NoSQL 等。

7.4.4 大数据分析

1．可视化分析

可视化分析主要应用于海量数据的关联分析，能够对分散的异构数据进行关联，将数据分析结果以图表形式进行展示，从而清晰、有效地传达信息。可视化分析的特点是简单明了、清晰直观、易于被人们接受。

2．数据挖掘算法

数据挖掘算法是大数据分析的核心技术，是通过构建有效的数据挖掘模型来对数据进行测试和计算的数据分析手段。虽然数据挖掘算法种类繁多，但是创建模型的过程是相似的：首先分析用户提供的数据，然后针对特定类型的模式和趋势进行分析，最后根据分析结果确定最佳参数，并将这些参数应用于整个数据集，以提取可行模式和详细的统计信息。

3．预测性分析

预测性分析是目前大数据分析重要的应用领域之一。它利用多种高级技术，如统计分析计算、预测模型、资料发掘、文字解析、实体解析、优化、即时评估、机器学习等，从用户所提供的结构化和非结构化数据中分析出趋势、模式和关系，并运用这些指标来预测不确定事件。

4．语义引擎

语义引擎，指通过为已有数据添加语义的操作，提升用户互联网搜索体验。

5．数据质量管理

数据质量管理能够对数据全生命周期的每个阶段（计划、获取、存储、共享、维护、应用、消亡等）中可能引发的各类数据质量问题进行识别、度量、监控、预警等，并通过改善和提高组织的管理水平，使数据质量获得进一步提高。

7.5 大数据分析的主流算法

1．分类

分类的目的是找出数据库中的一组数据对象的共同特点，并按照它们的共同点进行划分。将数据对象划分为不同的类的目的是通过分类模型，将数据库中的数据项映射到相应的某个类别中。分类可以应用于趋势预测等应用中，如淘宝商铺将用户在一段时间内的购买情况按照性别、年龄段、购买品类等类别进行划分，然后根据分析结果向用户精准推荐关联类的商品，从而提升商铺的销售量。

2．回归分析

回归分析反映了数据库中数据的特征，并通过函数来表达数据映射的关系。它可以用于预测数据序列，并研究它们之间的相互关系。回归分析被广泛应用在市场营销领域，例如通过对本季度销售的回归分析，对下一季度的销售趋势作出预测并做出针对性的营销改变。

3．聚类

聚类是一种将数据信息分为多种类型的方法，旨在比较各个类型之间的相似度和差异性。与分类不同，聚类的目的是更加精确地识别出各种数据之间的关联性，从而更好地分析和预测各种数据的变化趋势。

4．关联规则

关联规则是指隐藏在数据项之间的联系，即可以根据某一个数据项推导出其他数据项。关联规则的挖掘过程主要包括两个阶段：首先从海量的原始数据中提取出所有的高频项目组；然后为这些高频项目组构建关联规则。关联规则挖掘技术已经广泛应用于零售业、金融行业中，被用来预测客户的需求。

7.6　大数据技术在生活中的主要应用

随着万物互联时代的到来，大数据技术已经渗透到各行各业，变成人们工作和生活中不可或缺的部分。

1．智慧农业

大数据在智慧农业上的应用主要是对农业生产信息和市场需求信息进行整合，指导从业人员进行农事决策，达到增产的目的。

2．金融业互联网

在金融业中，互联网大数据的应用可以体现为以下两个方面。

大数据营销：运用大数据分析技术，根据客户的消费行为、位置、使用时间等信息进行广告的精准推荐。

风险防控：通过对顾客的消费情况和现金流进行评估，并利用其个人社交媒体行为，实现有效防范和控制风险的目的。

3．电子商务

电子商务数据具有信息集中且信息量庞大的特点，大数据可以在分析市场趋势、消费者数量变化、地区特点、消费习惯、消费者行为之间的关联性等方面发挥重要作用。

4．医疗行业

医疗行业拥有大量的病例记录，其中包括病理报告、治疗方案、所用药物等信息。医疗机构可以通过数据管理平台建立一个专门针对病症特征的数据库，使医生能够根据患者的疾病特征查询不同病案和治疗方案。

5．零售业大数据

零售业可以利用大数据技术，根据顾客的购物偏好和购物趋势及时进行货品营销，以最大限度地减少商品的库存，降低推广成本。零售业也可以根据顾客购买的商品向用户更精准地推送相关商品。

6．交通领域

大数据在交通领域的应用和我们的生活密切相关，比如驾驶出行时，地图App能够规划出最优路线。在车辆行驶过程中，地图App能够根据司机当前位置信息提前告知道路拥堵情况，以便司机及时变更、重新规划出行路线。

习题与思考

登录爱数科官网，下载共享单车需求数据集，运用本章知识，对共享单车使用量的影响因素进行可视化分析。

第 8 章

网络与云计算技术

本 章 导 学

◆ 内容提要

本章以网络空间发展过程为背景,系统介绍通信技术的概念和关键技术点、计算机网络的分类、网络体系结构的主流模型和关键协议,以及云计算的基本概念、关键技术、主流产品及热门应用场景,帮助读者了解网络与云技术的技术框架,为后续深入学习网络规划与部署、云计算场景应用开发等内容打下基础。

◆ 学习目标
1. 理解网络体系结构与 TCP/IP 模型。
2. 掌握云计算的服务模式和部署方式。
3. 了解网络性能衡量指标的特征。
4. 了解云计算核心技术。
5. 了解云计算的应用场景。

8.1 信息网络

8.1.1 信息网络基本概念

1. 信息与信息论

信息是对客观主体的运动状态和基本规律的认识。它可以脱离具体的客观主体,采用技术手段进行采集、传输、存储、处理和分析。

信息论是一门研究如何有效收集、传输、存储、处理和分析信息的学科。它利用数理统计方法来探索信息的本质特征及其度量标准,以为人们提供有效的信息利用技术和理论支持。

2. 信息网络简介

在计算机领域中,信息网络是一个负责信息传输、接收与共享的虚拟平台。借助信息网络,物理世界中各个维度的信息就具备了全方面连接的基础能力,并达到"信息资源共享"的目标。

信息网络是承载信息的物理或逻辑网络,具有信息的采集、传输、存储、处理、管理、控制、应用等功能。信息网络既具备物理网络的技术特征,也具备信息特征,因而它的复杂度更高。

信息网络本身是一个巨大的复杂系统,由以千万计的终端设备(包括个人计算机、移动通信设备等)通过网关、路由器、交换机等网络设备连接而成。

8.1.2 网络空间发展

网络空间是一个复杂的网络系统,代表了信息环境中的一个整体域。网络空间是由独立且相互依存的信息基础设施和信息交换网络组成,包括互联网、通信网络、计算机系统、嵌入式处理器、控制器系统等组件。网络空间是万物互联时代人们赖以生存的信息环境,是所有信息系统的集合。

8.2 通信技术

8.2.1 通信技术基本概念

1. 通信技术的概念

所谓通信,从字面理解就是互通信息,其本质上是一种实现人与人沟通的方法或手段。从古代的烽火台点火施烟传递外敌入侵信息,到诗人杜甫的"烽火连三月,家书抵万金",无一不是为了满足特定的信息传递的要求。

随着无线电、光、电等技术的不断发展,传真、电话、收音机、电视机、有线网络、无线通信等极大地丰富了人与人之间的沟通方式,也使通信从低效的、缓慢的、容易受到干扰的方式逐步过渡到实时、精确、高效的现代化通信方式。由此可知,通信技术是指将信息从一个地点传送到另外一个地点所采用的方式和措施。通信是 20 世纪后期以来发展非常快的领域之一。

2. 通信系统基本模型

通信系统基本模型包括 5 个核心要素:信源(信息发送者)、信息发送设备、信道、信息接收设备、信宿(信息接收者),如图 8-1 所示。

信道是指信息在信源和信宿之间传输的通道,一般分为有线信道和无线信道。

噪声是指信息在信源与信宿之间传输的过程中受到的各种外界干扰。噪声一般会直接影响信号的传输质量。

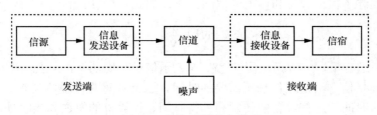

图 8-1 通信系统基本模型

8.2.2 通信系统分类

1．模拟通信与数字通信

按照通信信道中传输的是模拟信号还是数字信号，通信可以分为模拟通信和数字通信。

模拟通信普遍的应用场景是电话通信。在电话通信过程中，用户语音通过线路进行传送，传送过程中电信号会根据用户声音的变化而变化。电信号的这种变化在时间上是幅度连续的，因此这种信号称为模拟信号。模拟通信是指传输模拟信号的通信方式。

数字信号与模拟信号不同，它是负载数字信息的信号。电报是数字信号在日常生活中常见的应用之一。现在常见的数字信号是幅度取值只有两种（用 0 和 1 代表）的二进制信号。

数字通信是指用数字信号作为载体来传输信息，或者用数字信号对载波进行数字调制后再传输的通信方式。

2．有线通信与无线通信

按照通信时信号传输媒介的不同，通信可以分为有线通信与无线通信。有线通信是当前成熟的通信方式，其本质是物理层以专用线缆（如单股铜线、双绞线、同轴电缆、光纤等）作为媒介传输根据数据层协议编码的电平。常见的有线通信技术包括用户数字线（DSL，Digital Subscriber Line）、电力线通信（PLC，Power-Line Communication）等。

无线通信主要包括 Wi-Fi、蓝牙、Zigbee 等技术。

3．串行通信和并行通信

按照数据传送的方式，通信分为串行通信和并行通信。

串行通信是一种逐比特传输数据的通信方式。它利用设备之间少量（一般是 2 根）的数据信号线、地线以及控制信号线的连接来实现通信。

并行通信可以通过 4、8、16、32、64 根或更多的数据信号线来实现信息传输。并行通信支持同时传输多个比特。

8.2.3 通信网络性能指标

信道带宽，是指可以通过信道进行传输的信号频率范围。广义的信道带宽是指信道最高频率和最低频率之间的差值，而目前普遍采用的信道带宽是指能够达到的最大数据速率。

与信道带宽密切关联的两个名称分别是信道容量和香农公式。

信道容量是指在信道中实现完整、正确传输所能达到的最大传输速率，表示单位时间内可传输的比特数，其单位为 bit/s。

香农公式表述了信道容量和信道带宽的关系，如式（1）所示。

$$C = B \operatorname{lb}\left(1 + \frac{S}{N}\right) \tag{1}$$

其中，C 表示信道容量，B 表示信道带宽，S 表示信号平均功率，N 表示噪声平均功率。

信道时延是指信号沿信道传输所需要的时间。这个时间的长短一般取决于发送设备和接收设备的响应时间、通信设备的转发和等待时间、计算机的发送和接收处理时间、传输介质的时延等因素。

常用的信道时延计算规则如下。

信道时延 = 计算机的发送和接收处理时间 + 传输介质的时延 + 发送设备和接收设备的响应时间 + 通信设备的转发和等待时间。

通信网络常用的性能指标包括以下几个。

带宽：表示数据的传输能力，指单位时间内能够传输的比特数。

数据传输速率：也被称为比特率，是衡量信息传输速度的重要指标。

时延：指数据从网络的一端传送到另一端所需要的总时间。时延通常由 4 个要素构成，分别是发送时延、传播时延、处理时延、排队时延，因而总时延 = 发送时延 + 传播时延 + 处理时延 + 排队时延。

往返时间：是网络数据传输中一个重要的性能指标。这是因为在许多情况下，互联网上的信息都是需要双向交互或多点双向（网络）交互的。

利用率：一般可以划分为两个维度，分别是信道利用率和网络利用率。信道利用率用于衡量信道有数据通过的时间百分比。一个完全空闲、没有数据通过的信道的利用率是 0。网络利用率则是全网络的信道利用率的加权平均值。

丢包：指信号传输过程中的分组丢失。产生丢包的直接原因是信道利用率过高。

吞吐量：一种"速度"指标，它的单位为 bit/s。它可以分为瞬时吞吐量和平均吞吐量。例如，当一份大文件从服务器发送到客户端时，客户端接收到每个 F bit 的数据的用时为 T s，这一时刻的吞吐量被称为瞬时吞吐量。假设客户端接收该文件的所有 F bit 的数据的用时为 T s，那么 F/T 叫作平均吞吐量。

误码率：衡量通信系统传输可靠性的指标，反映了通信过程中错误接收的码元数量所占传输的总码元数量的比例。误码率的计算式为

$$误码率 = 错误码元数 / 传输总码元数$$

8.3 计算机网络

8.3.1 计算机网络基本概念

1. 计算机网络概念与组成

计算机网络是一个将分散的、具有独立功能的计算机系统通过交换机、路由器等通信设备与光纤、电缆等线路连接起来，由功能完善的软件实现资源共享和信息传递的系统。

计算机网络通常包括硬件、软件和协议 3 个要素，这 3 个要素缺一不可。

硬件由各种设备组成，包括终端设备、通信链路（如双股线和光缆）、数据交换装置（如路由器和互换机）以及通信处理设备（如网卡）。

软件主要包括各种实现系统资源管理和共享的系统软件、满足用户生活和工作需要的应用软件，例如操作系统、数据库管理软件、企业办公软件、聊天软件。

协议是计算机网络的核心元素，规定了网络传输数据时需遵循的规范。正是因为有了协议，不同终端设备才能进行数据通信和信息交互。

2．计算机网络的功能

计算机网络的功能主要包括数据通信、资源共享、分布式处理、可靠性传输、网络负载均衡等。

数据通信是计算机网络的核心功能，可以将物理环境中分散的部件连接起来，进行系统的调度、监控和管理工作，从而提高网络的效率和可靠性。它不仅是计算机网络的基础，也是网络发展的重要支撑。

资源共享可以实现包括软件共享、数据共享和硬件共享在内的多种资源的共享，使得计算机网络中的资源能够被共享共用，提高各类资源利用率，降低使用成本。

分布式处理是当前分布式计算框架应用的基础功能。该功能能够实现计算机网络中某一终端设备在负载过量时，系统自动接管其处理任务并分配给网络中的其他终端，从而保障任务持续处理，同时提高系统协同处理能力和总体利用率水平。

可靠性传输是指计算机网络中的终端节点可以通过网络互为替代。当特定终端节点出现崩溃、死机等情况时，计算机网络将协调其他终端节点来接管完成它的工作。

网络负载均衡是一种技术，可以帮助用户在计算机网络中有效地分配任务，并最大程度地提高每台计算机的运算效率，降低系统风险。

8.3.2 计算机网络分类

计算机网络可以从不同维度进行划分，例如按网络覆盖范围的大小可划分为广域网、城域网和局域网；按拓扑结构的不同可分为总线网络、网状拓扑、环形网络、树形网络和星形网络；按传输介质的不同可分为有线网络（使用双绞线、同轴电缆、光纤作为传输介质）和无线网络（使用蓝牙、微波、无线电等作为传输介质）；按传输技术可分为广播式网络和点对点网络；按交换技术可分为电路交换网络、报文交换网络及分组交换网络；按使用者分类可以分为公用网及专用网。

我们介绍两种主要的分类方式及其具体内容。

1．按照网络覆盖范围分类

（1）广域网

广域网也称远程网，是一种用于跨国通信的技术，其通信距离从 100 km 到 1000 km 不等。连接广域网的各节点交换机的链路一般是高速链路，具有较大的通信容量。广域网的特点是传输距离远，传输速率低。

（2）城域网

城域网是介于广域网与局域网之间的一种大范围的高速网络，它的通信距离通常为 10～100 km。城域网大多采用以太网技术，因此有时也被纳入局域网的范围进行讨论。城域网的设计旨在满足方圆数十千米范围内企业、机关、公司的计算机联网需求。

（3）局域网

局域网通常是在局部区域内将计算机设备和通信设备通过高速通信线路进行连接，局域网通常分布于建筑空间内部、楼栋间或小区内，其通信距离一般为 10 m~10 km。局域网通常采用简单的网络拓扑进行部署，易于管理和配置，并且具有组网成本低、应用领域广、组网简便、使用灵活、传输速度快、时延小等优点，是当前计算机网络应用中的一种常见选择。

2. 按网络拓扑结构分类

计算机网络拓扑指网络节点和链路之间的分布和互联所形成的物理形状。常见的网络拓扑如下。

（1）星形拓扑

星形拓扑是一种将多个节点以一个中心节点为中枢连接起来，从而形成一个辐射状的网络结构。

（2）环形拓扑

环形拓扑是一种将网络节点连接形成一个闭合的环，各个节点都能够接收到来自其他节点的数据，并将其传输给另一个节点。

（3）总线拓扑

总线拓扑采用一个共享信道作为传输介质，所有节点都通过相应的硬件接口直接连接到被称为总线的传输介质上。

（4）树形拓扑

树形拓扑的顶端是根节点，然后生成下级分支节点，每个分支节点还可以再生成子分支节点。

（5）网状拓扑

网状拓扑是所有网络拓扑中最复杂的网络形式。它是指网络中任何一个节点都会连接着两条或以上线路，从而保持跟两个或者更多的节点相连。

上述 5 种网拓扑如图 8-2 所示。

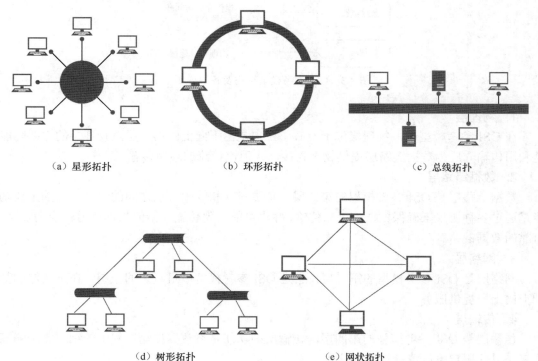

图 8-2　5 种网络拓扑

8.3.3 OSI 参考模型

开放系统互连（OSI，Open System Interconnection）参考模型是由国际标准化组织定义的一种计算机网络协议体系。它允许开放系统之间互相连接并能互相协作。

OSI 参考模型由 7 层组成：物理层、数据链路层、网络层、传输层、会话层、表示层、应用层，其中，前（下）四层被称为底层，主要负责网络数据传输；后（上）三层被称为高层，主要负责终端设备之间的数据传输。OSI 参考模型结构及各层说明如图 8-3 所示。

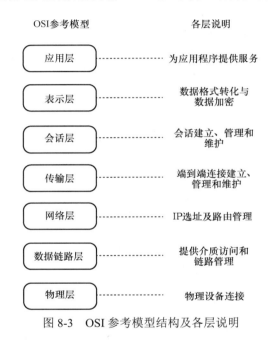

图 8-3　OSI 参考模型结构及各层说明

1．物理层

在 OSI 参考模型中，物理层位于最底层，也是由下向上的第一层。物理层的主要功能是利用传输介质为数据链路层提供物理连接，实现比特流的透明传输。

2．数据链路层

数据链路层是 OSI 参考模型的第二层，负责建立和管理节点之间的连接。它的主要功能是通过各种协议来确保数据的可靠传输，并将可能出现传输差错的物理信道转换为安全、可靠的数据链路。

3．网络层

网络层是 OSI 参考模型的第三层。它是 OSI 参考模型中最复杂的一层，在下两层的基础上向上层提供服务。

4．传输层

传输层是 OSI 参考模型的第四层。传输层的功能是将数据传输过程中的细节完全隔离开来，以便用户可以清晰地获取信息。

5．会话层

会话层是 OSI 参考模型的第五层，是用户应用程序和网络之间的接口。会话层的任务是组织和协调两个会话进程之间的通信,并对数据交换进行管理。

6.表示层

表示层是 OSI 参考模型的第六层,其主要功能是解决包括编码、数据格式转换、加/解密等在内的用户信息表示问题。

7.应用层

应用层位于最高层,也是 OSI 参考模型的第七层。它是计算机用户以及各种应用程序和网络之间的接口,其功能是直接向用户提供服务,完成用户希望在网络上获取的服务。此外,该层还负责各个应用程序间的协同工作。

OSI 参考模型的优点是它将网络通信的完整过程划分为多个小型且简单的逻辑组件,使开发人员能够更好地完成开发、设计和故障排除工作。通过网络组件的标准化,OSI 参考模型允许技术厂商有针对性地研发相关产品。同时,通过定义在模型各层的具体功能规范,OSI 参考模型促进了网络产业的标准化,允许不同厂商、不同类型的硬件和软件设备相互通信。

8.3.4 TCP/IP 模型

1. TCP/IP 基本概念

TCP/IP 不单指 TCP 和 IP 这两种具体协议,而是指互联网所使用的整个 TCP/IP 协议簇。具体来说,IP、ICMP[①]、TCP、UDP[②]、Telnet、FTP[③]、HTTP[④]等都属于 TCP/IP 协议簇。互联网的体系结构也被成为 TCP/IP 体系结构。

2. TCP/IP 体系结构

TCP/IP 体系结构包括 4 层,其中有 3 层与 OSI 参考模型中的层对应。TCP/IP 协议簇并不包含物理层和数据链路层,因此它不能独自实现整个计算机网络系统的功能。TCP/IP 模型和 OSI 参考模型的关系如图 8-4 所示。

TCP/IP 分层模型的各层分别完成以下的功能。

(1)网络接口层

网络接口层对应于 OSI 参考模型的数据链路层和会话层,包括用于协助 IP 数据在现有的网络介质上传输的协议。

(2)网络层

网络层对应于 OSI 参考模型的网络层。

(3)第三层:传输层

传输层对应于 OSI 参考模型的传输层,提供两种端到端的通信服务,其中,TCP 提供可靠的数据流运输服务,UDP 提供不可靠的用户数据报服务。

(4)应用层

应用层对应于 OSI 参考模型的应用层、表达

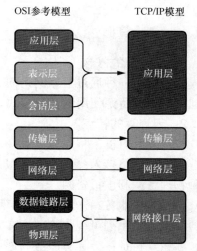

图 8-4 TCP/IP 模型和 OSI 参考模型的关系

---

① ICMP: Internet Control Message Protocol,互联网控制报文协议。
② UDP: User Datagram Protocol,用户数据报协议。
③ FTP: File Transfer Protocol,文件传送协议。
④ HTTP: Hypertext Transfer Protocol,超文本传送协议。

层和会话层，包括 FTP、HTTP、Telent、SMTP、NNTP 等。

3. TCP 和 UDP

传输层中有两个具有代表性的传输层协议，它们分别是 TCP 和 UDP。

TCP 是一种面向连接的、可靠的流协议。TCP 提供可靠性传输，实行顺序控制或重发控制机制。另外，它还具有流控制（流量控制）、拥塞控制等功能。

UDP 是一种不可靠的数据传输协议，无法保证消息的准确性和及时性。

TCP 可以满足数据传输层的可靠性要求，而 UDP 更适合用于一些需要高速数据传输和即时性的通信或广播通信。

4. IP

IP 相当于 OSI 参考模型的网络层，主要负责实现终端节点之间的通信。这种终端节点之间的通信也叫点对点通信。

IP 地址是一种重要的网络标识符，能够在连接到网络中的所有主机中识别出目标地址。无论主机与哪种数据链路连接，其 IP 地址的形式都保持不变。

IP 地址（IPv4 地址）共有 32 bit，在计算机内部以二进制形式存在。然而，由于我们并不习惯于使用二进制数，因此 32 bit 的 IP 地址以每 8 bit 为一组被分成 4 组，每组以"."隔开，然后这 4 组二进制数被转换成十进制数。

为了解决 IPv4 地址耗尽的问题，IPv6 被提出了。

IPv6 地址的长度为 128 bit，是 IPv4 地址长度的 4 倍。IPv6 地址通常分为 8 组，每组由 4 个十六进制数构成，用冒号分隔，如 FC00:0000:130F:0000:0000:09C0:876A:130B。

8.4 云计算技术

8.4.1 云计算概述

1. 云计算的概念

云计算是一种通过互联网访问、可根据不同类型用户需求进行定制的信息技术资源共享池，支持按资源使用量计费模式。云计算可以提供如服务器、存储、应用软件等资源。

2. 云计算的特点

云计算具有以下特点。

广泛的网络接入：在云计算服务模式下，用户可以通过网络并采用标准机制方式访问各种物理资源和虚拟资源。

可计量的服务：一种由云计算服务商提供的服务，能够满足不同客户的需求。云计算服务商通过一系列可视化管理工具完成对用户所使用服务的监测、控制、统计和计费。

多租户特征：云计算服务商通过信息技术资源的分配机制来实现多租户资源分配，以及租户间的数据隔离和不可访问。

按需服务：云计算服务商根据用户需求动态地提供相应资源和服务。

弹性和易扩展性：在云服务模式下，各类信息技术资源能够快速、弹性甚至是自动化地进行供应，以达到快速增/减资源的目的。

资源池化：云计算服务商通常会将自己可以提供的信息技术资源，如算力、存储、网络以及安全服务等进行集成,更好地为客户提供"一站式资源池"。

成本可控:借助云计算服务的弹性能力和容错机制,云服务提供商能够以较低的价格购买高性能的硬件设备,实现云服务的自动化和集中式管理,从而减少企业投入资金建设数据中心或承担企业管理成本费用。

3. 云计算典型服务模式

目前,业界将云计算服务模式划分为 3 种:基础设施即服务(IaaS,Infrastructure as a Service)、平台即服务(PaaS,Platform as a Service)、软件即服务(SaaS,Software as a Service)。

(1)IaaS

在 IaaS 模式下,用户可以轻松获得完整的计算机系统基础设施服务,包括但不限于软硬件基础服务设备、服务器虚拟化资源、存储、网络和控制系统等。这种服务模式可以让用户以即用即付的方式获得所需的各种资源,从而提高用户的使用体验。

IaaS 的优点有:不需要用户再投资部署硬件或存储;支持用户按需扩展基础设施规模;使用户能够灵活、创新、按需使用 IaaS 服务商提供的服务。

(2)PaaS

PaaS 实际上是指将软件研发的平台作为一种服务,以软件即服务的模式提供给用户使用,因此,PaaS 也是软件即服务模式的一种应用。PaaS 的出现加快了软件即服务的发展,尤其是加快了软件即服务应用的开发速度,例如软件的个性化定制开发。

PaaS 可以让开发者简单、快捷地构建 Web 应用,不需要担心主机、存储、网络系统、数据库系统等基础设施的部署。PaaS 的优势显而易见:它可以快速满足市场需求,实现云服务环境中的高效部署;同时通过使用中间件和服务来降低系统的复杂性。

(3)SaaS

SaaS 是一种通过互联网提供软件的服务模式,用户不需要购买软件,而是向提供商租用软件来部署和管理其业务。SaaS 这种提供业务的方式使客户能够轻松使用各类软件,而提供商确保各类应用的安全运行。SaaS 能够帮助中/小型企业节省运营成本,因为它允许中/小型企业将管理、软件维护和技术支持服务外包给第三方服务提供商。由于应用软件由第三方服务提供商统一运维和管理,因此在新版本方面,应用软件可以更快、更精确地被推送给用户,不需要用户自己更新和安装。SaaS 具有互联网交付应用服务能力,支持订阅付费模式。

SaaS 的优点显而易见:用户可以轻松注册并实时使用所需的应用程序;无论用户在何处,都可以访问应用和数据;即使用户终端出现故障,数据也不会丢失,因为这些数据被存储在云端。此外,SaaS 还可以根据用户的需求进行动态扩展。SaaS 有一个可能会被认为是"缺点"的因素,那就是用户会担心自己的数据存储在提供商的服务器之上,SaaS 提供商有能力对这些数据进行未经授权的访问。

4. 云计算典型部署模型

云计算的部署模式可以分为私有云、公有云及混合云 3 种。

(1)私有云

私有云指各类云基础设施(如算力、存储等资源)为特定企业或组织单独提供服务,由该组织自行安排技术人员或委托第三方公司进行运维和管理。私人云拥有公有云的一些优势,比如资源可用性高、提供的服务更加灵活,数据都被存储在用户内部,而且不受互联网宽带等因素的限制。

（2）公有云

公有云一般指云基础设施对公众或特定的大规模群组对象提供的云服务。公有云可以通过网络及第三方服务提供商开放给客户使用。公有一词并不一定表示"免费"，但可以表示相对较低的价格。公有云并不表示用户数据可被任何人查看，公有云服务商会通过系统、有效的用户访问控制策略对用户可操作的动作、数据范围等做出合理限定。公有云是目前发展较快的一种云计算部署方式，兼具弹性和低成本优势。公有云服务提供商负责公有云架构和服务的日程管理，并通过互联网提供各种资源（如服务器、算力、存储等）。在公有云中，所有硬件、软件和其他资源均为云服务提供商所拥有和管理。用户可以借助互联网利用各种终端设备快速、便捷接入。

（3）混合云

混合云是一种将两种或多种云（私有云、公有云）结合起来的云计算部署模式，这些云具备相互独立性，但又通过相关技术被绑定在一起，这些技术保证了数据和应用的可移植性。在混合云中，用户通常将非关键数据外包，在公有云上进行处理，将关键数据通过私有化部署方式进行管理。混合云使云计算应用更具灵活性，为企业提供了更多的部署选项。

8.4.2 云计算关键技术

1. 分布式数据存储技术

（1）分布式文件系统

随着云计算技术的不断发展，云计算的应用场景愈加丰富，海量数据的存储和管理问题随之产生。为了解决这个问题，谷歌公司提出了 GFS。

GFS 是一个大规模分布式文件存储系统。与传统分布式文件存储系统的设计出发点不同，GFS 在设计之初就考虑到云计算场景的典型特点：节点由低成本、可靠性不高的普通计算机构成，使得硬件出现故障成为一种常态而非特例；数据规模大，使得相应的文件输入/输出单位需要重新设计；大部分数据更新操作是数据追加，如何提高数据追加的性能成为性能优化的关键。

（2）分布式对象存储系统

与分布式文件系统不同，分布式对象存储系统不包含树状名称空间，因此在数量增长时可以更有效地将元数据均衡地分布到多个节点上，具有理论上不受限的可扩展性。

分布式对象存储系统具有更高的"智能"性能，不需要知道对象的空间分布情况便可实现对对象的存/取。与分布式文件系统相比，分布式对象存储系统更加灵活，可以支撑互联网服务，并且可以更好地满足用户的需求。

（3）分布式数据库

常规的单机数据库采取向上拓展的架构，以提升计算性能、增加储存容量。然而，这种架构目前支持的数据点数量有限，不能很好地满足实际需求。分布式数据库正好可以解决这个问题，并逐渐在市场上占据主导地位。

2. 虚拟化技术

虚拟化就是把物理资源转变为逻辑上可以管理的资源，以打破物理结构之间的壁垒。

试想一下，所有的资源都将透明地运行在各种各样的物理平台上，资源也按逻辑方式进行管理，完全实现资源的自动化分配，而虚拟化技术就是实现这一设想的理想工具。虚拟化技术的最大优势在于它能够让终端用户在使用信息化应用时，不需要考虑物理设备之间的差异、物理距离的远近以及物理数量的多少，只需要按照自己正常的习惯进行信息资源的调用和交互。

3．并行计算及其他计算技术

（1）并行计算基本概念

并行计算是一种高效的算法。它能够在多台计算机或网络上进行执行，其中的每台机器都能够编译多个独立的程序，并转换为一系列指令。这些指令能够同时被执行，因而大大提高了系统的运算速度和可靠性。

（2）分布式计算

分布式计算是近年来提出的一种计算方式。它能够让两个或多个应用软件在同一个台计算机上执行，也能够通过多台计算机的连接进行资源共享和信息交换，从而提高系统的计算效率和可靠性。

（3）集群计算

计算机集群是一种高度紧密的合作模式，它将一组软件或硬件结合在一起，形成一个完整的运算网络。这些节点可以通过局域网连接，也可以通过其他方式连接，实现计算功能。集群计算可以大大提升单个计算机系统的计算效率和可靠性，而且它们的性价比远远高于单个计算机系统。

（4）网格计算

网格计算是一种具有重要意义的分布式计算技术，它可以将多台计算机组成一个网络，从而实现网络集群运算，这种方式可以大大提升数据处理能力，使计算机网络更加灵活和高效。网格计算是一个将多台计算机未使用的资源有效地组合在一起，以实现虚拟化的计算机系统网络集群，能够高效地处理大量计算，同时确保系统的安全。网格计算的特点是支持跨管理域的运算，这使得它能够处理复杂的实际问题，并且具有更大的可操作性和灵活性。利用网格计算，我们可以创建一个多用户的环境。

习题与思考

1．什么是计算机网络？计算机网络的基本特征是什么？
2．数据通信网的性能指标有哪些？
3．描述计算机网络的基本功能。
4．描述 TCP/IP 模型的基本构成以及各层的主要功能。
5．虚拟化技术主要解决什么问题？主流虚拟化技术主要包括哪些？
6．描述云计算 3 种服务模式 IaaS、PaaS 和 SaaS 的基本特点。

第 9 章

人工智能技术

本 章 导 学

◆ 内容提要

本章介绍人工智能的概念和发展简史,以及人工智能的关键技术和应用。

◆ 学习目标
1. 了解人工智能的概念和发展简史。
2. 了解人工智能的关键技术:模式识别、人工神经网络、机器学习。
3. 了解人工智能的应用:语音识别、图像识别、自动驾驶。

9.1 人工智能概述

9.1.1 人工智能概念

人工智能(AI,Artificial Intelligence)是一种研究、开发用于模拟、延伸和扩展人的智能的理论、方法、技术及应用系统的技术科学,它的目标是让机器能够更好地理解和处理复杂的信息,并且能够更有效地完成任务。自产生以来,人工智能在各个行业得到了广泛的应用,取得了令人瞩目的成绩。

随着大数据、类脑计算、深度学习等技术的飞速发展,人工智能已经成为一个充满挑战的领域。它不仅改变了信息技术、互联网等的发展方向,而且也推动了机器人、无人机等技术的进步。

9.1.2 人工智能发展简史

1956 年,达特茅斯学院举办了一次持续两个月的会议。这次会议上,"人工智能"一词首次被提出,并得到了广泛的认可。从那以后,人工智能开始进入人们的视野中,研究人员不断探索和发展了众多相关的理论和技术,使人工智能的概念得到扩展。与会专家在当时怎么也不会想到,他们提出的"人工智能"会在今天得到如此蓬勃的发展。

1．20 世纪 50 年代——人工智能的兴起和冷落

随着人工智能概念的首次提出，一些重要的理论结果随之出现。然而，由于推理能力有限，机器翻译技术也尚未完全成熟，人工智能技术走向瓶颈期。通过对这一阶段发展的思考可以发现，人工智能所受到的冷落源自人们对问题求解方法的迫切关注，而忽略了知识本身的重要性。

2．20 世纪 60 年代—70 年代——专家系统带来的高潮

1968 年，美国斯坦福大学开发出一个专家管理系统——DENDRAL 系统，它可以帮助化学家准确地识别出某待定物质的分子结构，从而提高研究效率。1976 年，美国斯坦福大学的研究人员花费了五六年的时间，研发出一种使用人工智能方法的早期模拟决策系统——MYCIN 系统，它可以用于诊断严重感染，并且提供抗生素的最佳用药方案。自那时起，许多著名的专家系统，如 PROSPECTIOR 探矿系统、Hearsay-II 语音理解系统等都用于解决实际问题，为人工智能技术的发展做出了重要贡献。

3．20 世纪 80 年代——神经网络的快速发展

1982 年，日本开始实施"第五代计算机工程"，该计划将逻辑推理的速度提升到与数值运算相同的速度。尽管该计划没有达到满意的效果，但它激发了一股热情，使得越来越多的专家和学者将目光转向人工智能的研究上。1987 年，在美国举行的第一届神经网络国际会议宣布建立一个新的学科——神经网络。从那时起，世界上许多国家逐步加大了对神经网络的研发力度，促进了神经网络的迅猛发展。

4．20 世纪 90 年代——人工智能的网络化发展

随着互联网技术的飞速发展，人工智能的研究内容发生了变化：从单个智能实体发展为基于网络环境的分布式人工智能。例如，霍普菲尔德神经网络提供了一种更高效的问题解决方式，它不但可以解答同一个目标的分布式询问，而且还可以解答不同智力主体的多目标问题。

5．21 世纪——人工智能的技术腾飞

随着社会的发展和科技的进步，人工智能技术已经日趋完善。人工智能技术在智能化信息管理、智能接口领域、数据挖掘等领域得到了广泛的运用和推广。

9.2 人工智能的关键技术

9.2.1 模式识别

1．模式和模式识别的概念

模式是指具有某种特定性质的感知对象。一般情况下，待观察的事物都具有时空分布信息，对待观察事物的各种信息进行处理、描述、分类和解释的过程称为模式识别，或模式分类。以能否拥有训练数据为标准，模式识别可以被分成监督模式识别和非监督模式识别两种类型。

模式识别可以用于辨别和理解多种信息，其中包括数据、语言文本和逻辑关系。模式识别还可以帮助我们定义、辨认、区分和理解事件或现状，是信息科学和新一代人工智能的组成部分。

2. 模式识别系统

一般来说，模式识别系统包括信息获取、预处理、特征选择与提取、分类器设计（或聚类）和分类决策（或结果解释）5 个部分，如图 9-1 所示。我们以已知样本情况下的监督模式识别系统为例，介绍各部分的主要内容。

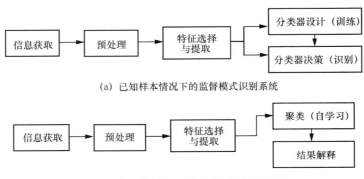

(a) 已知样本情况下的监督模式识别系统

(b) 未知样本情况下的非监督模式识别系统

图 9-1　模式识别系统

（1）信息获取

计算机不仅能够处理数字信号，而且能够将观测内容转换为电信号，从而实现模式的数字化表达。计算机通过各种传感器获取声音、视频等信息，以及一些物理量和逻辑值，让人们更好地理解和掌握观察对象的特征和行为。

（2）预处理

将模式转换为数字化表达之后，还必须对数字化表达进行预处理，以降低噪声的影响，突显可用信息。例如对于数字图像来说，它可以通过二值化、平滑、变换、增强、恢复、滤波、几何校正等数字图像处理技术进行预处理。

（3）特征选择与提取

特征选择与提取是指在测量空间中，通过对原始数据进行相应的变换，获得特征空间中最能反映分类本质特征的过程。

（4）分类器设计

分类器是一种用于信息识别和分类的工具，主要由设计和决策两部分组成。分类器设计通过样本训练来确定判决规则，并把判决规则变成后续分类决策的标准，实现对目标对象的识别和分类。

（5）分类决策

聚类是在非监督模式下对样本数据按照一定的方法进行分析；后续的处理过程主要是结果解释，即根据专业知识来分析聚类结果的合理性，并对聚类做出解释。

3. 模式识别的应用

（1）文字识别

手写输入和光学字符识别是常见的文字识别应用。手写输入能够准确识别出手写体文字，常见于手机输入、电子签名等场景，目前已具有很高的识别准确率。光学字符识别能够将图片中的文字识别为可编辑的文字，便于用户对文字进行处理。

（2）语音识别

语音识别是模式识别中非常重要的技术，能够将人的语音转换为计算机或机器人可执行的命令，使它们完成相应操作，输出相应结果。常见的语音识别应用是文字录入，即将语音转换为文字。

（3）图像识别

生活中常见的图像识别有人脸识别和指纹识别。人脸识别能进行身份真实性验证，不仅应用于门禁系统，也应用于支付系统，例如刷脸支付。指纹识别已经成为智能手机的重要功能，不仅用于解锁手机，还用于身份真实性验证和付款。此外，一些企业使用的指纹打卡机也是指纹识别的常见应用。

9.2.2 人工神经网络

人工神经网络（ANN，Artificial Neural Network）从信息处理角度对人脑神经元网络进行抽象，建立某种简单模型，按不同的连接方式组成不同的网络。

人工神经网络是一个信息处理网络，它的出现与生物和数学有着密切的联系。要真正了解它的基本设计原则，我们必须从这两个角度入手。

从生物学角度来看，人类的行为完全由大脑操控。当感知到外部信息时，感知机制会将信息传递给大脑。大脑接收到信息后会做出反应，通过神经细胞进行传递，从而使人类发生相关行为。大脑处理信息的过程可以被描述为"机械化"的流程，而人工神经网络模型正是基于这种流程建构的。在人工神经网络中，计算机中枢信息处理设备被称为"大脑"，各类突触装置则取代了感知和执行机制，神经元和传输网络则与人脑的输入/输出机制有着相似之处。当然，只是如此还远远不够，神经元还需要特别的输入和输出参数，以便它们能够正确地传递信息。例如，当一个机械臂尝试抓取物品时，它会通过突触装置感知物品的尺寸，并将这种信息传递给神经元，从而实现对物品的准确识别和抓取。通过运算，神经元将信息传输给处理器，以实现最佳的效果。

从数学角度来看，人工神经网络可以通过函数映射的方式有效模拟出大脑传递信号的过程，其中数据的接收和传递如图9-2所示。

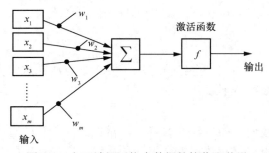

图 9-2　人工神经网络中数据的接收和传递

在图 9-2 中，$x_1 \sim x_m$ 表示输入数据，$w_1 \sim w_m$ 表示输入数据对应的权重，Σ 表示求和函数，f 表示激活函数。我们以机械臂抓去货物为例，介绍人工神经网络的数据处理过程。货物的重量、尺寸、材质等数据分别被表示为 x_1、x_2、x_3，这些数据和对应的权值 w_1、w_2、w_3 相乘后进行求和（Σ），并在激活函数 f 处理后输出。机械臂核心控制器通过输出数据来识别具体货物，完成抓取。

9.2.3 机器学习

1. 什么是机器学习

机器学习是一种使用计算机科学来研究和预测未来的技术,可以通过统计分析推测出一些规则,并且能够解答一些难题。由于使用了数据分析技术,因此机器学习可以培养出一些方式,并将其应用于研究中,以帮助用户做出更加精准的决策。

机器学习是人工智能领域中研究人类学习行为的一个分支,借鉴认知科学、生物学、哲学、统计学、信息论、控制论、计算复杂性等学科或理论的观点,通过归纳、一般化、特殊化、类比等基本方法探索人类的认识规律和学习过程,建立各种能根据经验来自动改进的算法,使计算机系统能够具有自动学习特定知识和技能的能力。

在人类的认知规律中,人类可以通过学习对经验进行归纳,总结出其中的规律,并将规律用于解决新问题,预测未来。同理,机器学习也可以对历史数据进行训练,从中总结出规律(模型),并将模型用于对输入数据的预测。由此可以看出,机器学习的训练与预测过程可以被理解为对人类归纳和推测过程的有效模拟。人类认知规律和机器学习模型的对比如图 9-3 所示。

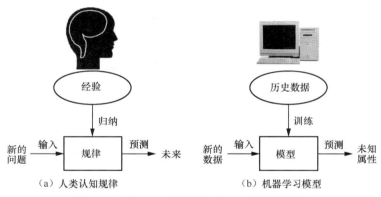

图 9-3　人类认知规律和机器学习模型的对比

2. 机器学习的算法

下面我们介绍机器学习中的一些经典算法,并将重点放在这些算法的内涵思想上,而对它们的数学理论与实践细节不展开讨论。

(1)回归算法

回归算法是一种比较简单的机器学习算法。常见的回归算法有线性回归算法和逻辑回归算法。线性回归算法根据已有数据拟合出一条直线,以最佳地匹配这些数据。拟合的过程中通常会用到最小二乘法,最小二乘法的核心思想是所有数据与拟合直线的距离最小,即求解函数极值。梯度下降是一种广泛应用于函数求极值的有效方法,它不仅是回归模型中非常简单且有效的工具,而且是一种重要的工具。

逻辑回归算法属于分类算法。线性回归算法处理的是数值问题(连续性问题),而逻辑回归算法处理的是分类问题(离散性问题)。在具体实现上,逻辑回归算法只是给线性回归算法的计算结果加了一个 Sigmoid 函数,将其值转化为概率形式。直观来说,逻辑回归算法的结果就是画出了一条分类线。

（2）支持向量机算法

支持向量机算法起始于统计学，被广泛应用于机器学习中。支持向量机算法可以被视作逻辑回归算法的一种提升，它通过设置更严苛的优化条件，结合高斯"核"函数，可以获得更复杂的分类线，从而大大提升划分效果。"核"函数是一种特殊函数，它能够将低维空间投射到高维空间，从而更有效地实现细分任务，提高分类精度，提升分类效果。在二维空间中划分界线可能会比较困难，但是通过"核"的概念，我们可以将二维空间转换为三维空间，并利用一个线性平面来实现这一目标。

（3）聚类算法

前面的两种算法在训练数据中会包含标签，训练出的模型可以预测其他未知数据的标签。在聚类算法中，训练数据是不含标签的，算法的目的是通过训练推测出这些数据的标签。以包含两个特征的二维数据为例，聚类算法可以计算这些数据之间的距离，从而实现对它们的分类。典型的聚类算法是 $K\text{-Means}$ 算法。

（4）推荐算法

推荐算法已经应用于电商界，例如亚马逊、天猫、京东等网上商城，主要用途是自动向用户推荐他们感兴趣的东西。推荐算法主要有以下两类。

第一类是基于物品内容的推荐，这类推荐算法是将与用户购买物品近似的物品推荐给用户。这样做的前提是每个物品必须有若干个标签，这样才可以找出与用户购买物品类似的物品。这种推荐算法的优点是推荐内容的关联程度较大，但是由于每个物品都需要有标签，因此工作量较大。

第一类是基于用户相似度的推荐，这种推荐算法是将与目标用户兴趣相同的其他用户购买的物品推荐给目标用户。例如，小 A 买了物品 B 和 C，推荐算法经过分析发现，另一个与小 A 兴趣相同的用户小 D 购买了物品 E，于是将物品 E 推荐给小 A。

9.3 人工智能的应用

1．语音识别

语音识别可以将语音转换为文字，能够识别出文字的意图并进行相应的回答。通过深度神经网络，语音识别已经成为智能终端的一个重要功能。例如苹果公司的语音助手 Siri、百度公司的小度，它们都具备语音识别能力，能够根据用户指令完成相关操作。

2．图像识别

图像识别，是指利用计算机对图像进行处理、分析和理解，可以帮助人们识别出各种不同类型的目标或对象。这种技术通常是应用深度学习算法来实现的。

图像识别技术可以帮助人们更好地理解和录入信息内容。例如，在互联网领域，当信息内容为文字时，人们可以通过搜索轻松获取所需内容，并且可以进行任意编辑。但是，当信息内容为图片中的文字时，由于图片中的文字不能被复制和粘贴，若要检索，只能手动操作，这无疑会降低检索效率。图像识别技术能够对图片中的文字进行识别，将其变为可复制状态，这样用户就可以直接复制文字进行检索。

3. 自动驾驶

自动驾驶是一种技术，它通过利用人工智能技术、视觉运算技术、定位技术等使汽车能够自主感知周围环境，并做出智能决策，从而实现安全驾驶。这种技术不需要人类干预，可以让汽车自主完成行驶任务。

自动驾驶汽车本质上是由人工智能技术控制的汽车形机器人，也叫无人驾驶汽车、轮式移动机器人，采用以智能驾驶仪代替司机驾驶汽车的人工智能系统。智能驾驶仪是一种先进的汽车技术，可以模仿人类司机的行为，并利用汽车传感器来观察周边自然环境，依据反馈的信息调节汽车的启停、回转和车速，使汽车安全地行驶在路上。

习题与思考

1. AI 是_____的英文缩写。
2. 首次提出人工智能的时间是（　　）年。
  A．1946　　　　B．1960　　　　C．1916　　　　D．1956
3. 下列哪个不是人工智能的研究领域（　　）？
  A．机器证明　　B．模式识别　　C．人工生命　　D．编译原理
4. 语音识别属于人工智能学科中的（　　）。
  A．字符识别研究范畴　　　　　B．模式识别研究范畴
  C．指纹识别研究范畴　　　　　D．数字识别研究范畴
5. 什么是人工智能？
6. 请举例说明人工智能的研究领域和应用领域。
7. 请解释什么是机器学习，并说明人工智能与机器学习之间的关系。
8. 请说明图像识别技术在生活中的应用，并结合实际例子说明该技术对生活的影响。

第 10 章

物联网技术

本 章 导 学

◆ 内容提要

本章介绍物联网的起源、概念，以及其与互联网的关系，并介绍物联网的体系结构、感知技术和通信组网技术。此外，本章还介绍物联网的典型应用场景。

◆ 学习目标
1. 理解物联网的基本概念，以及其与互联网的关系。
2. 了解物联网的体系结构。
3. 熟悉物联网的感知技术与通信组网技术。
4. 了解物联网的典型应用场景。

10.1 物联网概述

物联网是一种万物相连的互联网，其中"物"是指一切能与网络相联的物品，比如汽车、智能冰箱、共享单车等。通过互联网，这些"物"之间可以共享信息并产生有用信息，可以实现任何地点、任何时间，人、机、物的互联互通。

10.1.1 物联网的发展历程

物联网起源于 20 世纪 90 年代。1995 年比尔·盖茨出版了《未来之路》。在书中，他大胆地描绘信息技术的未来，其中包括很多在当时觉得令人不可思议但和现在物联网应用类似的想法。1999 年凯文·阿什顿（Kevin Ashton）首次提出物联网的概念。同年，他在麻省理工学院建立了自动识别中心，提出万物皆可通过网络互联，阐明了物联网的基本含义。凯文·阿什顿也因此被称为"物联网之父"。

2005 年，国际电信联盟（ITU）发布《ITU 互联网报告 2005：物联网》，引用了"物联网"的概念。物联网的定义和范围已经发生了变化，不再只是指基于 RFID 技术的物联网，而是延伸到了更广泛的应用领域。

2008 年后，各国政府为了促进科技发展，寻找新的经济增长点，都开始重视下一代技术规划，纷纷将目光放在了物联网上。

2009 年，欧盟委员会发表了欧洲物联网行动计划，美国的 IBM 公司提出了"智慧地球"这一概念，我国则提出"感知中国"。无锡市率先建立了"感知中国"研究中心，物联网被列为国家五大新兴战略性产业之一，受到了全社会的极大关注。物联网进入了快速发展期。

2015 年，国务院发布了《中国制造 2025》，将物联网技术列为重点发展领域之一。2015年后物联网发展进入爆发期，这主要得益于低功耗广域物联网、边缘计算、5G 等技术的发展，以及行业应用需求的旺盛。

2016 年，国家"十三五"规划纲要明确提出"发展物联网开环应用"；窄带物联网（NB-IoT，Narrow Band Internet of Things）的主要标准冻结，这意味着 NB-loT 可以开始大规模的推广和应用；边缘计算产业联盟正式成立。2018 年，阿里巴巴宣布全面进军物联网领域，计划在五年内连接 100 亿台设备。阿里巴巴、腾讯、京东等互联网公司纷纷加入 LoRa 联盟。2019 年，5G 技术的商用为物联网发展提供更强大的网络支持。根据工信部统计数据，截至 2022 年 8 月底，我国移动物联网终端用户达到 16.98 亿户，超越移动电话 16.78 亿的用户数。工信部等八部门印发《物联网新型基础设施建设三年行动计划（2021—2023 年）》，明确到 2023 年底，在国内主要城市初步建成物联网新型基础设施，物联网连接数突破20 亿。

10.1.2　物联网的概念

目前国内普遍认同的物联网定义是：通过射频识别、红外感应器、北斗卫星导航系统/全球定位系统、激光扫描器等信息传感设备，按约定的协议，把物品与互联网相联，进行信息交换和通信，以实现对物品的智能化识别、定位、跟踪、监控和管理。

10.1.3　物联网与互联网的关系

互联网指的是网络与网络所串连成的庞大网络，它们通过一组通用的协议相互连接，形成逻辑上单一且规模巨大的网络。互联网的终端主要是计算机，也可以说互联网是人与人的连接。

物联网是物体与物体之间的互通互联，并与互联网连接在一起。物联网是互联网的延伸和扩展，它把人与人之间的互联互通扩大到人与物、物与物之间的互联互通。物联网以互联网为基础和核心，通过感知设备（如传感器、RFID 设备等），采集信息，再通过互联网传送信息。物联网的特征是全面感知、可靠传递、智能处理。物联网因具有"连接一切"的特点，所以具备很多互联网所没有的特性。

10.2　物联网体系结构

物联网的目标是实现万物互联，实现人与物、物与物之间的连接，这就需要物体具有感知能力，数据能被可靠传输并得到智能处理。目前业界大致公认的物联网体系结构为三体系结构，底层为感知层，中间层为网络层，顶层为应用层，如图 10-1 所示。

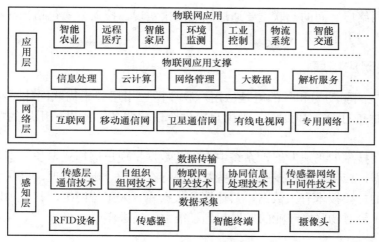

图 10-1 物联网体系结构

10.2.1 物联网感知层

如果把物联网比作人,那么感知层就类似于人的感觉器官,可以识别物体和采集信息,其中,识别物体是通过智能感知来确定物品是什么,采集信息是利用传感器等设备来感知物品的形态。感知层是物联网的底层,它不仅是联系物理世界与信息世界的纽带,也是物联网实现全面感知的关键。感知层可以获取物理量、标识、音频、视频等数据,并解决物与物及物与上层的连接问题。

感知层通常包括数据采集和数据传输两部分。感知层的数据采集设备有很多种,例如 RFID 设备、传感器、摄像头等。这些数据采集设备可以采集信息,并通过 ZigBee、蓝牙、Wi-Fi 等无线以及有线传输技术进行协同工作,或者传递数据到网关设备。

感知层所需要的关键技术包括 RFID 技术、传感器技术、二维码技术、中/低速无线或有线短距离传输技术、低功耗广域网技术、智能组网技术、嵌入式计算技术、传感器网络中间件技术等。集成化的微型传感器可以用于实时监测、感知和采集各种环境的信息,这些信息通过嵌入式系统进行处理。由于需要感知的地理范围和空间范围比较大,包含的信息也比较多,因此感知层还需要通过自组织网络技术将该层中的设备以协同工作的方式组成一个自组织的多节点网络进行数据传输。

10.2.2 物联网网络层

如果说感知层相当于人的感觉器官,那么网络层就相当于人的中枢神经,负责信息的传递和交互。网络层是物联网体系结构中的第二层,负责感知层和应用层之间的数据通信,将感知层所采集到的数据无障碍地、可靠安全地传送到应用层,或将控制信息传送到感知层。同时,网络层为各类感知层异构网络提供接入接口,实现网络层与感知层的紧密融合。

物联网的网络层是基于现有的网络建立起来的,是物联网体系结构中标准化程度最高、产业化能力最强、技术最成熟的部分,主要包括互联网、移动通信网、卫星通信网、专用网络、有线电视网等。

感知层与网络层之间的互联主要通过接入网来实现，接入方式包括光纤接入、无线接入、以太网接入、卫星接入等。

10.2.3 物联网应用层

物联网发展的驱动力和目的就是应用。物联网应用层处于物联网体系结构的顶层，通过对感知数据进行分析和处理，为用户提供个性化服务，所以应用层的核心是数据和服务。

随着物联网技术的飞速发展，系统中产生的数据呈现出爆炸式增长。感知层收集到大量的多样化数据，应用层需要及时对这些数据进行存储、分析、处理，以从中提取出有效信息。应用层的主要技术有大数据、云计算、数据库、人工智能等，其中利用云计算技术搭建的物联网平台对物联网产业的发展起到了很大的促进作用。

10.3 物联网感知技术

10.3.1 传感器技术

1．传感器概述

"物联天下，传感先行"。传感器是物联网感知世界的第一个环节，让物体有了类似于人的 5 种感觉——视觉、听觉、触觉、味觉和嗅觉。传感器早已应用于智慧城市、智能交通、工业控制、农业生产、环境保护等领域。

传感器是一种能将感知到的被测量信息按一定规律变换为电信号或其他形式的信息并输出，实现信息的处理、传输、存储、显示等功能的检测装置。

《传感器通用术语》（GB/T 7765—2005）对传感器的表述是："能感受被测量并按照一定的规律转换成可用输出信号的器件或装置，通常由敏感元件和转换元件组成"。传感器一般由敏感元件、转换元件、变换电路和辅助电源四部分组成，如图 10-2 所示。敏感元件能直接感受或响应被测量，转换元件能将敏感元件感受或响应的被测量转换成适合传输或测量的电信号。转换元件将由敏感元件输出的物理量信号转换为电信号。变换电路对转换元件输出的电信号进行放大、调制，将其转换成便于显示、记录、处理和控制的电信号。辅助电源对转换元件和变换电路进行供电。

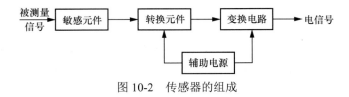

图 10-2 传感器的组成

传感器具有智能化、微型化、数字化、系统化、多功能化、网络化的特点，具体表现如下。

① 响应速度非常快。

② 能够在恶劣的环境下长时间连续采集数据。

③ 支持远距离测量及控制。
④ 支持无损检测。
⑤ 可以对多个采集点进行组网式采集和运算。
⑥ 可以连接网络中的计算机,以对数据进行实时的计算、分析、处理。
⑦ 可以对被采集物体的数据进行全方位采集,然后通过计算进行矫正。
⑧ 自带处理芯片,可以对抖动、不稳定的数据进行过滤。

2．传感器的分类

传感器一般可以按照以下几种方式进行分类。

（1）按感知功能分类

按传感器的基本感知功能,传感器可被分为力学量传感器、热学量传感器、光学量传感器、磁学量传感器、声学量传感器、电学量传感器、气体传感器、湿度传感器、离子传感器、生理量传感器等 10 类,如表 10-1 所示。

表 10-1　传感器的分类——按感知功能

分类	功能
力学量传感器	能感受力学量并转换成可用输出信号
热学量传感器	能感受热学量并转换成可用输出信号
光学量传感器	能感受光并转换成可用输出信号
磁学量传感器	能感受磁学量并转换成可用输出信号
声学量传感器	能感受声学量并转换成可用输出信号
电学量传感器	能感受电学量并转换成可用输出信号
气体传感器	能感受气体（组分、分压）并转换成可用输出信号
湿度传感器	能感受气体中水蒸气含量并转换成可用输出信号
离子传感器	能感受离子量并转换成可用输出信号
生理量传感器	能感受生理量并转换成可用输出信号

（2）按工作原理分类

传感器按照工作原理可以分为电阻式传感器、电容式传感器、电感式传感器、压电式传感器、电势式传感器等,如表 10-2 所示。

表 10-2　传感器的分类——按工作原理

分类	工作原理
电阻式传感器	将被测量变化转换成电阻变化
电容式传感器	将被测量变化转换成电容量变化
电感式传感器	将被测量变化转换成电感量变化
压电式传感器	将被测量变化转换成由于材料受机械力产生的静电或电压变化
电势式传感器	将被测量变化转换成电势变化

（3）其他分类

传感器按工作效应可以被分为物理量传感器、化学量传感器、生物量传感器；按能量关系可以分为能量转换型传感器和能量控制型传感器；按输出信号可以分为模拟式传感器和数字式传感器；按其制造工艺可以分为集成传感器、薄膜传感器、厚膜传感器、陶瓷传感器；按其构成可以分为基本型传感器、组合型传感器、应用型传感器。

3．常用传感器

（1）应变[计]式传感器

由弹性敏感元件、电阻应变计、补偿电阻和外壳组成的应变[计]式传感器，其结构如图 10-3 所示。应变[计]式传感器的转换元件为电阻应变计，当导体或半导体材料因外力产生机械形变时，电阻值会发生相应改变，这种现象被称为电阻应变效应。应变[计]式传感器在测量时，弹性敏感元件因受到所测量的力的变化而产生形变，导致粘贴在它上面的电阻应变计随之产生形变，从而使电阻值产生变化，变换电路将这种变化转换为电压或电流的变化。此类传感器可以测量力、加速度、压力、位移、扭矩、温度等物理量。图 10-4 所示为应变式测力传感，图 10-5 所示为应变式位移传感器。

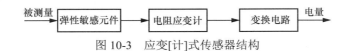

图 10-3　应变[计]式传感器结构

图 10-4　应变式测力传感器

图 10-5　应变式位移传感器

电阻应变计主要有金属和半导体两种材质，其中，金属材质的电阻应变计是利用金属导体形变来引起电阻的变化，半导体材质的电阻应变计利用半导体电阻率变化来引起电阻的变化。应变[计]式传感器具有体积小、精度高、重量轻、结构简单、测量范围广、寿命长、价格低、性能稳定、频率响应好、品种多样等优点，可以在高压、高温、高速、强磁等恶劣条件下工作，已经得到广泛的应用。

（2）电容式传感器

电容式传感器是以各种类型的电容器作为传感元件，将被测量的变化转换成为电容量变化的一种装置。实际上，电容式传感器就是一个具有可变参数的电容器。

电容式传感器的结构简单、灵敏度高、价格便宜、性能稳定性好、可测非接触量、动态响应特性好，并且能在高温、高压、强震、强磁场、强辐射等恶劣环境中工作，广泛用于速度、角度、位移、厚度、振动、加速度、液位、压力等方面的测量。图 10-6 所示为电容式称重传感器，图 10-7 所示为电容式液位计。

图 10-6　电容式称重传感器

（3）热电式传感器

很多场合需要测量、显示、调节和控制温度，热电式传感器可以帮助我们准确地获取温度信息。

热电式传感器可以分为热电偶传感器、热电阻传感器。热电偶传感器是把温度变化转换为电势的热电式传感器。热电阻传感器是把温度变化转换为电阻值的热电式传感器，其中，用金属材料作为感温元件的热电阻传感器被称为金属热电阻传感器（一般称为热电阻），用半导体材料作为感温元件的热电阻被称为热敏电阻。

图 10-7　电容式液位计

热电偶传感器是利用热电效应制成的温度传感器。所谓热电效应，就是将两种不同材料的导体（或半导体）组成一个闭合回路，只要两结点处的温度不同——一端（工作端或热端）的温度为 T，另一端（参考端或冷端）的温度为 T_0——回路中将产生电动势的现象。

图 10-8 所示的热电偶测温传感器是目前温度测量中使用较为广泛的传感元件之一，具有制造方便、结构简单、测量范围广、惯性小、精度高、输出信号便于远距离传输等优点。该传感器还是一种无源传感器，使用时不需要外加电源，因此广泛应用于火炉、管道内气体或液体，以及固体表面的温度的测量。

金属热电阻传感器是利用金属导体的电阻值随温度的增加而增加这一特性来测量温度的。该传感器使用较多的金属材料是铂和铜。性能最佳的热电阻传感器是铂电阻传感器。铂电阻传感器具有精度高、性能稳定、电阻率较高、测量范围大、测量可靠等优点。铜电阻传感器的价格比铂电阻传感器的价格便宜，在一些温度范围为−5～150 ℃，且精度要求不高的情况下，一般采用铜电阻传感器。图 10-9 所示为铂电阻温度传感器。

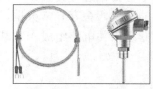

图 10-8　热电偶温度传感器

热敏电阻传感器是一种用半导体材料制成的热敏器件。在工作温度范围内，电阻值随温度升高而减小、随温度降低而增加的热敏电阻传感器被称为负温度系数（NTC，Negative Temperature Coefficient）热敏电阻传感器；电阻值随温度升高而增加、随温度降低而减小的热敏电阻传感器被称为正温度系数（PTC，Positive Temperature Coefficient）热敏电阻。如图 10-10 所示为 NTC 热敏电阻。热敏电阻传感器具有灵敏度高、体积小、结构简单、温度系数大、电阻率大，热惯性小等优点，适于测量点温、表面温度及快速变化的温度。

图 10-9　铂热电阻温度传感器

图 10-10　NTC 热敏电阻

（4）磁敏式传感器

常见的磁敏式传感器有磁电式传感器、霍尔式传感器、磁敏电阻。

磁电式传感器是一种利用电磁感应原理将被测量（如振动、位移、转速等）转换成电信号的传感器。它是一种无源传感器，工作时不需要辅助电源就能把被测量转换成易于测量的电信号，只适合用于动态测量。

霍尔式传感器是一种根据霍尔效应制作的磁场传感器，如图10-11所示。霍尔效应是物质中的运动电荷受磁场中洛仑兹力的作用而产生偏转的一种特性。霍尔式传感器是半导体磁敏元件，具有体积小、灵敏度高、功耗小、稳定性高、线性度好、重量轻、寿命长、耐高温、耐震动、安装方便，以及不怕灰尘、油污、水汽、盐雾等的污染或腐蚀的特点，已广泛应用于非电量测量、自动控制、计算机装置等领域。

图 10-11　霍尔式传感器

磁敏电阻是一种对磁敏感、具有磁阻效应的电阻元件。磁阻效应是指物质在磁场中的电阻发生变化的现象。磁敏电阻通常用锑化铟、砷化铟等对磁具有敏感性的半导体材料制成，具有磁检测灵敏度高、输出信号幅值大、抗干扰能力强、分辨率高等特点，主要用于磁性墨水图形和文字的识别（如防伪纸币、票据等），以及检测微小磁信号（如磁带、磁盘等）。

（5）智能化传感器

智能化传感器是具有信息处理功能的传感器，是传感器集成化与微处理机相结合的产物，具有信息采集、处理、交换的能力。它可以将检测到的各种物理量储存起来，并根据指令对数据进行处理，从而得到所需的新数据。智能化传感器还能根据情况决定需要被传送的数据，舍弃异常数据，完成分析和统计计算。智能化传感器系统主要由传感器、微处理器及相关电路组成，其基本结构如图10-12所示。

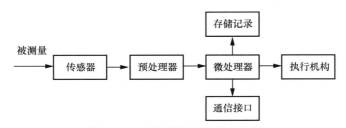

图 10-12　智能化传感器基本结构

如今智能化传感器已广泛应用于各个领域，可以支持不同场景的物联网解决方案。图10-13所示为某品牌的人体传感器，它可以进行移动监测、明暗识别，联网后还可以与其他设备进行智能联动，适合安防、智能照明、智能家居等多种场景使用，比如感知周围环境的明暗变化、是否有人活动、控制灯的亮灭。该传感器还可以进行安防侦测，例如当有人闯入家中时，该传感器监测到后可以通过手机App发送提醒消息，以便用户及时了解情况。

图 10-13　人体传感器

10.3.2　RFID 技术

1．RFID 技术概述

RFID 技术是一种非接触式的自动识别技术，通过无线射频方式进行非接触双向数据通信，对电子标签进行读/写，从而达到识别目标和数据交换的目的。简单来说，RFID 用一个串码来标记不同物品，这相当于赋予物品一个身份编码，然后通过无线通信技术和识别技术识别这个身份编号,读/写物品相关的数据,将数据传送出去。RFID 技术在物联网中的应用相当于让物品有了一个身份证。

RFID 技术具有简单实用、体积小、易于操控、读写方便、可重复使用等特点,可以实现快速读/写、非可视识别、多目标识别、定位、长期跟踪管理等功能。例如,RFID 技术可以通过附着在食品上的标签追踪该食品的生产、运输、存储、销售等过程。

2. RFID 系统组成

典型的 RFID 系统主要由阅读器、电子标签、RFID 中间件、应用系统软件组成,我们一般把中间件和应用软件统称为应用系统。RFID 系统工作原理如图 10-14 所示,具体工作过程是电子标签进入磁场后,接收到阅读器发出的射频信号,然后凭借感应电流所获得的能量发送出存储在芯片中的产品信息,或者主动发送某一频率的信号;阅读器读取信息并解码后,将这些信息发送给应用系统做相应处理。

电子标签又称应答器或智能标签,是一个微型无线收发装置,主要由内置天线和芯片组成。每个电子标签具有唯一的电子编码。阅读器又称读写器,是一个捕捉和处理电子标签数据的设备。它可以是单独的个体,也可以被嵌入到其他系统,通常由收发机、微处理器、存储器、外部传感器/执行器等部件组成。阅读器不仅与电子标签双向通信,同时也向应用系统发送数据和接收来自应用系统的控制指令。

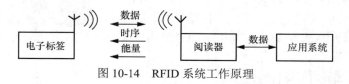

图 10-14 RFID 系统工作原理

3. RFID 技术的应用

RFID 技术具有抗干扰强以及不需要人工识别的特点,所以常常被应用在一些需要采集或追踪信息的领域中,如智能制造、智能交通、资产管理、身份认证、防伪溯源追踪、智慧商业等领域,如表 10-3 所示。

表 10-3 RFID 技术的应用

应用领域	具体应用
智能制造	仓库管理、生产线智能管理、生产线自动识别、商品生产进度监控
智能交通	ETC、城市交通管理、火车调度/管理
资产管理	图书馆/艺术馆/博物馆资产管理、固定资产管理、贵重物品管理
身份认证	身份证、一卡通、门禁系统、考勤系统、门票管理、宠物身份标签
防伪溯源追踪	物品防伪、钞票防伪、食品溯源、药品溯源、商品质量追踪、废弃物追踪、野生动物追踪、物流跟踪、行李安检跟踪/分拣/运输管理
智慧商业	服装/鞋智能管理、新零售终端(商品管理、无人超市)

贵重物品管理是一个典型的 RFID 应用案例。在贵重物品上加上电子标签,就可以实现对贵重物品的智能化管理,例如盘点、防盗监控、移动销售、智能结算等。比如在商场售卖的珠宝上加上电子标签,并在展台内安装读写器和天线,那么珠宝的数据便可以实现实时读取:一旦珠宝被拿起,阅读器会立即获取该信息并发送给应用系统。营业员也可以

佩戴 RFID 手环，当他取珠宝时，应用系统就可以知道谁在什么时间取走了什么珠宝。这样的管理方法做到了离开展台的珠宝也有专人负责，也减少了交接班的工作量。图 10-15 所示为贵重物品管理系统结构。

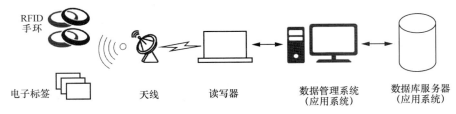

图 10-15　贵重物品管理系统结构

ETC 也是一个典型的 RFID 应用案例。当有电子标签的车辆经过收费站时，电子标签被激活，将自身的信息发射出去，收费站处的读写器对接收到的信息进行解码，自动识别车辆，刷新电子标签内备付金金额，然后通过网络将车牌号、车型、备付金账号、金额等信息发送给银行和收费结算中心。银行根据收费标准扣减该车对应的备付金，并将该款项划拨到收费结算中心的账户上。收费结算中心根据车辆行驶路段将所收款项划分给不同的路桥收费公司。图 10-16 所示为高速收费站，其中有 ETC 通道。

图 10-16　高速收费站

10.4　物联网通信组网技术

10.4.1　ZigBee 技术

1. ZigBee 技术概述

ZigBee 技术是一种近距离、低功耗、低速率和低成本的双向无线通信技术，主要用于距离短、功耗低且传输速率不高的应用场景，例如电子设备之间的数据传输，以及涉及周期性数据、间歇性数据和低反应时间数据传输的应用。因此，ZigBee 技术非常适用于家用电器和小型电子设备的无线控制指令传输。

ZigBee 是一个由可多达 65535 个网络节点组成的无线数据传输网络，在整个网络范围内，ZigBee 网络节点间可以相互通信。

ZigBee 网络节点不仅可以作为监控对象（如对其所连接的传感器直接进行数据采集和监控），还可以自动中转别的网络节点传过来的数据资料。此外，ZigBee 网络节点还可在自己信号覆盖范围内，和多个不承担网络信息中转任务的孤立子节点进行无线连接。

2. ZigBee 技术特点

作为一种无线通信技术，ZigBee 技术具有如下特点。

（1）低功耗：由于 ZigBee 技术的传输速率低，发射功率仅为 1 mW，且采用了休眠模式，因此 ZigBee 设备非常省电。据估算，ZigBee 设备仅靠两节 5 号电池就可以维持长达 2 年的使用时间，这是其他无线设备望尘莫及的。

(2)成本低:ZigBee 模块的成本低,且 ZigBee 协议是免专利费的,这对 ZigBee 技术的应用推广是一个关键的因素。

(3)低速率:ZigBee 工作在 20~250 kbit/s 的传输速率范围,满足低速率传输数据的应用需求。

(4)时延短:通信时延和从休眠状态被激活的时延都非常短,典型的搜索设备的通信时延为 30 ms,从休眠状态中被激活的时延是 15 ms,节点接入网络只需要 30 ms。

(5)网络容量大:ZigBee 可采用星形拓扑、网状拓扑和树形拓扑,由一个主节点管理若干子节点。一个主节点最多可管理 254 个子节点,主节点还可由上一层网络节点管理,因此 ZigBee 网络最多可组成一个包括 65535 个节点的大网。

(6)可靠性高:ZigBee 技术采取了碰撞避免策略,同时为需要固定带宽的通信业务预留了专用时隙,避开了发送数据的竞争和冲突。ZigBee 网络的 MAC 层采用了完全确认数据传输模式,对于发送的每个数据包,发送方都必须等待接收方的确认信息。如果传输过程中出现问题,发送方会进行重发。

(7)高安全性:ZigBee 提供了 3 级安全模式,其中包括无安全设定、使用接入控制清单防止非法获取数据以及采用高级加密标准(AES128)的对称密码。

(8)免执照频段:采用 ISM 频段。

3.ZigBee 网络体系架构

按照 OSI 参考模型,ZigBee 网络体系架构分为 4 层,从下往上分别是物理层、MAC 层、网络层和应用层。IEEE802.15.4 定义了物理层和 MAC 层,而 ZigBee 联盟定义了网络层、应用层技术规范,每一层为其上层提供特定的服务:即由数据服务实体提供数据传输服务;管理实体提供管理服务。每个服务实体通过相应的服务接入点(SAP,Service Access Point)为其上层提供一个接口,每个服务接入点完成所对应的功能。ZigBee 网络体系架构如图 10-17 所示。

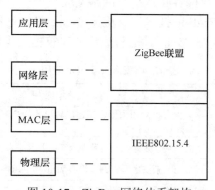

图 10-17 ZigBee 网络体系架构

(1)物理层

物理层定义了物理无线信道和 MAC 层之间的接口,提供物理层数据服务和物理层管理服务。物理层数据服务从物理无线信道上收/发数据,物理层、管理、服务维护一个由物理层相关数据组成的数据库。

(2)MAC 层

MAC 层负责处理所有物理无线信道的访问,并产生网络信号、同步信号;支持个人区域网连接和分离，提供两个对等 MAC 实体之间可靠的链路。MAC 层提供数据服务，保证协议数据单元在物理层数据服务中被正确收/发。MAC 层还提供管理服务，维护和储存 MAC 层协议状态相关信息的数据库。

（3）网络层

ZigBee 协议栈的核心部分在网络层。网络层主要实现节点加入或离开网络、接收或抛弃其他节点、路由查找及传送数据等功能，支持 Cluster-Tree 等多种路由算法，支持 3 种网络拓扑：星形拓扑、树形拓扑和网状拓扑。Zigee 网络拓扑如图 10-18 所示。

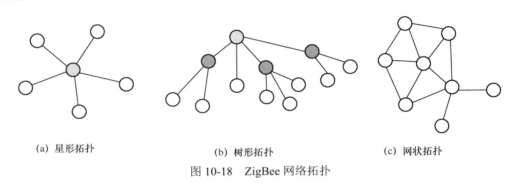

(a) 星形拓扑　　　　　　(b) 树形拓扑　　　　　　(c) 网状拓扑

图 10-18　ZigBee 网络拓扑

（4）应用层

应用层是 ZigBee 网络中最高的协议层，承载应用实体。单个设备最多可拥有 240 个应用实体。ZigBee 的协议、标准在开发应用时会提供应用层协议，应用层协议拥有统一的消息格式和处理方法。对于具体应用而言，应用层协议可使其适用于不同厂商生产的设备。

4．ZigBee 技术的应用

ZigBee 技术特别适合于数据吞吐量小、网络建设投资少、网络安全要求较高、不便频繁更换电池或充电的场合。ZigBee 技术广泛应用于工业制造、智能家庭、水文水利监测、智能楼宇、石油石化采掘、智慧农业、服务/医疗、建筑施工等领域，如表 10-4 所示。

表 10-4　ZigBee 技术应用

应用领域	具体应用
工业制造	危险品的检测、火警检测和预报、高速旋转机器的检测和维护、仓储定位、车间/工厂照明控制、环境监控、工业控制
智能家庭	灯光控制、家电控制、家庭安防、智能窗帘、环境监测
水文水利监测	河道水文水利监测、湖泊水库监测、沿海潮汛/潮位监测
智能楼宇	照明控制、烟雾监控、楼宇安防、风暖系统、抄表系统
石油石化采掘	油田油井遥测/遥感、油气管线腐蚀检测、液化天然气灌远程监控、油气管线检测/监控、煤矿监测监控、矿井人员定位
智慧农业	温室大棚环境检测、农田耕种环境检测、作物生长监测、粮仓监控
服务/医疗	无线点餐系统、茶楼/咖啡馆/医院呼叫系统、老人/小孩监护、医疗监测
建筑施工	建筑工地人员定位/防踏空报警、塔吊起重机无线监控、轨道交通施工人员无线管理系统

矿井人员定位系统是一个典型的 Zigbee 技术应用案例。在井下坑道内建立一个由控制中心和若干个具有固定位置的识别卡（ZigBee 网络节点）组成的无线网络通信系统，待佩

戴定位卡的矿工进入井下坑道后，矿井人员定位系统便会建立移动目标（矿工）和 ZigBee 网络节点之间，以及 ZigBee 网络节点与控制中心之间的通信联系，并依据 ZigBee 网络节点是否接收到移动目标的定位信号，以及接收到的定位信号的强度大小来确定移动目标的位置。基于 ZigBee 技术的矿井人员定位系统如图 10-19 所示。

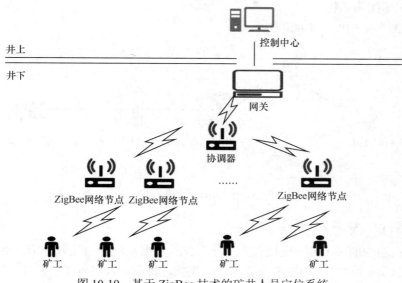

图 10-19　基于 ZigBee 技术的矿井人员定位系统

10.4.2　NB-IoT 技术

1．NB-IoT 技术概述

NB-IoT 支持低功耗设备在广域网的蜂窝数据连接，因此也被叫作低功耗广域网。目前，NB-IoT 已成为物联网的一个重要分支。NB-IoT 构建于蜂窝网络之上，只需要大约 180 kHz 的带宽，可直接部署于全球移动通信系统（GSM，Global System for Mobile Communications）网络、通用移动通信业务（UMTS，Universal Telecommunications Service）网络或长期演进技术（LTE，Long Term Evolution）网络。NB-IoT 使用 License 频段，可采取带内、保护带、独立载波这 3 种部署方式。

2．NB-IoT 技术特点

NB-IoT 技术具有低功耗、大连接、广覆盖等特点。

低功耗：对于一些不便于经常更换电池的设备和场合（如部署于高山上的传感监测设备而言），它们不可能像智能手机一样一天一充电，较长的设备续航时间是这类设备最本质的需求。NB-IoT 技术聚焦小数据量、小速率应用，因此 NB-IoT 设备的功耗可以做到非常低，设备续航时间可以达到数年。

大连接：在同一基站的情况下，NB-IoT 可以提供高于现有无线技术 50～100 倍的接入数，其一个扇区能够支持 10 万个连接设备。举例来说，受限于带宽，运营商给家庭中每个路由器仅开放 8～16 个接入口，而一个家庭中往往已有手机、笔记本计算机、平板电脑，未来要想实现全屋智能，将有上百种传感设备需要联网，这时 NB-IoT 足以轻松满足未来智慧家庭中大量设备联网需求。

广覆盖：NB-IoT 室内覆盖能力强，在同样的频段下，比现有的网络提高 20 dB 的增益，相当于覆盖区域能力提升了 100 倍。NB-IoT 不仅可以满足农村这样的广覆盖需求，也同样满足厂区、地下车库、井盖这类深度覆盖的要求。

3．NB-IoT 网络架构

NB-IoT 网络架构如图 10-20 所示。

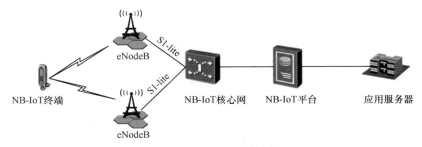

图 10-20　NB-IoT 网络架构

NB-IoT 终端：通过空口连接到基站。

eNodeB：演进的统一陆地无线接入网络基站，主要承担空口接入处理、小区管理等工作，并通过 S1-lite 接口与 NB-IoT 核心网进行连接，将非接入层数据转发给高层网来处理。这里需要注意，NB-IoT 可以独立组网，也可以与陆地无线接入网络融合组网。

NB-IoT 核心网：承担与 NB-LoT 终端非接入层的交互工作，并将 NB-IoT 业务相关数据转发到 NB-IoT 平台进行处理。

NB-IoT 平台：汇聚从各种接入网得到的 NB-IoT 数据，并将不同类型的数据转发至相应的应用服务器进行处理。

应用服务器：是 NB-IoT 数据的最终汇聚点，根据客户的需求进行数据处理等操作。

4．NB-IoT 应用

NB-IoT 技术广泛应用于公共事业、医疗健康、智慧城市、消费、智慧农业、公共服务、医疗健康等领域，如表 10-5 所示。

表 10-5　NB-IoT 应用

应用领域	具体应用
公用事业	抄表（水/气/电/热）智能水务（管网/漏损/质检）、智能灭火器/消防栓
医疗健康	药品溯源、远程医疗监测、医疗设备监控、老人健康监控
智慧城市	智能路灯、垃圾桶管理、公共安全/报警、公共设施监控管理、智慧电网、环境监控、智慧交通、智能停车、智能水表
消费	可穿戴设备、自行车/助动车防盗、智能行李箱、VIP 跟踪（小孩/老人/宠物/车辆租赁）、POS 机
智慧农业	精准种植（水/温/光/药/肥监控）、畜牧养殖（健康/追踪）、水产养殖、食品安全追溯
公共服务	抄表（水/气/电/热）智能水务（管网/漏损/质检）、智能灭火器/消防栓
医疗健康	药品溯源、远程医疗监测、医疗设备监控、老人健康监控

10.4.3 LoRa 技术

1．LoRa 技术概况

LoRa 是 Long Range 的缩写，从名字就能看出来，它的最大特点就是距离长。LoRa 是一种低功耗长距离无线通信技术，其目的是解决功耗与传输距离的矛盾问题。一般情况下，功耗低则传输距离近，功耗高则传输距离远，而 LoRa 技术可以在同样功耗条件下，获得比其他无线方式更远的传输距离，实现低功耗和传输距离远的统一。

2．LoRa 技术特点

LoRa 技术具有传输距离远、抗干扰能力强、低功耗、低沉本、易于部署等特点。

传输距离远：由于 LoRa 采用了扩频技术、+22 dBm 功率放大器和超过−148 dBm 的高灵敏度，降低了信噪比要求，链路预算（用来估算信号能成功从发射端传送到接收端之间的最远距离）达到了 157 dB，因此，传播距离更长，高达 15 km。

抗干扰能力：LoRa 技术可在 20 dB 的噪声下解调，具有较好的隐蔽性和抗干扰特性。

低功耗：LoRaWAN 在睡眠状态的电流甚至低于 1μA，发射 17 dBm 信号时的电流仅为 45 mA，接收信号时的电流仅为 5 mA。电池续航时间长达 10 年。

易于部署：LoRa 网络的扩展十分简单灵活，可根据节点规模的变化随时对覆盖区域进行扩大。

3．LoRa 网络架构

LoRa 的网络架构如图 10-21 所示。可以看出，LoRa 由终端节点、网关节点、网络服务器、应用服务器四部分组成。终端节点配有多种应用传感器，网关节点可以通过 LoRaWAN 把终端节点的数据转换为 TCP/IP 格式，发送到网络服务器上。网关节点采用星形拓扑和终端节点相连，一个终端节点可以连接多个网关节点，因此，终端节点的数据可以同时发送给多个网关节点。LoRaWAN 是一种开放性的通信协议，支持更多设备的接入，常用于公共广域网络建设。

4．LoRa 技术应用

LoRa 技术在智慧农业、智慧建筑、智慧物流、监控检测等多种应用场景中都将得到广泛应用。

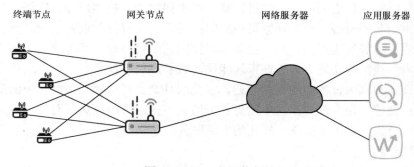

图 10-21　LoRa 网络架构

NB-IoT 和 LoRa 两种技术虽然有很多共同点，但是有不同的特性，所以在应用场景方面也会有不同。它们是以一种竞争和互补的关系存在的。如在智能抄表等领域，即可以用 NB-IoT，也可以使用 LoRa 技术，它们存在竞争关系。对于需要高传输速率和频繁通信的终端，NB-IoT 技术更加适合。在 NB-IoT 网络不稳定的地下或偏远地区，LoRa 技术更合适。

LoRa 与 NB-IoT、ZigBee 的对比如表 10-6 所示。

表 10-6 LoRa、NB-IoT、ZigBee 的对比

项目	LoRa	NB-IoT	ZigBee
组网方式	基于 LoRa 网关	基于蜂窝网	基于 ZigBee 网关
部署方式	节点+网关	节点	节点+网关
传输距离	远距离 城镇：2～5 km 郊区：15 km 以上	远距离 一般 10 km 以上	短距离 10～100 m
单网节点容量	理论上多达 6 万多个，实际受网关信道数量、节点发包频率、数据包大小的约束，一般有 5000 左右个节点	约 20 万个节点	理论上多达 6 万个节点，受实际网络限制，一般 200～500 个
电池续航	理论上约 10 年	理论上约 10 年	理论上约 2 年
成本	每模块约 5 美元	每模块 5～10 美元	每模块 1～2 美元
传输速度	0.3～50 kbit/s	理论上 160～250 kbit/s	20～250 kbit/s，一般小于 100 kbit/s

10.5　物联网技术应用

1. 车联网

车联网的概念源于物联网，即车辆物联网，是以行驶中的车辆为信息感知对象，借助新一代信息通信技术，实现车与 X（即车、人、路、服务平台）之间的网络连接。车联网利用传感技术来获取车辆的状态信息，并借助无线通信网络与智能信息处理技术实现交通的智能化管理，以及交通信息服务的智能决策和车辆的智能化控制。

2. 智能家居

智能家居以家庭住宅为中心，通过物联网技术把智能化控制延伸到家居生活的每一个角落，将家中的各种设备（如音视频设备、照明设备、窗帘控制设备、空调设备、安防设备、数字影院设备等）连接到一起，提供家电控制、照明控制、环境监测、防盗报警、远程控制、室内外遥控等功能。与普通家居相比，智能家居不仅具有传统的居住功能，还具有远程控制设备和家中设备间的互联互通。智能家具能够自动感知各类环境的变化，并迅速做出相应反馈等，使人们的家居生活更加舒适、便捷。智能家居具有学习能力，通过收集和分析用户行为，为用户提供个性化的生活服务。

3. 智慧物流

智慧物流是指通过智能软硬件、物联网、大数据等技术实现物流各环节精细化、动态化、可视化管理，提高物流系统智能化分析决策和自动化操作执行能力，提升物流运作效率的现代化物流模式。智慧物流可以简单地被理解为在物流系统中采用了物联网、大数据、云计算、人工智能等技术，让整个物流系统的运作如同在人的指挥下一般智能，能够实时

收集并处理信息,并作出最优决策,实现最优布局,使物流系统中各组成单元能实现高质量、高效率、低成本的分工、协同。智慧物流让整个物流系统具备了人的部分智能,能够自动推理、判断和自行解决物流过程中出现的一些问题。

习题与思考

现有大型地下车库有 5000 个灯管 24 小时常亮,为了实现节能减排,物业公司欲建设地下车库智能照明系统,请根据所学知识,合理设计地下车库智能照明系统方案,并画出系统示意图。

第 11 章

程序设计基础

本章导学

◆ 内容提要

本章介绍程序设计的概念及程序语言的相关内容,以及 Python 程序设计的基础内容。

◆ 学习目标

1. 了解程序设计的基本概念及程序设计语言的发展历程。
2. 掌握程序语言的基础内容。
3. 掌握常用的数据结构及算法。
4. 了解文件的打开、输入、输出方法。
5. 掌握 Python 的基本语法。
6. 掌握面向对象程序的设计方法。

11.1 程序设计概述

11.1.1 程序设计的基本概念

1. 什么是程序设计

在计算机中,程序是能完成指定任务或解决特定问题的一组代码化指令序列。程序设计是一种利用计算机语言编写程序的过程,它可以帮助我们完成特定任务或解决某个问题。程序设计是程序的实现过程。

2. 程序设计语言的发展

程序设计语言是一种用于编制计算机系统程式的开发工具,可以帮助使用者建立交互式程序,预设多种要求和命令,使计算机系统可以自己完成复杂的工作。

程序设计语言经历了从机器语言到汇编语言再到高级语言的发展过程。

(1)机器语言

机器语言是一种由二进制命令构成的程序,其代码由 0 和 1 构成,能被计算机系统识别并运行,具有执行效率高、占用内存空间小的特点。但是,使用机器语言编写代码费时费力,且所写代码难于记忆、可读性差、不便于交流,可移植性也很差。图 11-1 展示了一个用机器语言编写的计算 1+1 的程序代码。

（2）汇编语言

为了解决机器语言晦涩难懂的问题，人们采用了更加通用易懂的英文字符，这就是汇编语言。用汇编语言编写的程序不能直接被计算机识别和运行，而是需要先被编译/解释成机器语言，如图 11-2 所示。相比机器语言，汇编语言更易于阅读和理解，执行效率也较高。但是，汇编语言所编写的程序的可移植性仍然较差，通用性不足。

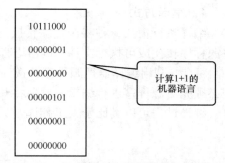

图 11-1　机器语言编写的程序代码示例

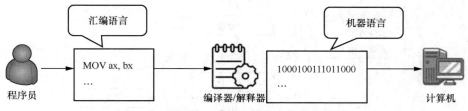

图 11-2　用汇编语言编写的程序的工作过程

（3）高级语言

机器语言和汇编语言是针对特定计算机器而设计的，属于低级语言。随着计算机技术的不断发展，人们开始研究能在不同计算机器上运行、接近于人类自然语言、易学易懂的程序设计语言，这时高级语言应运而生。从第一个高级语言 FORTRAN 发表以来，Basic、Pascal、C 语言等面向过程的编程语言，以及 C++、Java、Python 等面向对象的编程语言，都在不断发展。

用高级语言编写的程序有出色的可读性、可移植性、可维护性和可靠性。高级语言简化了程序的编写和调试过程，具有更广泛的应用场景。

设 X 的值存储于地址为 1 的内存单元，Y 的值存储于地址为 2 的内存单元，Z 的值存储于地址为 16 的内存单元，我们分别用机器语言、汇编语言及高级语言来描述 Z = X + Y，如图 11-3 所示。

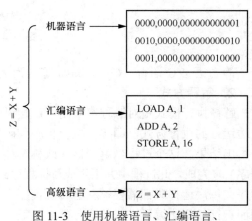

图 11-3　使用机器语言、汇编语言、高级语言来描述 Z = X + Y

11.1.2　程序语言翻译基础

用高级语言编写的程序一般被称为源程序。为了使代码能被计算机系统识别，需要采用专门的程序将源程序翻译/解释成目标程序，即机器语言。用高级语言编写的程序（简称高级语言程序）可以根据其在计算机系统中的运行方式分成两类：静态语言和脚本语言。静态语言采用编译执行模式，而脚本语言通常采用解释执行模式。

1. 编译方式

编译执行模式一种将源程序转换为可执行文件的方法。通过编译器（或称编译程序）将源程序转换成可执行文件（机器语言），然后由计算机运行这些可执行文件，实现源程序的目标化。利用编译器把源程序转换为目标程序的过程称为编译。如果程序需要进行修改，则必须先对源程序进行编辑，然后将其转换为新的目标文档进行运行。

编译过程可以类比于人工翻译，如图 11-4 所示。

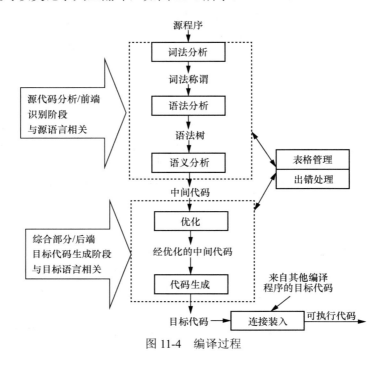

图 11-4　编译过程

静态语言 C 语言、C++、Java 等均为编译型语言。

2. 解释方式

解释执行模式是对源程序采用一边翻译一边运行的执行方式，即逐条执行程序代码并得出结果。这个过程由解释器（或称解释程序）来完成，此过程中并不生成目标程序。程序在每次运行时都需要解释器和源程序，因而运行效率比编译方式的运行效率略低，但这种方式的可移植性好，支持跨硬件或操作系统的运行。解释执行模式类似于同声传译。编译过程和解释过程如图 11-5 所示。

Python 语言是一种被广泛使用的高级语言，使用解释方式来执行程序。此外，Shell 语言、VBScript 等脚本语言也是采用解释方式执行程序的。

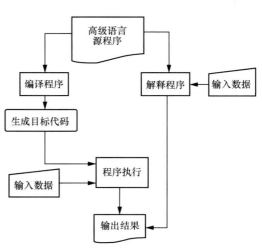

图 11-5　编译过程和解释过程

11.1.3 程序语言的字符集

1．字符集

字符是由文本、标点符号、图形符号、数字等组成的记号，构成了语言的基础。字符集规定了一个字符或符号相对应的二进制数的存储模式（编码），以及一串二进制数与其代表的字符或符号之间的转换关系。字符集的种类繁多，每种字符集有不同数量的字符，可以用于表示不同的信息和概念，这也是计算机识别和存储文本的基础。

（1）ASCII 码

ASCII 码是一种被广泛采用的数据互换国际标准，由 7 bit 二进制数构成，可以表示 128 种不同的字符。标准 ASCII 码也叫作基础 ASCII 码，使用 7 bit 二进制数表示所有的大写和小写英文字母、数字 0～9、标点符号以及英语中常用的特殊控制字符。

（2）Unicode 码

Unicode 是一种全球通用的二进制字符集，为不同语言和平台提供了一致的、唯一的编码标准，以满足文本转换和处理的需求。

（3）GB18030

GB18030 的全称是《信息交换用汉字编码字符集基本集的扩充》（GB18030—2000），是我国于 2000 年 3 月 17 日颁布的汉字编码国家标准。

2．关键字

关键字也被称为保留字，是一种程序设计语言开发者内部规定的标识符，用于固定用途，具有特别意义。它们不能被用作用户标识符，也不能被用作常量、变量、类型、函数、文件等的名称，否则程序在编译/解释或运行时会出错。

每种程序设计语言都预先规定了一套关键字，如 Python 语言预先规定了 35 个关键字，如表 11-1 所示。

表 11-1　Python 语言预先规定的 35 个关键字

关键字	关键字	关键字	关键字
and	del	if	pass
as	elif	import	raise
assert	else	in	return
async	except	is	True
await	False	lambda	try
break	finally	None	while
class	for	nonlocal	with
continue	from	not	yield
def	global	or	

Python 语言对英文字母有着严格的大小写要求，所以 Python 和 python 是两个截然不同的名字，这一点需要读者特别注意。同样地，关键字对英文字母大小写也很敏感，例如 for 是关键字，但 FOR 就不是关键字了。

3. 基本数据类型

程序处理的核心是数据。根据特性和用途，数据可被划分为多种类型，大体上有以下几类。

（1）数值类型

数值类型主要有整数和浮点数两类。

整数是有限位的数字。它的概念与数学中整数的概念一致，可以用于描述复杂的数据结构，如表达式、比例、序列等。在 Python 语言中，18 和 -9 均表示十进制整数，0b10 表示二进制整数，0o10 表示八进制整数，0X8A 表示十六进制整数。

浮点数与数学中的实数一致，即含有小数点的数值。浮点数可以采用带有小数点的形式进行表示，如 75.6、-3.16；也可以采用科学计数法表示，如 $7.89×10^5$ 可以表示为 7.89e5。

（2）序列类型

序列类型主要有字符串、列表和元组。

字符串通常是用单引号或双引号括引起来的任意字符，如 'hello'、"python" 等。需要注意的是这里的引号并不是字符串的一部分，而是一种表示方式。以 "\" 开头的字符串是特殊字符，它可以将原有的意义转换为新的含义，例如，"\n" 表示换行，"\t" 表示制表符。字符是计算机中表示信息的符号，常见的大小写英文字母、中文文字、数字、标点符号等均为字符。

列表是有序序列，其中包含 0 个或多个元素，并将这些元素有序地组织在一起。列表的内容是可变的。元组是不可变序列，其中包含 0 个或多个数据项。元组一旦被创建，其内容就不能被修改，这是它与列表的区别。此外，元组的所有操作都可以通过列表来完成，因此编程中可以使用列表代替元组。

（3）其他类型

布尔类型仅有两种取值：True 和 False，分别表示真和假。在程序设计语言中，布尔类型是表示逻辑状态的类型，对应于布尔逻辑中通常用于判断条件是否成立的结果。

枚举类型会列举出所有可能的取值，且枚举类型的变量取值不能超过所定义的范围。例如，一个星期有且只有 7 天（星期一～星期日），一年有且只有 12 个月（1 月～12 月），这些变量可以看作一系列常量的集合，它们的值被限定在一个有限的范围内。

4. 常量与变量

（1）常量

在程序运行时，值不会改变的量被称为常量。常量可以是不同的数据类型，在程序中被直接引用。

（2）变量

在程序运行时，值可以改变的量被称为变量。变量必须具有 3 个要素：名称、存储单元和值。

在 Python 语言中，变量不需要提前进行定义，在创建时直接进行赋值即可。如以下代码所示，将 65 赋值给变量 x，并输出 x 的值。

```
>>>x=65
>>>x
65
```

5. 表达式

由运算符将常量、变量、函数和其他命名的标识符按一定语法规则连接起来的式子便是表达式,单个常量、变量、函数可以看作表达式的特例。每个表达式经过运算后都有一个确定的值及数据类型,表达式的求值顺序取决于运算符的优先级和结合性。

常见的表达式有以下几种。

(1)算术表达式:其运算方式与数学中基本类似,如 5 * 4 + 2 / 9。

(2)逻辑表达式:逻辑运算包括与、或、非 3 种,如 x AND y、NOT y。

(3)关系表达式:用于比较运算符两侧的值,其结果为 True 或者 False,如 2 < 1、"xzy" > "xyz"。

(4)赋值表达式:用于给变量赋值,如 x = x + y。

(5)条件表达式:如 if 6、if x > 3。

11.1.4　程序设计结构

1. 典型的程序逻辑结构

为了提高程序的可用性和可维护性,我们需要采取措施来降低出错率和维护费用,必须制订一种程序设计方法,这种方法便是结构化程序设计。结构化程序设计有 3 种基本的程序逻辑结构,分别是顺序结构、分支结构和循环结构。

(1)顺序结构

顺序结构以一种线性、有序的方式将程序按照模块的先后顺序(从上到下)来运行。在图 11-6 中,程序先运行语句块 A,再运行语句块 B。伪代码示例如下。

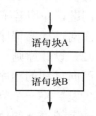

图 11-6　顺序结构的运行流程

| X ← y | //先把 y 的值赋值给 x |
| Y ← y+5 | //再把 y 的值加上 5 后再重新赋值给 y |

(2)分支结构

分支结构也称选择结构,是根据给定的条件是否成立来有选择地执行程序中不同的语句块。在图 11-7 所示中,如果条件为真,则执行语句块 A;如果条件为假,则执行语句块 B。伪代码示例如下。

if x >= y	//判断条件 x 是否大于等于 y
then 输出 x	//如果条件成立,输出 x 的值
else 输出 y	//如果条件不成立,则输出 y 的值

(3)循环结构

循环结构是根据条件来判断并决定是否重复执行一些语句,即循环体,如图 11-8 所示。

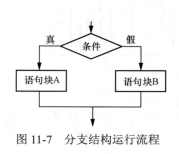

图 11-7　分支结构运行流程

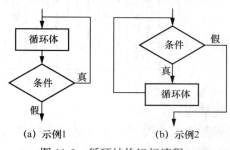

(a)示例1　　　(b)示例2

图 11-8　循环结构运行流程

复杂的问题可以通过结构化程序设计分解成多个独立的功能单一的小模块,每个模块可以进行独立编写和测试,从而使得程序层次分明和结构清晰。从图 11-6～图 11-8 中可以看出,这 3 种程序结构都只有唯一入口和唯一出口,无论有多少个模块,每个模块都可以通过入口和出口相互串联起来。伪代码示例如下。

```
for x ← 1 to 10              //x 从 1 到 10,做 10 次循环
    do 学习 Python 语言        //学习 Python 语言
    end
```

2. 面向过程的程序设计

(1) 什么是面向过程

面向过程是一种以过程为中心的编程思想,其程序语言更接近于人类的自然语言,也更接近于人类实际的思维方式。面向过程的核心思想是以功能为导向,采用模块化的设计,首先分析复杂问题所需要的步骤(即"做什么");然后将这些步骤层层分解为若干个简单的小问题,并用若干个函数来实现(即"怎么做");最后按步骤依次调用函数来解决问题。

面向过程的程序设计的关注点主要在于完成任务的步骤。

(2) 设计原则

面向过程的程序设计采用"自顶向下、逐步求精、模块化"的设计原则,即从问题的全局出发,将一个复杂且庞大的程序分解为多个子任务和子模块。例如,设计图书管理系统是一个较复杂的任务,可以采用面向过程的程序设计思想来完成,如图 11-9 所示。

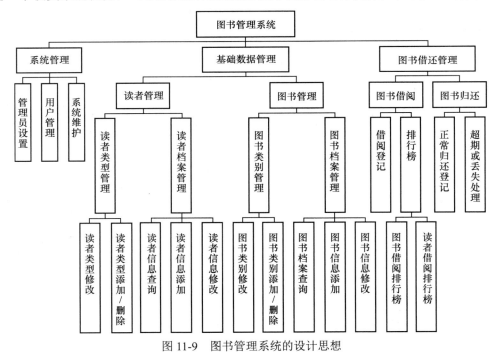

图 11-9 图书管理系统的设计思想

(3) 优缺点

面向过程的程序设计的优点是结构规范、体系结构清晰、按层次组织模块、耦合度强,降低了程序编写的复杂度和程序出错的概率,提高了程序的可靠性,保证了程序的质量。

这种方式编写的代码便于阅读，执行效率高。

面向过程的程序设计的缺点是代码难以维护、可扩展性差、不利于重用。比如想将五子棋改为围棋，那下棋的规则分布在程序的多个步骤中，这时需要全局进行改动，费时费力。

3．面向对象的程序设计

（1）什么是面向对象

对象是自然界中的随处可见的客观事物。对象可以是实际存在的事物，即有形的物理对象，比如一本书、一把椅子、一辆汽车；也可以是无形的抽象的逻辑对象，比如一份电子文档、一项销售计划等。

每个对象都是独一无二的，并且具有属性（静态特征，可以用数据来描述，如汽车的品牌、车型、颜色）、行为（动态特征，如汽车的启动、行驶、制动等行为）。对象是有状态的（如汽车处在发动的状态中），而且其状态是变化的（如汽车发动完成后进入行驶状态，碰到红灯时又进入停驶等待状态）。

在程序设计中，对象就是数据及其行为的集合。用变量或者数据成员表示对象的属性，用函数描述对象的行为，可以说对象是紧密联系在一起的一组变量和函数（程序）。

类是指具有相同属性和行为的对象的集合，可以用抽象的方式来定义和表达这些对象，其中包含属性和行为。不管什么类型的对象，它们都有相似之处。比如，汽车都有发动机和轮子（属性上的相似点），都是可以被驾驶的（行为上的相似点），这些相似点被抽象出来就是类。对象都属于某个类，类的实例就是对象。在汽车这个例子中，每种类型的车都是一个对象，汽车则是一个类，如图11-10所示。

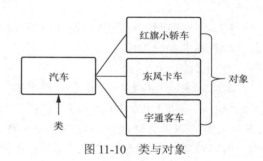

图11-10　类与对象

类的所有实例具有相同行为，同一个类的所有实例都具有相同属性，按同样的方式实现相同的功能。已有的类被称为父类，通过父类拓展和补充的新类被称为子类，比如，学生是父类，大学生是一个子类，小学生也是一个子类。子类与父类之间，以及子类和子类之间的实例可能采用不同的方式实现相同的功能，比如学生、小学生、大学生都要学习，学生可以通过书本学习，小学生通过听老师讲课学习，大学生可以通过自学学习，无论采用哪种方式，都实现了学习的目标。

计算机可以解决现实世界中的复杂问题，这些问题由一系列相互关联、不断变化的对象组成。面向对象的程序设计的思想就是以对象为中心，对象是组成程序的基本模块。每个对象可以从两个方面来刻画：描述对象属性的数据和描述对象行为的操作。具有相同属性和行为的对象可以作为一个整体来代表一个客观事物，即一个类。可以将类理解为一个模板，通过模板可以创建出多个实例（对象）。程序中不能直接使用类，但可以使用通过类创建的对象，这好比楼房设计图纸和楼房，楼房设计图纸（类）并不能让人们居住，通过图纸盖出的楼房（对象）才能让人们居住。

（2）特征

面向对象的程序设计具有封装、继承和多态三大特征。

封装：面向对象的程序设计可以模拟真实世界中的事物（视其为对象），并把客观事物的特征和行为抽象成数据和与数据相关的操作的代码块（函数），并将它们封装在一起形成类。简言之，这种方式就是把数据及其操作捆绑在一起并封装到一个实体模块中，使其构成一个不可分割的独立实体，也就是一个类。封装会隐藏属性和函数的实现细节，仅对外公开接口，使用户不需要了解对象是如何操作的，就可以方便地加入存/取控制语句。同时，封装也能限制用户的不合理操作。

继承：从已有的类（即父类）中派生出新的类（即子类），该子类可使用父类的全部功能，也可以扩展出新的功能。继承支持系统这种方式能够有效地减少编码量，同时也能够提升系统的扩展性。比如把汽车作为父类，其具有一般的属性和行为，在定义公共汽车子类时，只需要让公共汽车子类继承汽车父类，描述公共汽车特有的属性和行为，而不必重复描述汽车父类中已有的属性和行为。

多态：一个接口有多种不同的实现方式即为多态。也就是说，不同对象在执行相同操作时会表现出不同的行为。要注意的是多态与属性无关，而与方法有关。有一个经典的多态实例——动物类，它有猫和狗两个子类，有一个"叫"方法，当猫子类调用这个方法时输出的是"小猫喵喵喵"，当狗类调用这个方法时输出的是"小狗汪汪汪"。这就是多态的体现。

封装能够隐藏实现细节，使代码模块化；继承能够扩展已有的类，这些都是为了代码重用。多态则实现接口重用。

（3）优缺点

面向对象的程序设计的优点是易维护、易复用和易扩展，便于设计出高内聚和低耦合的系统。依然以下棋为例，若将五子棋改为围棋，面向对象的程序设计只需调整下棋规则（对象）就可以了。从面向对象的角度来看，下棋的基本步骤没有任何变化。

面向对象的程序设计的缺点是运行效率较低；类库庞大，编程人员学习并掌握类库的使用方法需要一段时间。

4．面向过程的程序设计与面向对象的程序设计的对比

（1）面向过程的程序设计的思路是流水线，面向对象的程序设计的核心思想是封装。

（2）在面向过程的程序设计中，数据及其操作是分离的。而在面向对象的程序设计中数据及其操作是封装在一起的。

（3）面向过程的程序设计将问题视为一个可以被分解的过程，每一步就是一个过程。面向对象的程序设计是将问题视为一个可以被外界使用的事物，不需要考虑它的内部结构。

（4）面向过程的程序设计的过程是自上而下的，面向对象的程序设计的过程是先建立抽象模型，然后使用模型的过程。

（5）面向对象的程序设计是计算机的结构化方法的深入、发展和补充。面向对象的程序设计的针对开发较大规模程序而提出来的，其目的是提高软件开发的效率。

面向对象的程序设计和面向过程的程序设计不是对立的，它们之间并不存在冲突，而是相得益彰、互为补充，共同推动软件开发的发展。

11.1.5　数据结构与算法

1．常用的数据结构

数据结构可以被理解为经过一定加工处理的数据在计算机中的有效存储及其组织形

式。常用的数据结构有以下几种。

（1）栈

线性表是有 0 个或多个元素的有限序列，是一种简单的数据结构。栈是一种特殊的线性表，只允许在一个固定端进行插入和删除元素。栈的特点是先入后出，即第一个插入的元素会被压入栈的底部，最后一个插入的元素会位于栈的顶部。当读取时，元素会从栈顶一个接一个地被读出。从栈顶放入元素的操作被称为入栈，从栈中取出元素的操作被称为出栈，如图 11-11 所示。

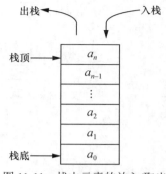

图 11-11　栈中元素的放入/取出

（2）队列

队列和栈类似，也是一种特殊的线性表。在队列中，插入操作在表的一端进行，而删除操作在表的另一端进行。不包含任何元素的空表被称为空队列。队列具有先入先出的特性，从队尾插入元素的操作被称为入队或进队，从队头移除元素的操作被称为出队或离队，如图 11-12 所示。

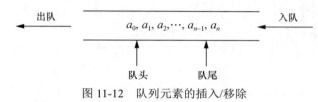

图 11-12　队列元素的插入/移除

（3）数组

数组也是一种特殊的线性表，由若干个相同类型的元素有序组成。数组可以被分解成多个元素，每个元素有对应的编号（即下标），其作用是实现数组元素的访问。数组根据元素的类型可被分为整数型数组、浮点型数组、字符型数组、指针数组和结构数组。此外，数组还可根据键名类型被分为索引数组与关联数组两大类。图 11-13 所示为一个 m 行 n 列的二维数组。

（4）链表

线性表在频繁地增加/删除元素时需要不停地进行移动元素，因此链表更适合元素经常发生动态变化这种情况。链表是一种简单的动态数据结构，以链式存储结构来存储元素，具有在物理上非连续、非顺序的特点。链表中每个元素由两个节点组成，一个是存储元素的数据域（内存空间），另一个是存储下一个节点地址的指针域。链表节点的结构如图 11-14 所示。根据指针的指向，链表能呈现出不同的结构，例如单链表、双向链表、循环链表，如图 11-15 所示。在链表中添加/删除元素时，只需修改添加/删除节点前后的指针指向。若要在链表中查找元素，则需要遍历链表，效率较低。

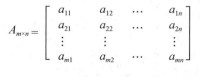

图 11-13　二维数组

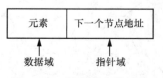

图 11-14　链表节点的结构

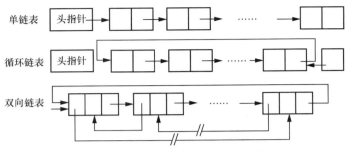

图 11-15 单链表、循环链表和双向链表

（5）树

树是一种典型且重要的非线性层次型数据结构，是由 n（$n \geqslant 0$）个节点组成的具有层次关系的集合，n 为 0 时称空树。之所以把它叫作树，是因为它类似于自然界中的树，只不过是一棵倒挂的树，其根在上、叶在下。树只有一个根节点，该节点没有直接前驱（即父节点），其余节点有 0 个或多个子节点。除了根节点外，每个子节点有且仅有一个父节点，没有子节点的节点被称为叶节点。从根开始，根为第一层，根的子节点为第二层，树中节点的最大层次为树的深度。图 11-16 展示了两种树。

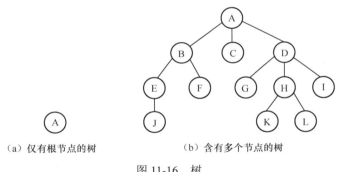

图 11-16 树

二叉树是一种得到了广泛应用的树，它的每个节点最多有两个子节点。若二叉树的所有分支节点都有左子树和右子树，而且所有的叶子节点都在同一层，则称这样的二叉树为满二叉树，如图 11-17 所示。若二叉树的叶子节点只出现在最下层和次下层，而且最下层的叶子节点都集中在树的左侧，则称这样的二叉树为完全二叉树，如图 11-18 所示。显然，一棵满二叉树必定是一棵完全二叉树，但一棵完全二叉树就不一定是一棵满二叉树了。

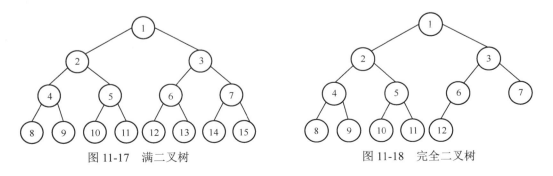

图 11-17 满二叉树　　　　　　　　　　图 11-18 完全二叉树

第 11 章 程序设计基础

（6）堆

堆是一种特殊的树形数据结构，可以被视为一棵树的数组对象。堆包含最大堆和最小堆，其中，最大堆中任意一个节点的值不会大于其父节点的值，最小堆中任意一个节点的值不会小于其父节点的值。堆如图 11-19 所示。

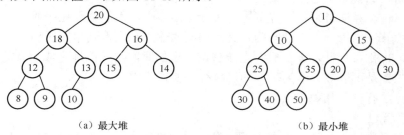

图 11-19　堆的示意图

（7）图

图是一种复杂的、非线性的网状数据结构，其特征在于元素之间具有多对多的关系。为了与树形结构加以区别，在图中，一般称数据节点为顶点，而边是顶点的有序偶对。只要两个顶点之间存在一条边，就表示这两个顶点具有相邻关系。图按照顶点指向的方向分为无向图和有向图，如图 11-20 所示。

（8）哈希表

哈希表，也称散列表。这一概念源自一位名叫哈希（Hash）的人，他提出了哈希算法的概念，因此他的名字被用来命名这种数据结构了。哈希表源自哈希函数，是一种根据键值来直接访问在内存存储位置的数据结构，其思想是通过把关键码值映射到表中一个位置来访问记录，这样就可以不用进行比较操作而直接取得所查记录，加快了查找速度。这个映射函数被称为哈希函数，即散列函数，采用哈希函数将存储的数组的数据结构称作哈希表。哈希表如图 11-21 所示，哈希表中存储的每个元素都有唯一与之对应的键。哈希表对元素的操作都是通过元素所对应的键进行的，元素在哈希表中的存储位置取决于它所对应的键。假设通过一个哈希函数得到的键值为 3，那么在该散列表中可以直接跳至 3 的位置访问对应元素。

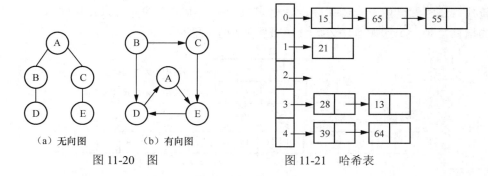

图 11-20　图　　　　图 11-21　哈希表

2．算法的基本概念及常用算法

广义上的算法是指用来解决问题的方法和步骤。计算机中的算法是指有限步骤内解决问题求解步骤的一组准确且完整的描述，本书中的算法指的是这种算法。算法应具有以下 5 个特征。

输入：指算法在执行时从外界获取的数据。算法必须有输入，输入可以是 0 个或多个，以说明运算对象的初始情况。所谓 0 个输入是指算法本身提供了初始条件。

输出：算法必须有输出，即结果。输出可以是一个或多个，表示对输入数据加工后的结果。没有结果的算法是毫无意义的。

有穷性：一个算法必须在一定范围内执行有限步骤，不能陷入死循环。

确定性：算法的每一步必须明确定义，相同的输入必须得到相同的输出。

有效性：也称可行性，算法原则上能够在限定的时间内正确地完成所有的操作，并执行的每一步骤都是可以被分解为基本的可执行的操作步骤。

常用的算法有以下几种。

（1）查找算法

查找算法又称检索算法，是在大量信息中寻找指定元素，如果查找成功则返回所找到的元素，否则输出未找到。查找算法又包含以下几种。

顺序查找采用最简单的逐个比较的方法进行查找，也称线性查找。顺序查找对表的结构没有要求，既能用于无序查找，也能用于有序查找，只是查找效率比较低，适用于线性表不太长且元素改动较少的查找。

二分查找又称折半查找。二分查找先把数据按升序或降序排序，形成有序表，将待查找的元素与线性表正中间的元素相比较，确定待查找的元素在列表的前半部分还是在后半部分，然后将所在那部分再次折半查找，并重复这个过程，直到查找成功或失败为止。图 11-22 展示了使用二分查找来查找元素 40 的过程。二分查找可以大幅缩小搜索范围，有效地提高查找的效率，但只适用于在顺序存储结构中查找。

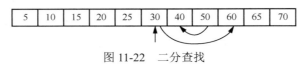

图 11-22　二分查找

分块查找又称索引顺序查找，是对顺序查找的改进，其性能介于顺序查找和二分查找之间。分块查找把线性表分成若干个子表，每个子表内的元素不需要是有序的，但各个子表之间是有序的，即前一个子表中最大的元素要小于后一个子表中最小的元素。为了实现分块查找，还需要创建一个索引表，索引表包含子表中最大的元素以及指向本子表第一个元素的指针，是一个递增有序表。分块查找如图 11-23 所示。

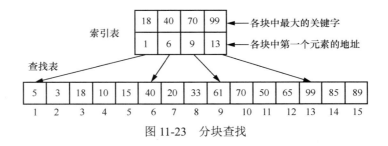

图 11-23　分块查找

（2）排序算法

排序算法是程序设计中的基本算法之一。排序就是把一组无序的元素按照某种规则排列成有序的序列,以便查找元素。下面介绍几种常见的排序算法。

插入排序是每次将一个待排序的元素按其值大小插入到已排顺序的序列中,直到所有元素都被插入为止。

插入排序分为直接插入排序和折半插入排序。直接插入排序是一种简单的排序算法,其思想是每次将无序区的待插入元素与有序区的元素逐个比较,确定待插入元素的插入位置,以形成新的有序区,如图 11-24 所示。折半排序则是将待插入元素与有序区中间的元素进行比较,确定待插入元素是与前半部分的元素比较还是与后半部分的元素比较,依次类推,直到找到正确的插入位置为止。

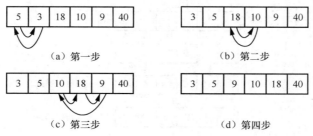

图 11-24　直接插入排序

希尔排序又称缩小增量排序,是对插入排序的改进,减少了数据移动的操作。希尔排序先将序列按照一定间隔分组,然后将所有分组穿插进行排序,其排序思想主要是通过引入一个增量,将原序列分成几个子序列,分别对子序列采用直接插入排序,之后继续引入增量,重复分组及插入排序。一般来说,希尔排序首先取序列长度的一半为增量值,之后增量值每次减半(向下取整),直到增量值为 1,这时所有元素分为一组,即完成了排序过程。例如,有初始序列(5, 70, 40, 10, 33, 18, 20, 15, 61, 3)共有 10 个元素,希尔排序的过程如图 11-25 所示。

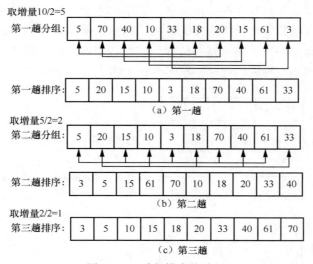

图 11-25　希尔排序的过程

冒泡排序是一种简单的交换排序算法,按照从前往后的顺序完成数次扫描,每次扫描被称为一趟。当发现相邻两个元素的大小次序与排序要求的大小次序不相符时,这两个元素会进行互换，然后在剩下的元素中继续重复以上步骤，直至全部元素排序完成。如果要求从小到大进行排序，那么较小的元素会逐个向前移动，好像气泡一样逐渐上浮。例如，有序列（18, 3, 10, 9, 40, 5）采用冒泡排序的过程如图 11-26 所示。

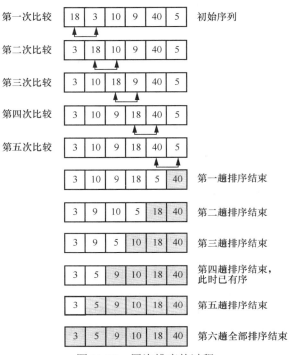

图 11-26　冒泡排序的过程

选择排序是一种简单且直观的排序算法，其基本思想是每一趟从待排序的元素中选出最小或最大的元素，将其放在已排好序的序列的开头或结尾，直到全部元素排序完毕。与冒泡排序相比，选择排序每一趟只需要进行一次元素交换，因而提高了排序的效率。仍以序列（18, 3, 10, 9, 40, 5）为例，选择排序的过程如图 11-27 所示。

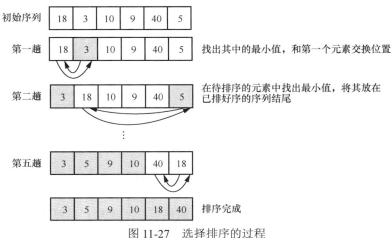

图 11-27　选择排序的过程

归并排序是基于分治思想的排序算法,将待排序的序列分为长度相近的两个或多个子序列,直到子序列为空或只有一个元素为止;然后分别对每个子序列进行排序;最终将排序好的子序列合并。最简单的合并方法是二路归并,即将两个有序序列合并成一个新的有序序列,而其他序列的归并均可以用二路归并的方式来实现。例如,有序列(18, 3, 10, 9, 40, 5, 20, 15)采用归并排序的过程如图 11-28 所示。

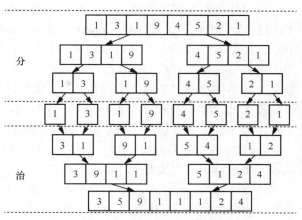

图 11-28 归并排序的过程

快速排序和归并排序一样,也是一种分治算法。快速排序是在待排序的序列中选择一个元素作为基准元素,将小于它和大于它的元素分别放入前后两个子序列中,将相等的元素放入任意一个序列,然后分别对这两个子序列进行排序。快速排序的复杂度取决于基准元素的选择,为避免选择最大或最小元素作为基准元素,可以采用随机数作为基准元素。例如,对于序列(18, 3, 10, 9, 40, 5, 20, 15),采用快速排序法进行排序,以第一个元素 18 作为基准元素 key,设置 left 指向序列的最左端、right 指向序列的最右端,具体过程如图 11-29 所示。

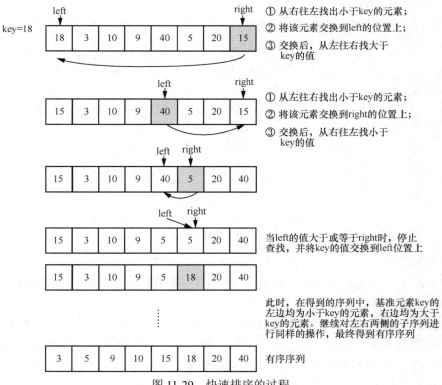

图 11-29 快速排序的过程

堆排序借助数据结构堆来进行排序，其流程是对全部待排序的元素建堆，反复查找最大或最小元素并将其删除，即可得到一个递减或递增的序列。例如，有一个最大堆如图11-30（a）所示，其实际存储形式如图11-30（b）所示。由于最大堆的根节点保存了序列中的最大值，因此可以每次将根节点的值从数组中取出，再将剩下的元素重新形成堆，如此反复，就可以从大到小依次取出序列中的所有元素。堆排序的步骤如下。

步骤1：将根节点20调整到最后一个位置，即与节点12交换，如图11-30（c）所示。这时末尾元素最大，实际存储形式如图11-30（d）所示。

步骤2：重新调整结构，将根节点12与节点18交换，使其继续满足堆定义，如图11-30（e）所示。实际存储形式如图11-30（f）所示。

步骤3：针对剩下的元素继续调整堆，将根节点18调整到最后一个位置，即与节点10交换，如图11-30（g）所示。如此反复进行交换、重构、交换，使所有元素达到有序状态，如图11-30（h）所示。

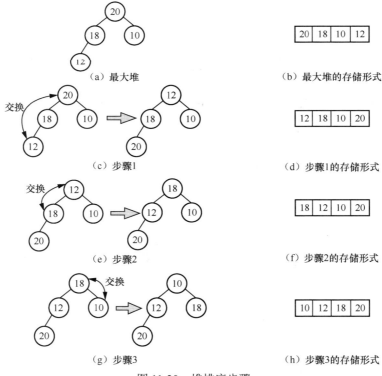

图 11-30　堆排序步骤

（3）搜索算法

搜索算法是有目的地列举一个问题，并在解空间的部分或全部中找到问题的解的一种方法。下面介绍几种搜索算法。

枚举算法，简单来说就是列出所有可能的元素，因而也称穷举法。虽然枚举算法的效率很低，但因为它易于实现，所以较为常用。枚举算法的本质是列举出问题的所有可能的答案（枚举值），然后根据给定的条件，对这些答案进行评估，最终采纳合适的答案，删除不合适的答案。枚举算法的流程如图11-31所示。

第 11 章　程序设计基础

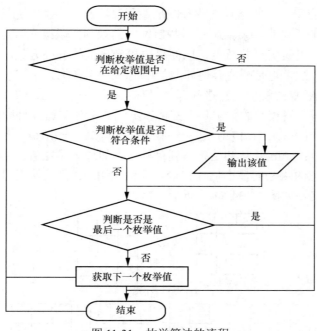

图 11-31　枚举算法的流程

深度优先搜索算法是一种图算法，也是一种针对图和树的遍历算法。若是采用基于树的深度优先搜索算法，那就是沿着"解答树"的深度遍历树的节点，尽可能深地搜索树的每一个分支，类似于树的先根遍历。一般用堆数据结构来辅助实现深度优先搜索算法，其过程简要来说是对每一个可能的分支路径深入到不能再深入为止。深度优先搜索算法会走遍所有路径，但对每个节点只能访问一次，如图 11-32 所示。

广度优先搜索算法也称宽度优先搜索算法，是连通图的一种遍历算法，这种算法也是很多重要的图算法的原型。基于树的广度优先搜索算法类似于树的按层遍历，是一种盲目搜寻法，旨在系统地展开并检查树中的每一个节点，以找寻结果。换句话说，它并不考虑结果的可能位置，而是彻底地搜索整棵树，直到找到结果为止。一般用队列数据结构来辅助实现广度优先搜索算法，其基本过程是从根节点开始，先遍历起点周边的邻近点，再遍历已经遍历过的点的邻近点，并逐步向外扩散，直到找到终点，即沿着树的宽度遍历树的节点为止；如果所有节点均被访问，则算法中止。广度优先搜索算法如图 11-33 所示。

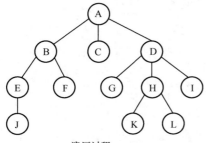

图 11-32　深度优先搜索算法

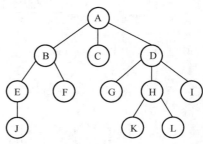

图 11-33　广度优先搜索算法

A*算法是一种应用广泛的路径查找和图形遍历算法。与广度优先搜索算法不同的是，A*算法是利用问题的规则和特点，制订一些启发式的规则，以改变节点的扩展顺序，并优先考虑最有可能扩展出最优解的节点，以便尽快找到最优的解决方案。它是求解最短路径最有效的直接搜索方法，也是解决其他问题常用的启发式算法。

下面我们利用 A*算法解决九宫格问题（又称八数码问题）。如图 11-34（a）所示，从初始状态开始，将与空格相邻的数字移入空格，直到 8 个数字达到目标状态为止。A*算法通过估价函数 $f^*(n)=g^*(n)+h^*(n)$ 来确定下一个节点，其中，$f^*(n)$ 是从初始状态到目标状态的最小代价估计函数；$g^*(n)$ 是从初始状态到目标状态的最短路径值，也称最小代价；$h^*(n)$ 是从初始到目标状态的路径的最小估计代价。我们利用 A*算法搜索出移动次数最少的方案，即最优解决方案，如图 11-34（b）所示。

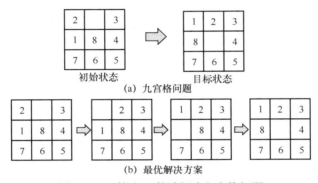

图 11-34　利用 A*算法解决九宫格问题

（4）递归算法

递归是程序设计中的一个重要概念，是计算理论的基础之一。递归算法指一种通过重复将问题分解为规模较小且与原问题形式相同的子问题，进而解决问题的方法，它可以直接或间接调用"自身"的算法，或者用自身的简单情况来定义自身的算法。

实际上，递归，顾名思义，其包含了两个意思：就是有去（递去）有回（归来）。绝大多数编程语言都支持自调用函数，可以通过调用自身来实现递归运算。每次调用时传入不同的变量（即"递"），直到程序执行到指定的出口时停止调用，并将结果一层一层地返回（即"归"）。递归算法如图 11-35 所示。

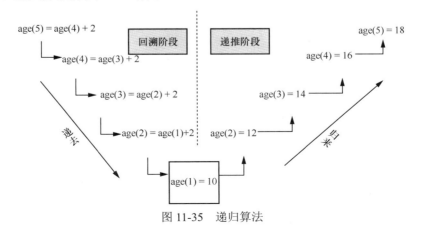

图 11-35　递归算法

递归算法的核心思想是将复杂问题分解成一个个小问题,再将这些小问题进一步分解,以简化问题。可以根据以下两个条件来判断问题是否可以用递归算法来求解。

条件 1:问题可以被分解成复杂度更小的子问题,每个子问题都有相同的解决思路。也就是说,这些子问题都能调用同一个函数。

条件 2:解决问题的函数必须有明确的终止条件,即经过层层分解的子问题最后一定有一个不能再分解的固定值,即临界点。一旦到达了这个临界点,就不用再分解子问题了。最后从这个临界点开始,原路返回到原点,解决原问题。如果没有终止条件(临界点),就会导致出现无限递归的情况。

递归算法在实际应用中一般用于解决以下几类问题。

问题是按递归定义的:如计算阶乘 $n!=1×2×3×\cdots×n$,用递归的方式可定义其为 $0!=1$,$n!=(n-1)!×n$。例如,计算 3!,利用递归得到 $3!=2!×3$,$2!=1!×2$,$1!=0!×1$,$0!=1$,再反推计算得出 $1!=1=1×1$,$2!=2=1×2$,$3!=6=2×3×1$。

问题的解法是递归的:如汉诺塔问题。

数据结构是递归的:如链表,树等。

(5)哈希算法

哈希算法又称散列算法,主要包括哈希函数和哈希表。哈希算法同顺序、链接和索引一样,是存储集合或线性表的方法。

哈希存储的基本方法是将集合或线性表中每个元素的关键字 K 作为自变量,通过函数 Hash(K)进行计算,并把得到的结果转换为一块连续存储空间(即数组空间)的单元地址(即下标),以便将该元素存储到此单元地址中。哈希存储中所使用的函数 Hash(K)为哈希函数,哈希函数的作用是把任意长度的对象映射到另一类固定长度的对象上。

哈希算法的核心思想是用元素的 K 值和哈希函数 Hash(K)直接算出函数值,确定该元素的存储地址,并将节点存入该存储地址;查找时则根据要查找的元素用同样的哈希函数计算存储地址,然后从散列表中取出对应的元素。如图 11-36 所示,需要查找的元素是 13。设哈希函数为 Hash(K)=K%5,则 Hash(13)=13%5,得出的值为 3,即存储地址;接下来在哈希表中找到存储地址 3,便找到需要查找的节点 13。

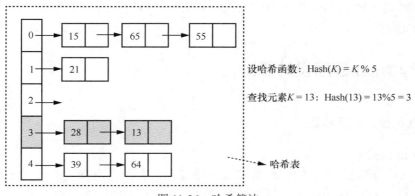

图 11-36 哈希算法

哈希算法有以下几种应用。

相似性搜索:哈希算法主要用于快速查找和加密算法。

信息安全：哈希算法在信息安全领域发挥着重要作用，主要用于文件校验、数字签名、鉴权协议等。

错误校正：哈希算法主要用于冗余校验、完整性校验等。

负载均衡：在解决多态服务器处理请求的问题时，哈希算法可以将请求均匀地分配到多台服务器上，保证负载均衡。

11.1.6 文件

程序设计通过函数来读/写数据，实现输入/输出功能。当程序被关闭时，数据会随之"消失"，程序在下一次运行时需要重新输入数据。若数据量巨大或数据访问频繁，则数据可以文件形式存储到外部存储介质中，以便保存和重复使用。文件操作主要是指文件的打开与关闭、输入/输出（即读/写数据）。

1. 文件的打开与关闭

文件的打开是指从磁盘中读取数据并存储到内存中。由于程序只能处理内存中的数据，因此必须把存储在磁盘上的数据读/取并存储到内存中。程序设计语言一般规定文件必须先被打开，而后使用。

所谓打开文件，是指操作系统为文件分配一个文件缓冲区，即用于暂时存储数据的区域；同时建立相应的文件信息区，即用于存储有关文件信息的区域。这样，程序与文件之间的联系便建立起来了。

所谓关闭文件是指撤销文件信息区和文件缓冲区，即切断程序和文件之间的联系，释放文件缓冲区和所占用的系统资源。在关闭文件之前，一定要保存文件，确保所做修改被存储到文件中。

2. 文件的输入/输出

文件的输入/输出指的是对文件的读、写、追加、内容定位等操作，这些操作都是通过函数来实现的。

程序在读出和写入数据时，如何知道读取文件中的哪一个数据，或者把数据写到文件的哪个位置上呢？因此，每个打开的文件中都隐含一个文件指针来标记文件读/写位置，它指向的位置就是文件读/写操作的当前位置。如果文件指针指向文件开头，则下一次的读/写位置就是文件开头。

11.2 Python 程序设计基础

11.2.1 Python 基础知识

1. Python 概述

Python 是一种面向对象的解释型高级程序设计语言，是由荷兰人吉多·范·罗苏姆（Guido van Rossum）于 1989 年开发的，是当前非常受欢迎的脚本语言之一。

Python 具有以下优势及特点。

（1）简单易学。Python 语法清晰，结构简洁。Python 采用强制缩进的方式，使代码具有较强的可读性，且代码量少，便于理解和维护，非常适合初学者学习和使用。

（2）开发效率高。Python 的哲学理念是用一种方法，最好是只有一种方法来完成一个任务，因此它是开发效率较高的一种程序设计语言。

（3）可扩展性好，功能强大，并不断地新增功能。Python 不仅支持 C 语言扩展，而且还可以将其程序嵌入 C 语言或 C++语言开发的项目中，从而实现更加高效的程序设计，使程序具有脚本语言灵活的特性。

（4）库丰富且便捷。Python 将大部分函数以模块（Module）和类库（Package）的方式来存储。用户可以先将程序分割成数个模块，然后在不同的程序中使用。与此同时，Python 还支持大量第三方库，能够轻松完成很多常见的任务。

（5）可移植性强。Python 是一种开源语言，Python 程序可以在任何安装了 Python 解释器的计算机环境中运行，并且能轻松地在不同操作系统上运行。

（6）代码重用性高。Python 可以把包含某个功能的程序作为模块，并将其应用到其他程序中。

（7）面向对象。Python 是一种面向对象的语言。它的类模块完全支持多态、派生、运算符重载、继承、多重继承等功能。同时，Python 在一定程度上简化了面向对象的具体实现，取消了保护类型、抽象类、接口等元素，将更多的控制权交给了程序开发员。

（8）用途广泛。Python 常用于网页开发、网络编程、系统编程、数据库编程、多媒体编程、游戏开发、网络爬虫、科学计算等方面。近年来发展迅猛的机器学习、可视化界面开发、人工智能、大数据分析、云计算、区块链等更是 Python 擅长的应用领域。

2．安装 Python

安装步骤如下。

步骤 1：从 Python 官方网站下载对应操作系统的安装程序，我们下载的是 Windows 64 位 python-3.10.0-amd64.exe。

步骤 2：双击鼠标左键运行该程序，勾选图 11-37 中的复选框"Add Python 3.10 to PATH"，将 Python 的安装路径添加到环境变量 PATH 中，即可在任何文件夹下使用 Python 命令了。

步骤 3：安装完成后进行验证，以确保 Python 安装成功。打开 Windows 命令提示符界面，输入 Python，Windows 命令提示符界面输出了 Python 的版本信息等内容，这说明 Python 已经安装成功。

3．运行 Python 程序

Python 程序既可以采用交互式的命令执行方式，也可以采用文件式执行方式。

（1）交互式的命令执行方式

交互式的命令执行方式利用 Python 解释器即时响应用户输入的代码，并输出结果。这种方式可用于调试少量代码。

IDLE 是开发 Python 程序的基本集成开发环境（IDE，Integrated Development Environment）。图 11-38 所示为 IDLE Shell 3.10.0。在提示符">>>"后输入 Python 语句并按【Enter】键，IDLE 会立即执行。输入 exit()或者 quit()可以退出 IDLE。在 IDLE 的界面中，若没有">>>"，则表示对应的内容为运行结果。

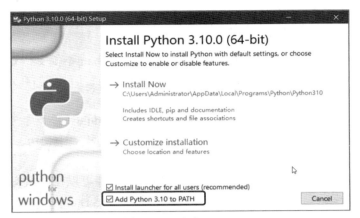

图 11-37　安装 Python

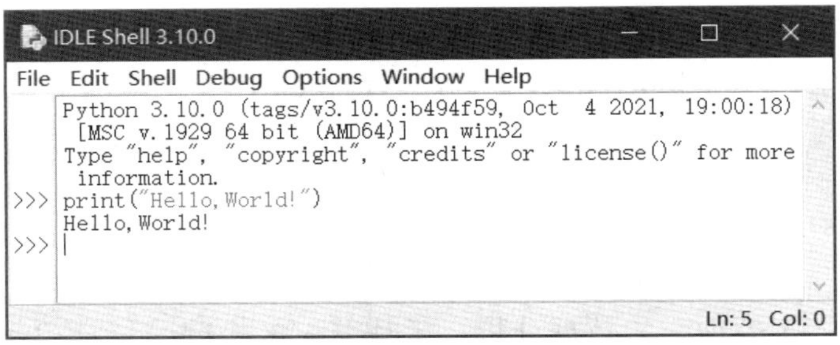

图 11-38　Python IDLE

（2）文件式执行方式

通过文件式执行方式可以将 Python 程序的代码写入文件中，然后启动 Python 解释器批量执行文件中的代码，这是常用的编程方式。

在 IDLE 窗口中，首先选择"File"→"New File"选项，在弹出的编辑窗口中输入代码，如图 11-39 所示；然后选择"File"→"Save"选项保存文件，文件名为"python 简单举例.py"。在此编辑窗口中可以使用快捷键 F5，或在菜单中选择"Run"→"Run Module"选项运行程序，得到的结果如图 11-40 所示。

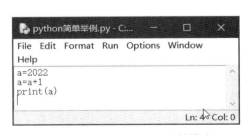

图 11-39　Python IDLE 文件模式

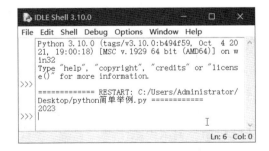

图 11-40　Python 程序运行结果

Python 程序也可以通过 Windows 命令行来运行。例如对于上例保存的"python 简单举例.py"文件，可以使用"python python 简单举例.py"命令运行此程序，得到的结果如图 11-41 所示。

第 11 章 程序设计基础

图 11-41 Windows 命令行运行结果

4．Python 的基本语法元素

在用 Python 语言进行编程之前，读者需要熟悉并掌握它的基本语法，以养成良好的编程风格。Python 语言的基本语法元素有注释、缩进、标识符和关键字、变量等。

（1）注释

注释是对代码的解释和说明，可以提高代码的可读性。注释是辅助性内容，并不会在执行结果中体现出来。Python 语言的注释有单行注释和多行注释两种。

单行注释以"#"符号开始，以换行符结束。注释内容可以放在代码的前一行，也可以放在代码的右侧。多行注释通常采用 3 对单引号或 3 对双引号来表示。示例如下。

```
#例 11-1：注释.py
a = 2022          #在此行代码中，等号两侧各输入了一个空格，以提高程序的可读性
a = a+1
print(a)
'''以下是多行注释。上面 3 行代码的含义如下。
第一行把 2022 赋值给变量 a
第二行给 a 的值加上 1，然后赋值给变量 a
第三行打印输出 a 的值
'''
```

（2）缩进

Python 语言遵循缩进规范，将代码划分为不同的层次结构，使得程序代码结构清晰，便于阅读，以实现高效的编程的目标。缩进一般采用 4 个空格或按【Tab】键的方式来实现，但这两种方式不能混合使用。在编写代码时，我们建议采用空格这种方式来表示缩进。示例如下。

```
#例 11-2：缩进.py
n= 5
if (n%2) == 0:
    print("这是一个偶数。")
else:
    print("这是一个奇数。")
```

（3）标识符和关键字

标识符是计算机编程语言中主要用于变量、函数、类、模块和其他对象命名的有效字符串集合。在 Python 语言中，标识符由字母、数字和下划线组成，但不能以数字开头，如 study、_peace 等为合规的标识符，2study 是不合规的标识符。标识符是区分大小写的，如 Python 和 python 是两个不同的标识符。另外特别要注意的是标识符不能是关键字。

Python 语言中的关键字也称保留字，是一种被冠以特别含义的符号。关键字不能用于常量、变量，或任何其他标识符的名称。关键字同样也是区分大小写的。Python 语言中关键字的含义及说明如表 11-2 所示。

表 11-2　Python 语言中关键字的含义及说明

关键字	说明
and	用于表达式运算，逻辑与操作
as	用于类型转换
assert	用于在代码中设置检查点，以及当程序出现错误时中断程序执行
async	用于声明一个函数为异步函数
await	用于异步操作中等待协程返回
break	中断循环语句的执行
class	用于定义类
continue	继续执行下一次循环
def	用于定义函数或方法
del	删除变量或者序列的值
elif	条件语句，与 if else 结合使用
else	条件语句，与 if、elif 结合使用，也可以用于异常和循环使用
except	包括捕获异常后的操作代码，与 try、finally 结合使用
False	布尔类型的值，表示假
finally	用于异常语句，出现异常后，始终要执行 finally 包含的代码块；与 try、except 结合使用
for	循环语句
from	用于导入模块，与 import 结合使用
global	定义全局变量
if	条件语句，与 else、elif 结合使用
import	用于导入模块，与 from 结合使用
in	判断变量是否存在于序列中
is	判断变量是否为某个类的实例
lambda	定义匿名函数
None	表示一个空对象或一个特殊的空值
nonlocal	用于在函数或其他作用域中使用外层（非全局）变量
not	用于表达式运算，逻辑非操作
or	用于表达式运算，逻辑或操作
pass	空的类、函数、方法的占位符
raise	用于异常抛出操作
return	用于从函数中返回计算结果

续表

关键字	说明
True	布尔类型的值,表示真
try	包含可能会出现异常的语句,与 except、finally 结合使用
while	循环语句
with	简化 python 语句
yield	用于从函数中依次返回值

(4) 变量

Python 语言中的变量不需要提前申明,但其命名也必须遵守标识符的规则。变量类型由赋给变量的值决定。Python 语言允许变量随时命名、赋值和使用。例如,创建一个变量 num,并为其赋值 128;创建一个变量 str,并为其赋值 "Python 语言",具体如下。

```
>>>num = 128
>>>str = "Python 语言"
```

执行上例代码后,变量 num 为整数类型,变量 str 为字符串类型。Python 可以根据用户的需求和变化来调整变量的数据类型,示例如下。

```
>>>num = 128                #将 128 赋值给变量 num
>>>print(type(num))         #输出变量 num 的类型
<class 'int'>               #显示变量 num 为 int 类型,即整数类型
>>>num = 128.0              #重新给变量 num 赋值
>>>print(type(num))
<class 'float'>             #显示变量 num 为 float 类型,即浮点数类型
>>>num = "Python 语言"       #再次给变量 num 赋值
>>>print(type(num))
<class 'str'>               #显示变量 num 为 str 类型,即字符串类型
```

5. 数据类型

Python 语言支持多种数据类型,基本的数据类型有数值类型、布尔类型和字符串类型,组合数据类型有列表、元组、字典和集合。

(1) 基本数据类型

数值类型包括整数类型、浮点数类型和复数类型,它们与数学中的整数、实数和复数类型的概念一致。

整数用十进制表示,也可以用二进制、八进制和十六进制表示。以 0b 或 0B 符号引导的整数表示二进制数,以 0o 或 0O 符号引导的整数表示八进制数,以 0x 或 0X 符号引导的整数表示十六进制数。在默认情况下,不同进制数之间的运算结果以十进制方式显示,具体示例如下。

```
>>>65
65
>>>0b110+3+0o75*0x1A        #二进制整数+十进制整数+八进制整数*十六进制整数
1595                        #结果显示为十进制整数
```

浮点数指带有小数点的数字，可以采用科学计数法表示。

```
>>>10/2
5.0                    #两个整数相除，结果为浮点数
>>>3.14e3              #科学计数法，即表示 3.14×10³
3140.0
```

复数类型可以表示数学中的复数，即由实部和虚部两部分组成的数。Python 语言中复数的虚部用 j 表示，具体示例如下。

```
>>>5-6j
(5-6j)
>>>(5-6j).real         #用 real 方法获取复数的实部
5.0
>>>(5-6j).imag         #用 imag 方法获取复数的虚部
-6.0
>>>complex(3,14)       #用 complex()函数来创建一个复数
(3+14j)
```

Python 中的数值运算符如表 11-3 所示。

表 11-3　Python 中的数值运算符

运算符	说明	实例	运算结果
+	加法	6+2	8
-	减法	6-2	4
*	乘法	6*2	12
/	数学除法，结果为浮点数	6/2	3.0
//	取整除法	6//4	1
%	取模（求余）运算	6%4	2
**	幂	6**2	36

布尔类型是一种表示逻辑值的数据类型，在 Python 中用关键字 True 和 False 表示（注意：关键字区分大小写），其值分别为 1 和 0。具体示例如下。

```
>>>True == 1           #用符号"=="判断左右两边是否相等
True
>>>False+1             #布尔类型数据也可以进行算术运算
1
>>>1>2
False
>>>1<2>3               #等价于 1<2 and 2>3
False
>>>not 0
```

```
True
```

字符串是由字符组成的一串字符序列,是常用的类型之一。字符串的内容置于一对单引号、双引号或三引号之内。具体示例如下。

```
>>>"Hello,World!"                    #该字符串内容置于双引号内
'Hello,World!'
>>>'Python'                          #该字符串内容置于单引号内
'Python'
>>>'''大家都来学习
Python语言'''                        #三引号可用于单行或多行字符串
'大家都来学习\nPython语言'           #在交互模式下,字符串中的控制字符以转义字符显示
```

Python 语言中的转义字符以"\"开头,后面跟字符或数字。转义字符用于表示一些不能直接输入的特殊字符,Python 语言常用的转义字符如表 11-4 所示。

表 11-4 Python 语言常用的转义字符

转义字符	说明	转义字符	说明
\n	换行	\'	单引号
\r	回车	\"	双引号
\t	水平制表符	\\	反斜杠
\b	退格	\oyy	八进制数,yy 表示字符
\f	换页	\xyy	十六进制数,yy 表示字符

Python 中转义字符的示例如下。

```
>>>print("'志存高远'\n'学做并用'")              #使用转义字符\n 来换行显示
'志存高远'
'学做并用'
>>>print('\'志存高远\'\n\'学做并用\'')         #使用转义字符\'来显示单引号
'志存高远'
'学做并用'
>>>print(''志存高远'\n'学做并用'')              #没有使用转义字符\'
SyntaxError: invalid syntax. Perhaps you forgot a comma?      #执行报错
```

在 Python 中,字符串可以使用"+""*"运算符进行运算,其中,"+"表示连接字符串,"*"表示重复字符串。

```
>>> '志存高远'+'学做并用'
'志存高远学做并用'
>>> '鹅,'*3+'曲项向天歌。'
'鹅,鹅,鹅,曲项向天歌。'
```

字符串具有位置顺序,支持索引、切片等操作。索引是指获取字符串中某个元素的过程。字符串有正向递增序号和反向递减序号这两种序号体系,如图 11-42 所示。

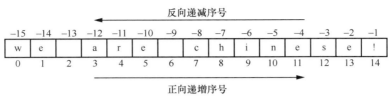

图 11-42 字符串的两种序号体系

切片是一种检索字符串中某个子串或区间的方法,格式为[N:M],表示获取字符串从 N 到 M（不包括 M）的子字符串,其中,N 和 M 表示获取的字符串的起始和终止位数。

字符串的索引和切片示例如下。

```
>>>s = 'We are Chinese!'
>>>len(s)                  #len()函数是内置函数,返回字符串的长度
15
>>>s[0], s[-14]
('W','e')
>>>s[7:14]                 #从字符串的第7位开始到14位,但不包括第14位
'Chinese'
```

Python 还提供了大量的内置函数和方法,它们可以用于字符串的查找、统计、连接、替换、分割、移除、转换等操作。函数采用 func(x)的方式调用,方法采用.func(x)的方式调用,具体示例如下。

```
>>>str(1+1)                #str()函数将1+1的计算结果转换为字符串
'2'
>>>s = 'We are Chinese!'
>>> s.lower()              #lower()方法将字符串中的所有字符转换成小写
'we are chinese!'
>>> s.upper()              #upper()方法将字符串中的所有字符转换成大写
'WE ARE CHINESE!'
#split()方法返回一个列表,并按指定分隔符拆分字符串,默认以空格分隔
>>> s.split()
['We', 'are', 'Chinese!']
>>> s.find('Chinese')      #find()方法查找子串首次出现的位置,若没有找到则返回-1
7
>>> s.count('e')           #count()方法统计某个子串出现的次数
4
```

(2) 组合数据类型

列表是一种典型的有序序列,包含 0 个或多个元素,是一种使用频率较高的数据类型。在 Python 中,列表类型用中括号"[]"表示,其他类型的序列可以通过 list()函数转换成列表。列表具有可变性,可以进行元素的增加、删除、替换、排序、查找等操作,具体示例如下。

```
>>> list()                          #创建一个空列表
[]
>>> list('XYZ')                     #使用list()函数将其他类型的序列转换成列表
['X', 'Y', 'Z']
>>>ls = [65,'Hello',(1001,'小明'),['Python',100]]#创建包含不同数据类型元素的列表
>>>ls[1:3]                          #列表的切片
['Hello', (1001, '小明')]
>>>ls.append(88)                    #在列表最后添加一个元素
>>>print(ls)
[65, 'Hello', (1001, '小明'), ['Python', 100], 88]
>>>del ls[2]                        #删除列表中指定位置元素
>>>print(ls)
[65, 'Hello', ['Python', 100], 88]
>>>ls.insert(2,100)                 #在列表指定位置上插入元素
>>>print(ls)
[65, 'Hello', 100, ['Python', 100], 88]
>>>ls.pop(3)                        #将列表指定位置上元素取出返回并删除该元素
['Python', 100]
>>>print(ls)
[65, 'Hello', 100, 88]
>>>ls.remove('Hello')               #将列表中第一次出现的指定元素删除
>>>print(ls)
[65, 100, 88]
>>>ls[0] = 66                       #替换列表中指定元素
>>>print(ls)
[66, 100, 88]]
>>>ls.reverse()                     #将列表元素进行反转
>>>print(ls)
[88, 100, 66]
>>> ls.sort()                       #对列表元素排序，默认为升序
>>> print(ls)
[66, 88, 100]
>>> max(ls)                         #返回列表元素中的最大值
100
>>> ls.clear()                      #将列表元素清空
>>> print(ls)
[]
>>>del ls                           #删除列表
```

元组是不可变序列，由一系列按特定次序排序的元素组成。元组与列表类似，它们

之间的差异之处在于元组的元素不能修改，元组中也不能添加和删除元素。在 Python 中，元组类型用小括号"()"表示，其他类型的序列可以用 tuple()函数转换元组，具体示例如下。

```
>>>tuple()                                    #创建一个空元组
()
>>>tuple('XYZ')                               #使用tuple()函数将其他类型的序列转换成元组
('X', 'Y', 'Z')
>>>tup = (1,)                                 #创建只有一个元素的元组时，元素后必须加逗号
>>>tup = (1,'A',[1,'x'],('Hello','Python'))   #创建包含不同数据类型元素的元组
>>>len(tup)                                   #使用len()函数返回元组的长度
4
>>>tup[3]                                     #元组的索引
('Hello', 'Python')
>>> tup[2:]                                   #元组的切片
([1, 'x'], ('Hello', 'Python'))
>>>del tup                                    #元组中的元素不能修改，但可以删除整个元组
```

字典是一种无序的可变序列，其元素以"键:值"的形式组成，类似于新华字典，通过拼音索引或笔画索引（相当于键）能快速找到某个汉字（相当于值）。键是唯一的，而值可以有多个。在 Python 中，字典类型用大括号"{}"来表示，每个键值对中间用冒号":"分隔，字典可以用 dict()函数来建立，具体示例如下。

```
>>>dict()                                     #创建空字典
{}
>>>dic = {'3201':'南京','3202':'无锡','3203':'徐州'}
>>>dic['3201']                                #根据键访问值
'南京'
>>>dic.get('3202')                            #使用get()方法访问值
'无锡'
>>>dic['3204'] = '常州'                       #通过赋值添加字典元素
>>>print(dic)
{'3201': '南京', '3202': '无锡', '3203': '徐州', '3204': '常州'}
>>>dic.keys()                                 #返回字典的所有键信息
dict_keys(['3201', '3202', '3203', '3204'])
>>>dic.values()                               #返回字典的所有值信息
dict_values(['南京', '无锡', '徐州', '常州'])
>>>del dic                                    #删除字典
```

集合是一个无序且无重复元素的序列，它的主要功能是自动清除重复的元素。在 Python 中，集合类型用大括号"{}"来表示，可变集合可以用 set()函数来创建，不可变集合可以用 frozenset()函数来创建。由于集合中的元素是无序的，因此集合不能通过索引来访问，具体示例如下。

```
>>>s1 = set('Hello')                    #创建可变集合
>>>s2 = frozenset({'123',8})            #创建不可变集合
>>>print(s1)
{'e', 'o', 'l', 'H'}                    #重复元素被删除了
>>>len(s1)                              #使用len()函数返回集合的长度
4
>>>'h'in s1                             #判断某元素是否在集合中
False
>>>s1.add(8)                            #为可变集合增加元素
>>>print(s1)
    {'e', 'o', 8, 'H', 'l'}
    >>>s2.add(4)                        #为不可变集合增加元素,则显示出错信息
    Traceback (most recent call last):
        File "<pyshell#21>", line 1, in <module>
            s2.add(4)
        AttributeError: 'frozenset' object has no attribute 'add'
>>>s1-s2                                #求差集
{'e', 'l', 'o', 'H'}
>>> s1&s2                               #求交集
{8}
>>>s1.remove(8)                         #删除集合中指定元素
>>>print(s1)
{'e', 'o', 'H', 'l'}
>>>s1.clear()                           #清空集合
>>>print(s1)
set()                                   #空集合
```

11.2.2 Python 程序控制结构

1. 顺序结构

顺序结构是一种简单又常用的程序结构,程序开发人员按照解决问题的顺序写出相应的语句,计算机按照语句出现的先后顺序依次执行语句。基本的语句就是赋值语句和输入/输出。

赋值语句是 Python 语言中最基础、最常用的语句。通过赋值语句可以定义变量并为变量赋初始值。前文中的例子中已经多次涉及赋值语句,我们再展示一个具体示例,如下所示。

```
>>>x = 100                              #将100赋值给变量x
>>>y = x+20                             #将变量x的值加上20后再赋值给变量y
>>>x,y = y,x                            #交换变量x和y的值
>>>x+= 1                                #将表达式x+1的值再赋值给x,即x=x+1
>>>a = b = c = 150                      #将150同时赋值给变量a、b、c
```

```
>>>s = 'Python'                    #将字符串赋值给变量s
```

数据的输入/输出是程序运行的基础,是程序与用户进行交互的主要途径。Python 的内置函数 input() 和 print() 用于输入和输出数据,具体示例如下。

```
>>>x = float(input('输入: '))
#输入数据,并将其通过float()函数转换为浮点数,再赋值给x
输入: 6
>>>print('x 的值为: ',x)              #输出字符串和变量 x 的值
x 的值为:  6.0
>>>print(x+2)                       #输出表达式 x+2 的值
8.0
>>>y = x+2                          #将变量 x 的值加 2 后再赋值给变量 y
>>>print(x,y)                       #输出变量 x 和 y 的值
6.0 8.0
```

2. 分支结构

分支结构也称选择结构,用于处理程序中出现两个或更多个条件时所执行不同的语句。分支结构语句主要为 if 语句。

(1) 单分支 if 语句

单分支 if 语句的基本语法结构如下。

```
if 条件表达式:
    语句块
```

单分支 if 语句的基本语义是当条件为真时,执行其下的语句块;当条件为假时,跳过其下的语句块。单分支 if 语句中的条件可以是任意类型的表达式;语句块可以是一条语句,也可以是多条语句。要注意的是,条件表达式后必须写冒号":"。示例如下。

```
#例 11-3: 单分支语句.py
#输出最大值
x = int(input('请输入第一个整数: '))
y = int(input('请输入第二个整数: '))
max = x                             #先假设 x 为最大值
if y>max:                           #注意条件表达式后要写上冒号
    max = y
print('两数中最大值为: ',max)
```

运行结果如下。

```
请输入第一个整数: 3
请输入第二个整数: 16
两数中最大值为:  16
```

(2) 双分支 if…else 语句

单分支 if 语句只能指定满足条件时要执行的语句,若将 else 与 if 语句结合使用,还可以指定不满足条件时要执行的语句。if…else 语句也称双分支语句,其基本语法结构如下。

```
if 条件表达式:
    语句块 1
else:
    语句块 2
```

双分支 if…else 语句的基本语义是当条件表达式为真时执行语句块 1，否则执行语句块 2。示例如下。

```
#例 11-4：双分支 if…else 语句.py
#判断奇偶数
x = int(input('请输入一个整数：'))        #输入一个数并转换为整数
if x%2 == 0:
    print('这是一个偶数')
else:                                    #else 后也要写冒号
    print('这是一个奇数')
```

输入 3 后的运行结果如下。

```
请输入一个整数：3
这是一个奇数
```

输入 16 后的运行结果如下。

```
请输入一个整数：16
这是一个偶数
```

（3）多分支 if…elif…else 语句

当判断条件多于两个时，可以采用多分支 if…elif…else 语句来实现，其基本语法结构如下。

```
if 条件表达式 1:
    语句块 1
elif 条件表达式 2:
    语句块 2
    …
elif 条件表达式 n:
    语句块 n
else:
    语句块 n+1
```

多分支 if…elif…else 语句的基本语义是依次判断条件表达式，当条件表达式值为真时，执行该条件表达式下对应的语句块，然后跳到整个 if 语句之外执行后续程序；当条件表达式值为假时跳过其下对应的语句块，进行下一个 elif 条件表达式的判断；当所有条件表达式都为假时，则执行 else 条件表达式对应的语句块，然后继续执行后续程序。示例如下。

```
#例 11-5：多分支 if…elif…else 语句.py
#计算个人所得税
salary = eval(input('本月应税工资为：'))
```

```
#eval()函数将字符串当成有效 Python 表达式来求值，并返回计算结果
if salary>80000:                    #判断工资是否大于 80000
    tax = salary*0.45-15160         #大于 80000 时计算所得税
elif salary>55000:                  #若小于 80000，则继续判断工资是否大于 55000
    tax = salary*0.35-7160          #大于 55000 时计算所得税
elif salary>35000:                  #若小于 55000，则继续判断工资是否大于 35000
    tax = salary*0.30-4410          #大于 35000 时计算所得税
elif salary>25000:                  #若小于 35000，则继续判断工资是否大于 25000
    tax = salary*0.25-2660          #大于 25000 时计算所得税
elif salary>12000:                  #若小于 25000，则继续判断工资是否大于 12000
    tax = salary*0.20-1410          #大于 12000 时计算所得税
elif salary>3000:                   #若小于 12000，则继续判断工资是否大于 3000
    tax = salary*0.10-210           #大于 3000 时计算所得税
else:
    tax = salary*0.0333             #小于 3000 时计算所得税
print('应交税：',tax,'元')
```

运行结果如下。

```
本月应税工资为：12800
应交税： 1150.0 元
```

（4）if 语句的嵌套

if 语句可以嵌套使用，前面介绍的 3 种 if 语句都可以相互嵌套，以便处理更为复杂的条件选择问题。以下示例为其中一种 if 语句嵌套的语法结构。

```
if 条件表达式1：
    if 条件表达式2：
        语句块1
    else:
        语句块2
else:
    if 条件表达式3：
        语句块3
elif 条件表达式4：
    语句块4
else:
    语句块5
```

使用 if 语句嵌套时，需要更加注意代码的逐层缩进，应保持同级缩进量相同，这样可以根据不同的缩进量来判断代码处在哪一级语句块中。示例如下。

```
#例 11-6：if 语句的嵌套.py
#判断是否是闰年
```

```
year = int(input('请输入年份：'))
if (year%4) == 0:                           #判断年份能否被 4 整除
    if (year%100) == 0:                     #若能被 4 整除，继续判断能否被 100 整除
        if (year%400) == 0:                 #若也能被 100 整除，继续判断能否被 400 整除
            print(year,'年是世纪闰年。')     #若满足条件，则输出是世纪闰年
        else:
            print(year,'年不是闰年。')
#若能被 4 或 100 整除但不能被 400 整除，则不是闰年
    else:
        print(year,'年是普通闰年。')         #若能被 4 整除但不能被 100 整除，则是普通闰年
else:
    print(year,'年不是闰年。')               #若不能被 4 整除，则不是闰年
```

根据判断闰年"能被 4 整除但不能被 100 整除，或者能被 400 整除"的方法，上述代码可以进行简化，具体如下。

```
Year = int(input('请输入年份：'))
'''下面的语句用于判断年份是否能被 4 整除但不能被 100 整除，或者是否能被 400 整除，
如果满足以上条件，则输出是闰年，否则输出不是闰年
'''
if (year%4 == 0 and year%100! = 0) or (year%400 == 0):
    print(year,'年是闰年。')
else:
    print(year,'年不是闰年。')
```

3．循环结构

循环语句是在满足条件的情况下反复执行某一个操作，直到不再满足条件为止。循环语句主要包括 while 语句和 for 语句。

（1）while 语句

while 语句的基本语法结构如下。

```
while 条件表达式:
    循环语句块
```

while 语句的基本语义是当条件表达式值为真时，执行循环语句块。通常循环语句块中有代码来改变条件表达式的值，以使其为假来结束循环，否则代码会产生死循环。示例如下。

```
#例 11-7：while 语句.py
#求 1～n 的和
n = int(input('输入一个整数：'))
sum,count = 0,1
while count <= n:                    #循环，当 count 大于 n 时结束
    sum += count                     #即 sum = sum+count，求和并将结果放入 sum 中
```

```
        count += 1                          #即 count = count+1,变量count 加1
print('1～',n,'的和为: ',sum)
```

运行结果如下。

```
输入一个整数: 100
1～100 的和为: 5050
```

在上例中,首先判断测试条件 count 的值是否小于或等于输入的数,若小于或等于则执行循环语句块中的两条语句,若大于则跳出循环语句块终止循环,并执行 while 语句后面的 print 语句。循环语句块中的第一条语句将 count 的值加到 sum 上,第二条语句将 count 的值加 1,执行完后再次判断测试条件,条件成立则再次执行循环体,不成立则结束循环。

while 语句还可以和 else 语句结合使用,表示当 while 语句的条件表达式为假时,执行 else 语句的语句块,其基本语法结构如下。

```
while 条件表达式:
    循环语句块
else:
    语句块
```

示例代码如下。

```
#例 11-8: while…else 语句.py
n = 5
while n >= 0:                    #判断 n 是否大于或等于 0
    print(n,end = ' ')           #如果满足条件则输出 n 的值
    n = n-1
#然后将 n 的值减 1,继续回到 while 语句开头,判断 n 是否大于或等于 0
else:                            #如果 n 小于 0, 则执行 else 下面的语句
    print('\n 小于 0, 循环结束! ')
```

运行结果如下。

```
5 4 3 2 1 0
小于 0, 循环结束!
```

(2) for 语句

for 语句是一个计次循环,通常用于已知循环次数的情况。for 语句的基本语法结构如下。

```
for 变量 in 序列:
    循环语句块
```

for 语句的基本语义是如果序列中包含表达式,则先进行计算求值,然后将 for 后面的变量赋值为序列的第一个元素,并执行循环语句块;随后序列中的第二个元素被赋值给变量,再次执行循环语句块。这个过程一直持续,直到序列的最后一个元素被赋值给变量,执行循环语句块。至此 for 循环结束,程序执行 for 语句后面的语句。这里的序列可以是字符串、列表、元组,for 语句通过遍历列表对象来构建循环,列表对象遍历完成则循环结束。示例代码如下。

```
#例11-9：for语句
str = input('请输入：')              #输入一个字符串，赋值给变量str
for i in str:                        #利用for语句依次输出str中的每一个字符
    print(i)
```

运行结果如下。

```
请输入：10分
1
0
分
```

for语句中的序列经常用range()函数表示，range()函数的语法格式如下所示。

```
range([start,]end[,step])
```

各参数说明如下。

start：计数的起始值，如果省略则默认为0。

end：计数的终止值，但不包括该值。

step：步长值，指两个数之间的间隔。如果省略则默认步长为1。

要注意的是：在使用range()函数时，若只有一个参数，则表示的是参数end；若有两个参数，则表示的是参数start和参数end。例11-7中的while语句用for语句进行改写，代码如下。

```
#例11-10：for语句和range函数.py
#求1~n的和
n = int(input('输入一个整数：'))
sum = 0
for count in range(1,n+1):           #循环变量从1循环到n；步长值省略，默认为1
    sum += count                     #将count的值加到sum上
print('1~',n,'的和为：',sum)
```

从以上代码中可以看出，for语句中的循环变量不需要初始化，循环语句块中也不需要有改变循环变量的语句。循环变量自动在range()函数的参数范围内变化，从而确定了循环次数。

（3）continue语句与break语句

如果希望在for语句结束计数前，或while语句找到结束条件之前结束循环，那么可以使用continue语句与break语句。

使用continue语句可以跳出当前循环剩余语句，回到循环开头继续进行下一次循环。示例代码如下。

```
#例11-11：continue语句.py
for i in range(1,10):
    if i%2 == 0:                     #判断变量i能否被2整除
        continue                     #如果是则跳出当前循环剩余的print语句，进入下一次循环
    print(i,end = ',')
```

运行结果如下。

1,3,5,7,9,

从上面运行结果可以看出,程序输出了 10 以内的单数。当程序进入循环,如果 i 能被 2 整除,则 continue 语句直接跳过本次循环,后面的 print 语句不会被执行,所以程序不会输出能被 2 整除的数,而只输出不能被 2 整除的数。

continue 语句用于跳出本次循环,而 break 语句用于跳出整个循环,即提前结束循环。示例代码如下。

```python
#例 11-12:break 语句.py
for i in range(1,10):
    if i%2 == 0:              #判断变量 i 是否能被 2 整除
        break                 #如果是则跳出整个循环
    print(i)
```

运行结果如下。

1

从上面运行结果可以看出,i 从 1 递增到 10,当 i=1 时不满足 if 语句的条件,执行 print 语句,输出 i 的值;而当 i=2,即能被 2 整除时,执行 if 语句中的 break 语句,直接跳出整个循环,因此运行结果中只输出了 1。

(4)循环嵌套

循环嵌套是在一个循环语句块中嵌入另一个循环。for 语句和 while 语句都可以进行循环嵌套,也可以互相嵌套,但各层循环之间不能出现交叉现象。利用 for 语句循环嵌套实现打印九九乘法表的代码如下。

```python
#例 11-13:循环的嵌套 1.py
#打印九九乘法表
for i in range(1,10):
    for j in range(1,i+1):
        print(str(j)+'×'+str(i)+' = '+str(i*j)+'\t',end = '')
    print('')
```

上面的代码使用双层 for 语句,外层循环控制行,共有 9 行,同时也是乘法表达式的乘数;内层循环控制每行的列数。另外代码中通过指定 end 参数的值来取消在末尾输出回车符的操作,从而实现在内层循环中不换行的输出效果。

利用 while 循环嵌套同样也可完成打印九九乘法表的功能,代码如下。

```python
#例 11-14:循环的嵌套 2.py
#打印九九乘法表
i = 1
while i<10:
    j = 1
    while j <= i:
        print(str(j)+'×'+str(i)+' = '+str(i*j)+'\t',end = '')
        j += 1
```

```
        print('')
        i += 1
```

以上两例代码运行结果一样,如下所示。

```
1×1=1
1×2=2    2×2=4
1×3=3    2×3=6    3×3=9
1×4=4    2×4=8    3×4=12   4×4=16
1×5=5    2×5=10   3×5=15   4×5=20   5×5=25
1×6=6    2×6=12   3×6=18   4×6=24   5×6=30   6×6=36
1×7=7    2×7=14   3×7=21   4×7=28   5×7=35   6×7=42   7×7=49
1×8=8    2×8=16   3×8=24   4×8=32   5×8=40   6×8=48   7×8=56   8×8=64
1×9=9    2×9=18   3×9=27   4×9=36   5×9=45   6×9=54   7×9=63   8×9=72   9×9=81
```

11.2.3 Python 函数与模块

1. 认识函数

函数是一种组合有序、可复用的、用于实现单一或相关联功能的代码段。函数包含函数名、参数和返回值,通过函数名来表示和调用。

函数能提高应用的模块性和代码的重复利用率。前面的内容中已经多次使用 Python 内置函数,如 input() 函数、print() 函数、range() 函数等。要想执行函数,只需调用其函数名即可。用户也可以根据需求自己定义函数来调用语句块,这样可以在程序中多次使用这个函数,从而提高程序的效率。因此,函数包括函数的定义和函数的调用两部分内容。

(1) 函数的定义

在 Python 中,使用函数之前必须先定义(声明)函数,然后才能调用它。定义函数的一般格式如下。

```
def 函数名(参数列表):
    "文件字符串"
    函数语句块
    return 返回值列表
```

函数的定义规则如下。

① 函数代码块以关键字 def 开头,后接函数标识符名称和圆括号(),其中函数名必须以字母或下划线开头的字母(数字)串,且不能与关键字同名。

② 参数列表中的参数为形式参数,简称形参。多个参数之间用逗号隔开,Python 允许函数没有参数。即使没有参数,函数名后面的圆括号和冒号也必须写上,不可省略。

③ 函数内容以冒号为起始,并且缩进。

④ 文件字符串用于存储函数说明,可以省略。若有文件字符串,则文件字符串必须是函数的第一个语句。

⑤ return 语句一旦被执行便会结束函数,并选择性地返回相关值给调用方。Python 允许没有返回值,也允许没有 return 语句,这相当于返回 None。

下面是一个简单的函数定义，函数返回值为两个数相乘的结果。

```
>>>def func(a,b):            #定义函数
return a*b
```

（2）函数的调用

调用函数就是使用函数，通过函数名即可调用函数功能。函数调用的一般形式如下。

函数名（参数列表）

说明如下。

① 函数名是已定义好的函数名称，函数调用遵循先定义后使用的原则。

② 参数列表中的参数为实际参数，简称实参。实参列表必须与定义时的形式参数列表一一对应。

如上面定义的函数 func，其调用如下所示。

```
>>>func(20,5)                #调用函数
100                          #根据函数定义，返回两数相乘的结果
>>>f = func                  #将函数名赋值给变量
>>>f(30,6)                   #通过变量调用函数
180
```

程序中调用函数需执行的步骤如下。

① 调用程序在调用处暂停执行。

② 在调用时将实参赋值给函数的形参。

③ 执行函数语句块。

④ 函数调用结束后，返回一个结果值，程序回到调用前的暂停处继续执行。

2. 函数的参数

将实参传递给形参的过程被称为参数传递。函数调用可使用的参数有必须参数、关键字参数、默认参数、可变参数等多种类型。

（1）必须参数

在调用函数时，必须参数必须按参数的先后顺序传入函数，而且实参的数量、顺序必须和定义函数时形参的数量、顺序一致。

（2）关键字参数

用户可以直接设置参数的名称及默认值，这种类型的参数属于关键字参数。在使用关键字参数时，关键字参数的顺序可以与定义函数时形参的顺序不一致，因为 Python 解释器能够用参数名匹配参数值。仍以前文中定义的 func 函数为例，关键字参数使用示例如下。

```
>>> func(a = 20,b = 5)       #调用函数，按参数顺序传入参数
100
>>> func(b = 6,a = 30)       #调用函数，不按参数顺序传入参数，指定参数名
180
```

用户可以混合使用必须参数与关键字参数，但要确保必须参数放在关键字参数之前，示例如下。

```
>>>func(20,b = 5)                    #必须参数与关键字参数混合使用
100
>>>func(a = 20,5)                    #必须参数未放在关键字参数之前,否则返回出错信息
SyntaxError: positional argument follows keyword argument
```

（3）默认参数

Python 允许在定义函数时直接在参数之后为参数赋默认值。当调用函数时，如果某个参数具有默认值，则可以不向函数传递该参数。此时，函数将使用定义函数时为该参数设置的默认值来运行，示例代码如下。

```
#例11-15：默认参数.py
def func(a = 20,b = 5):              #a、b均为默认参数
    print('a = ',a,'\t',end = '')
    print('b = ',b',\t',end = '')
    print('a×b=',end='')
    return a*b
print(func())                        #调用函数,没有传递参数,使用默认参数值
print(func(30,6))                    #调用函数,更改默认参数,使得a = 30、b = 6
print(func(40))                      #调用函数,只更改第一个默认参数
print(func(b = 7))                   #调用函数,只更改第二个默认参数,需指定参数名
```

运行结果如下。

```
a = 20      b = 5       a×b = 100
a = 30      b = 6       a×b = 180
a = 40      b = 5       a×b = 200
a = 20      b = 7       a×b = 140
```

用户也可以混合使用必须参数与默认参数，同样需要注意的是必须参数要放在默认参数之前。此外，请注意区分默认参数和关键字参数，默认参数是定义函数时的形参，而关键字参数是调用函数时的实参。

（4）可变参数

用户如果在定义函数时不能确定需要使用多少个参数，那么可以使用可变参数。可变参数不用命名，其基本语法如下。

```
def 函数名(参数列表,*args_tuple,**args_dict):
    "文件字符串"
    函数语句块
    return 返回值列表
```

其中，*args_tuple 和**args_dict 为可变参数，*args_tuple 用于接收任意多个实参，并将它们放入一个元组中；**args_dict 用于接收类似于关键字参数这种显示赋值形式的多个实参，并将它们放入字典中。程序中可以一起使用*args_tuple 和**args_dict 参数，也可以只使用其中一个。对于一个含有可变参数的函数，当传入参数的数量多于参数表前部普通形式参数的数量时，则后续的参数将根据写法不同，按顺序插入一个元组或者字典中。示例代码

如下。

```
#例11-16：可变参数.py
def var(a,b = 'Python',*tuple,**dict):
    print('必须参数a：',a)
    print('默认参数b：',b)
    print('元组可变参数：',tuple)
    print('字典可变参数：',dict)
    print('----------------------------')
var(6)                                    #只传入一个形参
var(6,'Hi','Python',666)                  #传入了多个具体值
var(6,5,4,3,2,1,d1 = 'Youth',d2 = 18)     #传入了多个具体值和键值对
```

运行结果如下。

```
必须参数a：  6
默认参数b：  Python
元组可变参数：  ()
字典可变参数：  {}
----------------------------
必须参数a：  6
默认参数b：  Hi
元组可变参数：  ('Python', 666)
字典可变参数：  {}
----------------------------
必须参数a：  6
默认参数b：  5
元组可变参数：  (4, 3, 2, 1)
字典可变参数：  {'d1': 'Youth', 'd2': 18}
----------------------------
```

从本例运行结果来看，调用函数 var() 时传入了多个具体值，这些值从左至右依次匹配相应的形参。如果形参均已匹配，则多余的具体值会组成一个元组和可变参数 *tuple 进行匹配。如果参数中有"键=值"数据，则它会和可变参数 **dict 进行匹配。

3. 变量的作用域

变量的作用域就是变量的使用范围。在程序设计中，当变量被定义后，它只能在一定的作用范围内有效。变量的作用域包括局部变量和全局变量。

（1）局部变量

除非另有说明，否则在函数中定义的变量都是局部变量，局部变量只在定义它的函数内部有效。在函数之外，即使使用相同的变量名，局部变量也会被视为另一个变量。示例代码如下。

```
#例11-17：局部变量.py
def s(*args):
```

```
        sum = 0                              #函数内部定义的变量 sum 为局部变量
        for i in range(len(args)):
            sum += args[i]
        return sum
print('求和值为: ',s(1,2,3,4,5))
print('求和值为: ',sum)                       #要在函数外部访问局部变量 sum 则会报错
```

运行结果如下。

```
求和值为:  15
求和值为:  <built-in function sum>
```

从运行结果可以看出,局部变量只能在函数内部被访问,对超过函数的范围访问会报错。

(2) 全局变量

全局变量的作用域是其定义后的所有代码,这意味着全局变量在函数内外都可以使用。全局变量一般在程序的最前面或者函数调用的前面进行定义,示例代码如下。

```
#例 11-18: 全局变量.py
sum = 0                                      #函数外定义的变量 sum 为全局变量
def s(*args):
    sum = 0                                  #函数内部定义的变量 sum 为局部变量
    for i in range(len(args)):
        sum += args[i]
    print('函数内局部变量 sum: ',sum)
    return sum
s(1,2,3,4,5)
print('函数外全局变量 sum: ',sum)
```

运行结果如下。

```
函数内局部变量 sum:  15
函数外全局变量 sum:  0
```

在上例中,有两个变量名称均为 sum。在函数内部定义的变量 sum 为局部变量,调用函数后值为 15。离开函数后,在函数部内定义的变量 sum 失效,此时全局变量 sum 有效,所以函数外输出的值为全局变量 sum 的值 0。

接下来,我们先看一段代码,具体如下。

```
>>>x = 100
>>>def f():
    print('x = ',x)                          #输出全局变量 x 的值
    return x
>>>f()
x = 100                                      #能正常输出
```

我们再看一段代码,具体如下。

```
>>>x = 100
```

```
>>>def f():
    print('x = ',x)
    x = 150
        return x
>>>f()
Traceback (most recent call last):
  File "<pyshell#40>", line 1, in <module>
    f()
  File "<pyshell#39>", line 2, in f
    print('x=',x)
UnboundLocalError: local variable 'x' referenced before assignment
```

从第一段代码中可以看出，全局变量不用定义在函数中也可以被使用。但是，第二段代码运行后出现错误信息，其原因是在第二段代码中，首先使用 print() 函数输出 x 的值，后面又有给 x 赋值的语句，因此函数 f() 内部将 x 作为局部变量，所以在调用函数时出现错误，提示局部变量 x 在使用之前没有赋值。

要改变函数中全局变量的值时，可以使用 global 来声明，示例代码如下。

```
#例 11-19: global 语句
sum = 0
def s(*args):
    global sum                        #在函数内声明变量 sum 为全局变量
    for i in range(len(args)):
        sum += args[i]
    print('函数内 sum: ',sum)
    return sum
s(1,2,3,4,5)
print('函数外 sum: ',sum)
```

运行结果如下。

```
函数内 sum: 15
函数外 sum: 15
```

在函数内部声明 global 语句可以让函数内外使用的变量 sum 为同一个全局变量。

4．模块

函数是可以重复调用的程序块，而模块是函数功能的扩展。模块是把变量、复用的函数或类单独组织起来的 Python 程序，其后缀名是 .py，也就是 Python 程序的后缀名。模块可以在其中使用多个函数及其他 Python 程序，也可以被别的程序引入，以使用该模块中的函数，从而达到代码复用的目的。

Python 本身提供了数量众多的模块，可以实现不同的功能和应用。Python 标准库（又称内置库或内置模块）会随 Python 解释器一起被安装在系统中,其中包括 math 模块、random 模块、os 模块、sys 模块、time 模块等。程序开发者也可以自定义模块。

要想使用模块，必须先导入要用的模块。模块可以通过 import 或 from 语句进行导入，也可以通过使用 pip 工具导入。使用 import 或 from 语句导入的基本的几种格式如下。

```
import 模块名
import 模块名 as 模块别名
from 模块名 import 对象名
```

（1）import 语句

import 语句用于导入整个模块，也可以用 as 为导入的模块指定一个新的名称。使用 import 语句导入模块后，以"模块名称.对象名称"的方式来引用模块中的对象，示例如下。

```
>>> import math                    #直接导入 math 模块
>>> math.sqrt(9)                   #调用模块函数，求平方根
3.0
>>>import math as m                #导入模块并为其指定别名
>>> m.sqrt(16)                     #通过别名调用模块函数
4.0
>>> math.sqrt(9.9)                 #模块原名称仍可使用
3.146426544510455
>>> math.pi                        #使用 math 模块常量 π
3.141592653589793
```

（2）from 语句

使用 from 语句可以有效地导入模块里的某个对象，这种方式可以减少查询次数。对象名可以是某一个特定对象，也可以是星号"*"，表示导入的是模块中的任意对象。使用 from 语句导入模块后，程序可以引用和使用模块中的对象，而不用在其前面加上模块名称，示例如下。

```
>>> from math import sqrt          #从模块导入指定对象，即求平方根函数
>>> sqrt(25)                       #直接使用模块中的函数
5.0
>>> from math import *             #导入 math 模块中的任意对象
>>>fabs(-5)                        #直接使用导入的函数，即求绝对值
5.0
```

（3）使用 pip 工具

在 Python 程序设计中，除了有多种内置的标准模块，还有很多第三方模块（库）可以使用。在使用第三方模块时，需要先下载并安装第三方模块，然后像使用标准模块一样导入就可以了。pip 工具可用于管理 Python 第三方模块（库）的安装。Python 程序在安装时已经自动安装 pip 工具，其语法格式如下。

```
pip 命令 可选参数
```

其中，"命令"主要有用于安装第三方模块的 install 命令、用于卸载的 uninstall 命令、用于显示的 list 命令，可选参数主要有用于指定要安装或卸载的模块名。例如，要安装用于绘图的第三方模块 matplotlib，可以在命令行窗口中输入以下代码。

```
pip install matplotlib
```

如果需要导入多个模块（库），建议按标准库、成熟的第三方扩展库、读者自行开发的库的顺序进行导入。

11.2.4 面向对象编程

本章前面的内容是以数据为中心来分析具体应用，把一个复杂的问题分解到若干个子问题函数中逐个解决，这种方法被称为结构化编程模式。然而这种模式存在一定的局限性，忽略了代码的重用性、灵活性和扩展性，从而不足以满足日益复杂的软件需求。面向对象的编程思想更符合人们的思维习惯，它可以将复杂的事情简单化，程序的逻辑结构、层次结构会更加清晰，使程序设计变得更加灵活。Python 是一种面向对象的编程语言，完全支持面向对象的基本功能。

1. 类的定义

面向对象编程思想的核心是对象。要在程序中创建对象，就需要先定义一个类。在 Python 中，类是对象的抽象，表示具有相同属性和方法的对象的集合。使用类时需要先定义类，再创建类的实例，通过类的实例可以访问类中的属性和方法。

在 Python 中，类的定义用关键字 class 来实现，其基本语法格式如下。

```
class 类名称(基类1,基类2,…):
    "类文档字符串"
    类语句体
```

类的定义规则如下。

类名称：一般使用大写字母开头，并在整个程序设计和实现中保持风格一致，这样有助于团队协作。

基类：表示该类是从哪个类继承下来的。如果没有合适的继承类，就使用 object 类，也就是说其父类是 object 类，它是所有类最终都会继承的类。基类是其父类 object 的子类。

类文档字符串：定义该字符串后，在创建类的对象时，输入类名和左括号"("后，该信息将会被显示。类文档字符串可以省略。

类语句体：包含任何有效的 Python 语句，主要由类变量、方法、属性等定义语句组成。

类的定义示例如下。

```
#例 11-20：类的定义.py
class Stu(object):
    "这是一个定义类的简单例子"
    name = '张三'                    #定义了一个公有变量 name
    __age = 18                       #定义了一个私有变量 age
    def study(self):                 #构造了一个方法 study()
        return 'Hello,I am studying Python!'
```

以上代码说明如下。

① 定义了一个名为 Stu 的类。

② 此类中包含一个文档信息字符串，该字符串可以省略。

③ 此类中包含一个公有变量 name，公有变量在类的内部和外部都可以被访问。同时，此类中还有一个私有变量__age，私有变量名以双下划线开头，只能在定义该方法的类内部进行访问，不能通过类的实例进行访问。

④ 此类中包含类的方法 study()和属性。类变量也称类成员、数据成员或成员变量，类的方法可以被理解为函数，类的属性相当于函数中的语句。

⑤ 从代码中可以看出，方法和普通函数的格式是一样的，都是用关键字 def 来定义的。但是，它们之间有显著不同，主要在于方法必须显式地声明一个 self 参数，且位于参数列表的第一个，用于指向（引用）将来要创建的对象本身。此处的 self 是一种习惯用法，也可以被换成其他标识符。但为了让其他程序开发人员能明白该变量的含义，一般会写作 self。

2．类的使用

（1）创建类的实例

类是抽象的，class 语句定义好类后并不会创建该类的任何实例。要想使用类的功能，必须先将类实例化，即创建类的对象。类实例化后会生成该类的一个实例，一个类可以实例化为多个实例，实例与实例之间并不会相互影响。Python 中用赋值的方式创建类的实例，其基本语法格式如下。

```
对象名 = 类名(参数列表)
```

创建好对象，即类实例化后，就可以使用"."运算符来访问类中的属性和方法了，使用方法如下。

```
对象名.属性名
对象名.方法名(参数列表)
```

对于例 11-20 中创建的类，使用类的实例的代码如下。

```
>>> use_stu = Stu()                              #创建一个对象，即类的实例化
>>> print('调用类的属性：',use_stu.name)          #访问类中的公有变量 name
调用类的属性：张三
>>> print('调用类的属性：',use_stu.__age)         #访问类中的私有变量 age，提示出错
Traceback (most recent call last):
  File "<pyshell#11>", line 1, in <module>
    print('调用类的属性：',use_stu.__age)
AttributeError: 'Stu' object has no attribute '__age'
```

此外，还要注意的是类的方法通常不能通过类对象直接进行调用，只能通过实例对象来调用，示例如下。

```
>>>print('调用类的方法：',use_stu.study())      #通过实例调用类中的 study()方法
调用类的方法： Hello,I am studying Python!
>>>Stu.study()                                  #直接调用方法，提示出错
Traceback (most recent call last):
  File "<pyshell#4>", line 1, in <module>
    Stu.study()
TypeError: Stu.study() missing 1 required positional argument: 'self'
```

类既然有私有变量，同样也有私有方法。类的私有方法也是以双下划线开头，声明其为私有方法，不能通过外部进行调用。示例如下。

```
>>>class Private(object):
…      def __study(self):                    #私有方法
…          return 'Hello,I am studying Python!'
>>>pri = Private()                            #创建对象，即类的实例化
>>>pri.__study()                              #调用私有方法，提示出错
Traceback (most recent call last):
  File "<pyshell#5>", line 1, in <module>
    pri.__study()
AttributeError: 'Private' object has no attribute '__study'
```

（2）创建__init__()方法

__init__()方法会在创建实例对象时自动进行调用。这是一个特殊的方法，其基本语法格式如下。

```
def __init__(self,其他参数):
    语句块
```

说明如下。

① __init__()方法用于初始化类的实例对象。Python 默认会自动创建一个没有任何操作的__init__()方法，若用户创建了自己的__init__()方法，则默认的__init__()方法会被覆盖。

② 当用户要在对象内指向对象本身时，需使用 self 参数作为前缀。在外部通过对象调用对象方法时并不需要传递这个参数，如果在外部通过类调用对象方法，则需要显示为 self 参数的传递值。

③ init 前后各有两条下划线，这两条下划线中间没有空格。这是一种约定，避免 Python 默认方法与普通方法发生名称冲突。

__int__()方法的例代码如下。

```
#例11-21：创建__int__()方法.py
class Stu:                                    #定义一个学生类
    def __init__(self,number,name,score):    #创建__int__()方法并进行初始化
        self.num = number                     #类变量
        self.n = name                         #类变量
        self.s = score                        #类变量
    def prt_score(self):                      #成员方法
        print(self.num,self.n,':',self.s)

for i in range(3):
    studnum = input('学号: ')
    studname = input('姓名: ')
    studscore = int(input('成绩: '))
```

```
    stud = Stu(studnum,studname,studscore)    #创建对象,即类的实例化
stud.prt_score()                              #调用对象的方法
```

以上代码的说明如下。

① 定义了一个 Stu 类。

② 定义了__init__()方法,其中包含 4 个形参,分别是 self、number、name 和 score,其中 self 是必不可少的,而且必须位于其他形参之前。

③ 在__init__()方法中,定义了 3 个类变量,它们都以 self 为前缀。在 Python 程序设计中,以 self 为前缀的变量都可以供类中的所有方法使用,并且还可以通过类的任何实例进行访问。

④ 定义了 prt_score()方法。此方法只是打印输出此前定义的类变量的值,不需要额外的参数值,所以只有一个形参 self。

⑤ 在创建 Stu 类的实例 stud 时,Python 会自动调用__init__()方法,通过实参向 Stu 类传递参数,其中不需要传递参数给 self,只需向后面 3 个形参(number、name 和 score)传递参数。当然,此例中如果传入的实参少于或多于 3 个,程序则会报错。

例 11-21 运行结果如下。

```
学号:202200101
姓名:张三
成绩:80
202200101 张三 : 80
学号:202200102
姓名:李四
成绩:90
202200102 李四 : 90
学号:202200103
姓名:王五
成绩:70
202200103 王五 : 70
```

3. 继承

面向对象编程有 3 个特性:继承性、多态性和封装性。

继承可以解决编程中的代码冗余问题,是实现代码重用的重要手段。编写类时并不是每次都要从空白开始,而是可以从已有的类中直接继承,并将其定义为新的类。这些新的类被称为子类或派生类,而被继承的类则称基类、父类或超类。

继承描述的是事物之间的从属关系,子类可以继承父类的所有属性和功能,也可以扩展、升级自身所独有的属性和功能。例如,学生和教师都属于公民,程序中可以设计公民为父类,具有身份证号、姓名、性别和年龄属性,设计学生和教师为继承公民父类的子类,除了具有公民的属性外,学生子类增加了学号、班级、学习课程、成绩等属性,教师子类增加了部门、职务、职称、讲授科目等属性。通过继承可以大幅减少开发工作量,达到代码重用的目的,进而使程序的编写更加简洁与清晰,提高开发效率。

继承的基本语法如下。

```
class 子类名(父类名列表):
```

"类文档字符串"
类语句体

参数说明如下。

① 父类名列表中只有一个父类时称单继承，有多个父类时称多继承。如果不指定父类，则将使用所有 Python 对象的根类 object。

② 在继承中，父类的构造方法 __init__() 方法不会被自动调用，需要在子类的构造方法中专门进行调用。

③ 子类在调用父类的方法时需要加上父类的类名前缀，并带上 self 参数。相比之下，子类调用普通函数时则不需要带 self 参数。

④ 在 Python 中，程序先在子类中查找对应类型的方法，如果在子类中找不到，才会在父类中逐个查找。

我们通过示例来说明子类如何继承父类，具体如下。

```python
#例11-22：类的继承.py
#定义一个父类Citizen
class Citizen:
    def __init__(self,name,age):                    #定义构造方法
        self.name = name
        self.age = age
    def prt(self):                                   #定义方法，用于输出
        print('公民: ',self.name,',',self.age,'岁')
#定义一个子类Stu，继承父类Citizen
class Stu(Citizen):
    def __init__(self,name,age,marks):
        Citizen.__init__(self,name,age)              #调用父类__init__()方法
        self.marks = marks
    def prt(self):
        Citizen.prt(self)                            #调用父类方法
        print(self.name,'是学生。成绩: ',self.marks)
#定义一个子类Teac，继承父类Citizen
class Teac(Citizen):
    def __init__(self,name,age,technical_title):
        Citizen.__init__(self,name,age)
        self.technical_title = technical_title
    def prt(self):
        Citizen.prt(self)
        print(self.name,'是教师。职称: ',self.technical_title)

s = Stu('张三',20,90)                                 #创建学生对象
t = Teac('李四',50,'副教授')                          #创建教师对象
```

```
s.prt()                                      #调用子类 Stu 中的 prt()方法
t.prt()                                      #调用子类 Teac 中的 prt()方法
```
运行结果如下。

```
公民： 张三 ， 20 岁
张三 是学生。成绩： 90
公民： 李四 ， 50 岁
李四 是教师。职称： 副教授
```

从运行结果来看，子类不但继承了父类的属性和方法，而且还具有自身独特的性质，即同时拥有父类的属性，也有自己的属性；既执行了父类的方法，也执行了自己定义的方法。要注意的是子类不能继承父类中的私有属性和私有方法，也不能调用父类的私有方法。

4．多态

多态指的是一类事物有多种形态，在运行时才能确定其状态。Python 的多态根据被引用子类对象的不同特征，得到不同的运行结果。通俗地说，就是向不同对象发送同一条消息（即调用方法），不同对象在接收到消息后会产生不同的行为（即方法）。

子类可以继承父类的属性和方法，还可以增加一些新的属性和方法，或者对继承的父类的方法进行改变。一旦子类覆盖父类的同名方法，在调用同名方法时，系统会根据对象来判断执行哪个方法。这些都是多态的表现形式。

在例 11-22 的基础上，我们执行如下代码。

```
>>>c1 = Citizen('王五',30)
>>>s1 = Stu('张三',20,90)
>>>t1 = Teac('李四',50,'副教授')
>>>c = [c1,s1,t1]
>>>for i in c:
…     i.prt()
```

运行结果如下。

```
公民： 王五 ， 30 岁
公民： 张三 ， 20 岁
张三 是学生。成绩： 90
公民： 李四 ， 50 岁
李四 是教师。职称： 副教授
```

这一段代码中的 c 是一个列表对象。对 c 中的不同元素调用相同方法 prt()时，系统能自动根据对象的类型执行相应的方法。

5．封装

封装一个是隐藏属性、方法与方法实现细节的过程，即将某些部分隐藏起来，在程序外部看不到。它的含义是将类或函数中的某些属性和方法限制在某个区域之内，只让该类中的成员可以使用，而让其他程序无法调用。

前文中介绍的实例都用到了封装思想，如例 11-21 中定义的 Stu 类，每个实例都拥有各自的 number、name 和 score，这些数据没有必要让外部代码访问，而是在 Stu 类内部定义了一个访问数据的 prt_score()函数，这样就把数据封装起来了。这些封装数据的函数和 Stu 类本身是相关联的，于是就有了例 11-21 中类的形式，具体如下。

```
class Stu:                                          #定义了一个类 Stu
    def __init__(self,number,name,score):
#创建实例所需的 number、name 和 score 数据
        self.num = number
        self.n = name
        self.s = score
    def prt_score(self):                            #在 Stu 类内部定义访问数据的函数
        print(self.num,self.n,':',self.s)
```

这样一来，从外部来看 Stu 类，只需知道创建实例所需的 number、name 和 score，至于如何输出是 Stu 类内部定义的，相关数据和逻辑被封装起来了。对于外部代码来说，调用是很容易的，但不需要知道内部的实现细节。

封装还可以通过将变量或方法设置成私有的方式来实现，这在前面介绍的内容中已涉及，即在变量名或方法名前加上双下划线即可。私有变量或私有方法只能在类的内部使用，无法被类的外部访问，或者留下少量接口（函数）供外部访问。

11.2.5 Python 编程实例

1. 冒泡排序

冒泡排序的步骤如下。

步骤 1：比较相邻的两个元素，假设按升序排序，如果第一个元素比第二个元素大，则将这两个元素的值进行交换。

步骤 2：比较第二个元素和第三个元素，重复步骤 1；再比较第三个元素和第四个元素……比较倒数第二个元素和最后一个元素，这样最大值的元素通过交换被排到了序列的末尾，完成第一轮"冒泡"。

步骤 3：重复以上过程，继续从序列的第一个元素开始，依次对相邻元素进行比较，已经"冒泡"的元素不用再参与比较和交换了。每一轮下来都有一个元素"冒泡"成功，直到没有一对元素需要比较，则序列排序完成。

下面以序列（18,3,10,9,40,5）为例，对其进行排序（从小到大），具体代码如下。

```
#例 11-23：冒泡排序.py
def bubblesort(arr):
    n = len(arr)
    for i in range(n):                              #遍历数组中的所有元素
        for j in range(0,n-i-1):
#j 表示每次遍历需要比较的次数，是逐渐减少的
            if arr[j]>arr[j+1]:                     #比较相邻的两个元素
                arr[j],arr[j+1] = arr[j+1],arr[j]   #将两个元素的值进行交换

arr = [18,3,10,9,40,5]
```

```
print("初始的数据序列为：")
for i in range(len(arr)):
    print("%d"%arr[i],end = ' ')
bubblesort(arr)
print("\n冒泡排序后的序列为：")
for i in range(len(arr)):
    print("%d" %arr[i],end = ' ')
```

运行结果如下。

```
初始的数据序列为：
18 3 10 9 40 5
冒泡排序后的序列为：
3 5 9 10 18 40
```

2. 斐波那契数列

斐波那契数列，又称黄金分割数列，因数学家莱昂纳多·斐波那契（Leonardo Fibonacci）以兔子繁殖为例而引入，故又称兔子数列。它指的是这样一个数列：（0, 1, 1, 2, 3, 5, 8, 13, 21, 34, …）这个数列从第 3 项开始，每一项都等于前两项之和。在数学上，斐波那契数列的定义如下。

$$F(n) = \begin{cases} F(n-1) + F(n-2), n > 1 \\ 1, n = 10, \\ n = 0 \end{cases}$$

如果要计算 $F(4)$，则要计算 $F(3)$ 和 $F(2)$；要计算 $F(3)$，则要计算 $F(2)$ 和 $F(1)$；要计算 $F(2)$，则要计算 $F(1)$ 和 $F(0)$，此时找到函数的出口，即上面计算式中的 $n=0$ 和 $n=1$ 时斐波那契数列的值。图可以更好地说明这个过程，如图 11-43 所示。

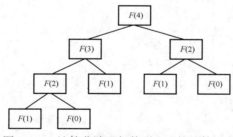

图 11-43 计算斐波那契数列 F(4)的计算示意

斐波那契数列的示例代码如下。

```
#例 11-24：斐波那契数列.py
def fibo(n):
    if n <= 1:                          #结束条件，即递归出口
        return n
    else:
        return(fibo(n-1)+fibo(n-2))     #调用自身
```

```
num = int(input('请问您想输出几项斐波那契数列：'))
if num <= 0:
    print('请输入正数：')
else:
    print('*****斐波那契数列*****')
    for i in range(num):
        if I < num-1:
            print(fibo(i),',',end = '')
        else:
            print(fibo(i))
```

运行结果如下。

请问您想输出几项斐波那契数列：10
*****斐波那契数列*****
0 ,1 ,1 ,2 ,3 ,5 ,8 ,13 ,21 ,34

通过观察此例代码可以发现，虽然定义的函数只有几行，但执行效率却很低。当给定一个数 n 时，需要先计算 $n-1$ 和 $n-2$ 的情况，但在计算 $n-1$ 时同样需要计算 $n-2$ 的情况，每个递归都会触发另外两个递归调用，而这两个递归调用中的任何一个又将触发其他两个递归调用，这样会使冗余计算量很快增加。如果每个计算结果都能被存储起来，那么后面再遇到时直接使用即可，因而以上代码可以进行如下优化。

```
#例11-25：斐波那契数列的优化.py
def newfibo(n,cache = None):
    if cache is None:
        cache = {}
    if n in cache:
        return cache[n]
    if n <= 1:
        return n
    else:
        cache[n] = newfibo(n-2,cache)+newfibo(n-1,cache)
        return cache[n]
num = int(input('请问您想输出几项斐波那契数列：'))
if num <= 0:
    print('请输入正数：')
else:
    print('*****斐波那契数列*****')
    for i in range(num):
        if i<num-1:
            print(newfibo(i),',',end = '')
        else:
```

```
print(newfibo(i))
```

3. 数据获取——网络爬虫

网络爬虫是一种用计算机语言编写的程序，可以实现按照既定规则对互联网信息进行自动化检索的功能。

网络爬虫通常包括两个过程：首先利用网络链接获取网页信息；然后对获得的网页信息加以处理。这两个过程使用不同的函数库，它们是 requests 和 beautifulsoup4。利用快捷键【Win+R】打开运行对话框并输入命令 cmd，便可在弹出的命令行窗口中安装 requests 库和 beautifulsoup4 库，如图 11-44 和图 11-45 所示。

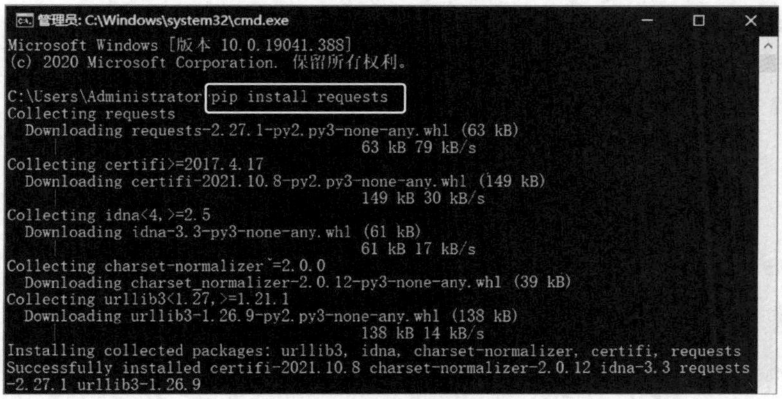

图 11-44　安装 requests 库

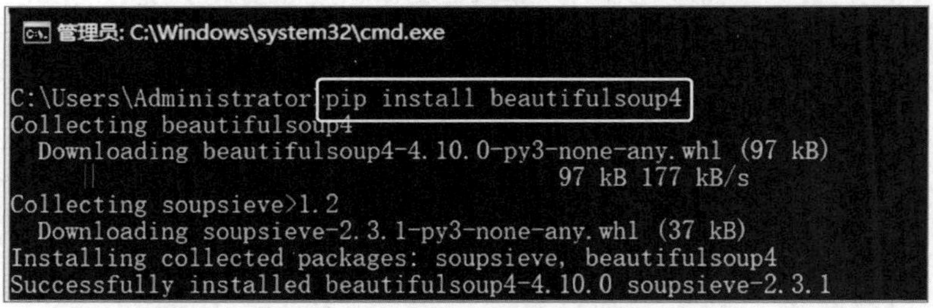

图 11-45　安装 beautifulsoup4 库

requests 库是一个简洁的处理 HTTP 请求的第三方库，beautifulsoup4 库是一个解析、处理 HTML 和 XML 的第三方库。我们以上海软科教育信息咨询公司（简称软科）发布的中国大学排名结果为例，介绍网络爬虫的实现方法。在本例中，我们以 www.xxx.cn 表示软科发布结果的网址，读者可自行在软科官网上获取网址，并用其替换下面示例代码中的对应网址。网络爬虫的构建需要 3 个步骤：第一步，从网络上收集大学排名网页内容；第二步，提取网页内容中的信息，并将其结构转换为合适的数据结构；第三步，展示并输出结果，以便用户查看和分析排行榜信息。本例中我们使用 requests 库爬取网页内容，并利用 beautifulsoup4 库进行数据分析，提取学校的排名及相关数据。由于 BeautifulSoup4 已经被移植到 bs4 中，因此导入时需要使用 from bs4 语句，然后导入 BeautifulSoup，示例代码如下。

```
#例 11-26：网络爬虫.py
```

```python
import requests
from bs4 import BeautifulSoup
import bs4
def getHTMLText(url):                        #获取网页内容
    try:
        r = requests.get(url, timeout = 30)
        r.raise_for_status()
        r.encoding = r.apparent_encoding
        return r.text
    except:
        return ""

def fillUnivList(ulist, html):      #将网页信息提取到二维表
    soup = BeautifulSoup(html, "html.parser")
    for tr in soup.find('tbody').children:
        if isinstance(tr, bs4.element.Tag):
            tds = tr('td')
            ulist.append([tds[0].text, tds[1].text, tds[4].text])

def printUnivList(ulist, num):      #打印输出,并生成文件
    fh = open('list.txt','w',encoding = 'utf-8')
    tplt = "{0:^10}\t{1:{3}^10}\t{2:^10}"
    print(tplt.format("排名", "学校名称","总分",chr(12288)))
    for i in range(num):
        u = ulist[i]
        print(tplt.format(u[0].strip(),u[1].strip().split()[0], \
                                    u[2].strip(),chr(12288)))
        fh.write(u[0].strip()+'\t'+u[1].strip()+'\t'+u[2].strip()+'\n')
    fh.close()

def main():
    unifo = []
    url = "https:// www.xxx.cn"
    html = getHTMLText(url)
    fillUnivList(unifo, html)
    printUnivList(unifo, 30)        #此例中输出前30所大学排名
main()
```

以上代码在打印输出的同时,还将排名、学校名称和总分保存在"list.txt"文件中。运

行结果（部分）如下。

排名	学校名称	总分
1	清华大学	969.2
2	北京大学	855.3
3	浙江大学	768.7
4	上海交通大学	723.4
5	南京大学	654.8
6	复旦大学	649.7
7	中国科学技术大学	577.0
8	华中科技大学	574.3
9	武汉大学	567.9
10	西安交通大学	537.9

4．数据分析——生成词云图

词云图是一种用于解析文本内容的工具，能够清晰地显示文本的主体内容。词云图可以将文本中词语出现的频率作为参数来绘制词云，并且可以自定义词云的大小、颜色、形状等。wordcloud 库是一个专门用于根据文本内容生成词云的 Python 第三方库，使用前需在命令行中进行安装，如图 11-46 所示。

图 11-46　安装 wordcloud 库

在生成词云时，wordcloud 库默认会以空格或标点为分隔符来分割目标文本。例如，中文文本可以通过 Python 中的分词库 jieba 将其中的句子或者段落划分成词，这个过程被称为分词。在这个过程中，一些没有实际意义的词语需要被去除（如助词、介词、连词、语气词、标点符号等），这些词语可以从网上进行下载。生成词云的步骤是先对文本进行分词处理，然后用空格对这些词语进行拼接，最后调用 wordcloud 库函数。处理中文时还需要指定中文字体——例如黑体字体（simhei.ttf）——作为显示效果，所选字体文件需要存储在与代码相同的目录下，或在代码中增加该字体的完整路径。wordcloud 库可以生成任何形状的词云，但需要用户提供一幅形状图像。下面对例 11-26 中生成的文档"list.txt"输出词云图，示例代码如下。

```python
#例11-27：词云图.py
import jieba                                              #导入分词库jieba
from wordcloud import WordCloud,STOPWORDS                 #导入词云库，停止词
import numpy as np                                        #导入科学计算库numpy
from PIL import Image                                     #导入图像处理库PIL

with open('list.txt','r',encoding = 'utf-8') as f:        #导入文本数据
    textfile = f.read()                                   #读取文本内容
wordlist = jieba.lcut(textfile)                           #分割词语
space_list = ' '.join(wordlist)                           #用空格链接词语
```

```
image1 = Image.open(r'hat.png')                          #打开图像
mask_pic = np.array(image1)                              #将图片变为数组存储
backgroud = np.array(Image.open('hat.png'))              #指定图片为词云的形状
wordcloud = WordCloud(background_color = "white",\       #词云图的背景颜色
                      font_path = './fonts/simhei.ttf',\ #词云图的字体样式
                      mask = mask_pic,\                  #词云图的形状
                      stopwords = STOPWORDS.add('类'))   #添加停止词
wordcloud.generate(space_list)                           #生成词云
image = wordcloud.to_image()
image.show()                                             #显示词云图
wordcloud.to_file('hat_ciyun.png')                       #保存词云图
```

本例中采用图 11-47 所示的图片作为词云的形状，生成的词云图效果如图 11-48 所示。

图 11-47　词云图形状

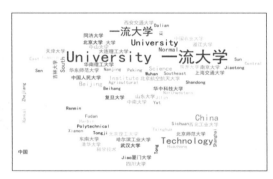

图 11-48　词云图效果

5. 数据可视化——使用 Matplotlib 绘图

数据可视化是指根据数据特点，将数据展示为易于理解的图形的过程。Matplotlib 是 Python 支持的具有数据绘图功能的第三方库，主要对二维图表（如线图、饼图、散点图、柱形图等）进行展示，广泛应用于科学计算领域。

Matplotlib 库在使用前需要在命令行中进行安装，如图 11-49 所示。系统在安装 Matplotlib 库时，会同时安装其他库，如 Numpy 库。Numpy 库也是 Python 支持的第三方库，可以方便处理数组和矩阵运算，为数组运算提供大量的数据函数库。

图 11-49　安装 Matplotlib 库

Matplotlib 库拥有很多子库，其中与绘图功能关联最大的是 pyplot 子库，pyplot 子库提供一系列操作和绘图函数，每个函数代表图像所进行的一个操作，比如创建一个图纸、创建绘图区域、描绘点或线、添加标注、修饰标签、修改坐标轴等。

下面我们通过绘制正弦函数和余弦函数曲线，介绍 Matplotlib 库的绘图方法。具体示例代码如下：

```
#例 11-28：Matplotlib 绘图.py
import numpy as np                          #导入 numpy 库，并指定别名为 np
import matplotlib.pyplot as plt             #导入 pyplot 子库，并指定别名为 plt
x = np.linspace(0,3,1000)
#生成 x 值，在[0,3]内取等分的 1000 个点
y1 = np.sin(np.pi*x)                        #生成 sin(x)的值
y2 = np.cos(np.pi*x)                        #生成 cos(x)的值
#绘制 sin()函数曲线，线宽为 2.5，图例名称为 Sin(x)
plt.plot(x,y1,linewidth = 2.5 ,label = 'Sin(x)')
#绘制 cos()函数曲线，线条为红色、点划线，图例名称为 Cos(x)
plt.plot(x,y2 ,color = 'red' ,ls = '-.',label = 'Cos(x)')
plt.xlabel('x')                             #设置 x 轴标签
plt.ylabel('Sin(x) and Cos(x)')             #设置 y 轴标签
plt.title('Sin(x)Cos(x) Diagram of Curves') #设置图表标题
plt.grid(True)                              #显示网格线
plt.legend()                                #显示图例
plt.show()                                  #显示绘图
```

运行结果如图 11-50 所示。

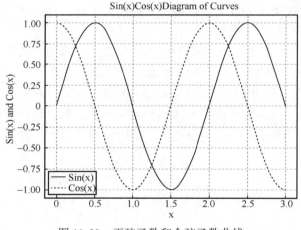

图 11-50　正弦函数和余弦函数曲线

Matplotlib 库具有强大的绘图功能，用户甚至还可以通过它绘制三维图像。感兴趣的读者可以查阅 Matplotlib 的相关手册继续进行深入学习。

习题与思考

1. 用（　　）语言编写的程序能被计算机直接识别。
A．机器语言　　B．汇编语言　　　　C．低级语言　　　　　D．高级语言

2．Python 语言是（　　）的计算机程序设计语言。
   A．面向对象　　　B．面向对象　　　　C．面向进程　　　　D．面向服务
3．x = 5，y = 6，执行 x, y = y, x 之后，x 和 y 的值分别是（　　）。
   A．5,6　　　　　B．6,5　　　　　　C．5,5　　　　　　D．6,6
4．当与 else 结合使用时，for 或 while 语句对 else 语句块的执行方式是（　　）。
   A．永远不会执行　　　　　　　　　B．肯定会执行
   C．仅循环非正常结束时执行　　　　D．仅循环正常结束时
5．用来定义函数保留字的是（　　）。
   A．def　　　　　B．global　　　　C．class　　　　　D．return
6．以下格式中，（　　）能表示 Z 类继承了 A 类和 B 类。
   A．clss Z A,B:　　　　　　　　　B．class Z A and B:
   C．class Z(A,B)　　　　　　　　 D．class Z(A,B):
7．请编写一段代码，将百分制的分数转换为等级，其中 90 分（含）及以上分数对应的等级为优秀，80 分段分数对应的等级为良好，70 分段分数对应的等级为中等，60 分段分数对应的等级为及格，60 分（不含）以下分数对应的等级为不及格。
8．使用 for 语句计算鸡兔同笼问题。已知头共有 35 个，脚共有 94 只，请编写一段代码，求解笼中鸡和兔各有多少只。
9．素数是指在大于 1 的自然数中，除了 1 和它本身外不能被其他自然数整除的数。请编写一段代码，其输出结果为 10 个两位素数。
10．请编写一段代码，通过键盘输入 3 条边的长度判断这 3 条边能否构成三角形，若能构成三角形则输出三角形的类型。
11．请编写一段代码，打印出所有的"水仙花数"。"水仙花数"是指一个三位数，其各位数字的立方和等于该数本身，例如 370 是一个"水仙花数"，因为 $370 = 3^3 + 7^3 + 0^3$。
12．编写一个函数，利用递归算法计算 n（$n > 0$）的阶乘，即 $n! = n \times (n-1) \times (n-2) \times \cdots \times 2 \times 1$。
13．编写一个程序，程序要求输入 daytime 和 night，其功能是根据可见度和温度给出行的人提供建议，例如交通工具。编写时需要考虑需求变更的可能性。

参考文献

[1] 朱家荣, 农修德. 大学计算机应用基础(微课版)[M]. 北京: 中国铁道出版社有限公司, 2019.
[2] 时贵英, 王莉利. 计算思维与信息素养[M]. 北京: 高等教育出版社, 2019.
[3] 战德臣, 张丽杰. 大学计算机——计算思维与信息素养(第三版)[M]. 高等教育出版社, 2019.
[4] 蒋加伏, 金媛媛. 大学计算机基础[M]. 北京: 北京邮电大学出版社, 2017.
[5] 贝赫鲁兹·佛罗赞. 计算机科学导论[M]. 北京: 机械工业出版社, 2015.
[6] 彼得·本特利. 计算机: 一部历史[M]. 北京: 电子工业出版社, 2015.
[7] 周舸, 白忠建. 计算机导论[M]. 北京: 人民邮电出版社, 2016.
[8] 迟春梅. 大学计算机基础: 基础理论篇[M]. 北京: 电子工业出版社, 2012.
[9] 陆汉权. 大学计算机基础[M]. 北京: 电子工业出版社, 2011.
[10] 李忠. 穿越计算机的迷雾[M]. 北京: 电子工业出版社, 2018.
[11] 布莱恩 W. 柯尼汉. 普林斯顿计算机公开课[M]. 北京: 机械工业出版社, 2018.
[12] 查尔斯·佩措尔德. 编码: 隐匿在计算机软硬件背后的语言[M]. 北京: 电子工业出版社, 2012.
[13] 矢泽久雄. 计算机是怎样跑起来的[M]. 北京: 人民邮电出版社, 2015.
[14] 林永兴. 大学计算机基础: Office 2016[M]. 北京: 电子工业出版社, 2020.
[15] 吴炎太, 潘章明. 大学计算机基础教程[M]. 北京: 电子工业出版社, 2018.
[16] 张剑波, 邵秀杰, 刘秀艳. 信息技术基础[M]. 武汉: 武汉大学出版社, 2021.
[17] 蔡晓丽, 张本文, 徐向阳. 大学计算机应用基础[M]. 北京:电子科技大学出版社, 2021.
[18] 点金文化. Office 2016 商务办公一本通[M]. 北京: 电子工业出版社, 2017.
[19] 张保华, 马永山, 顾莉. 计算机应用基础(微视频版)[M]. 2 版. 上海: 上海交通大学出版社, 2020.
[20] 黄波, 刘洋洋. 信息安全法律法规汇编与案例分析[M]. 北京: 清华大学出版社, 2012.
[21] 温哲, 张晓菲, 谢斌华, 等. 信息安全水平初级教程[M]. 北京: 清华大学出版社, 2021.
[22] 罗森林, 吴舟婷, 潘丽敏. 信息网络理论与技术[M]. 北京: 清华大学出版社, 2019.
[23] 梁彦霞, 金蓉, 张新社. 新编通信技术概论/[M]. 武汉: 华中科技大学出版社, 2021.
[24] 沈剑, 周天祺, 曹珍富. 云数据安全保护方法综述[J]. 计算机研究与发展, 2021, 58(10): 2079-2098.
[25] 吕书玉, 马中, 戴新发, 等. 云控制系统研究现状综述[J]. 计算机应用研究, 2021, 38(05): 1287-1293.

[26] 蒋慧敏, 蒋哲远. 企业云服务体系结构的参考模型与开发方法[J]. 计算机科学, 2021, 48(02): 13-22.

[27] 王东云, 刘新玉. 人工智能基础 第二卷[M]. 北京: 北京电子工业出版社, 2020.

[28] 马飒飒, 张磊, 张瑞, 等. 人工智能基础[M]. 北京: 北京电子工业出版社, 2020.

[29] 韦康博. 人工智能[M]. 北京: 现代出版社.

[30] 刘宇辉, 罗瑜. 信息素养[M]. 北京: 北京理工大学出版社, 2020.

[31] 靳小青. 新编信息检索教程[M]. 北京: 人民邮电出版社, 2019.

[32] 王佳斌, 郑力新. 物联网技术及应用[M]. 北京: 清华大学出版社, 2019.

[33] 海天理财. 一本书读懂物联网[M]. 北京: 清华大学出版社, 2015.

[34] 高泽华, 孙文生. 物联网体系结构、协议标准与无线通信[M]. 北京: 清华大学出版社, 2020.

[35] 彭木根, 刘雅琼, 闫实, 等. 物联网基础与应用[M]. 北京: 北京邮电大学出版社, 2019.

[36] 吴雅琴. 物联网技术概论[M]. 北京: 科学出版社, 2020.

[37] 褚云霞, 李志祥, 张岳魁, 等. 低功耗广域物联网技术开发[M]. 石家庄: 河北科学技术出版社, 2021.

[38] 汤亚玲, 胡增涛. C++语言程序设计[M]. 北京: 人民邮电出版社. 2016.

[39] 郑秋生. C/C++程序设计教程——面向对象分册[M]. 北京: 电子工业出版社, 2019.

[40] 唐培和, 徐奕奕. 数据结构与算法——理论与实践[M]. 北京: 电子工业出版社, 2015.

[41] 刁瑞, 谢妍. 算法笔记[M]. 北京: 电子工业出版社, 2016.

[42] 嵩天, 礼欣, 黄天羽. Python 语言程序设计基础[M]. 2 版. 北京: 高等教育出版社, 2017.

[43] 刘宇宙, 刘艳. 好好学 Python: 从零基础到项目实战[M]. 北京: 清华大学出版社, 2021.

[44] 刘庆, 姚丽娜, 余美华. Python 编程案例教程[M]. 北京: 航空工业出版社, 2018.

[45] 明日科技. Python 从入门到精通[M]. 北京: 清华大学出版社, 2018.

[46] 林子雨. 大数据技术原理与应用: 概念、存储、处理、分析与应用[M]. 北京: 人民邮电出版社, 2015.

[47] 魏亮, 林子雨, 赖永. DFTS: 面向大数据集的 Top-k Skyline 查询算法[J]. 计算机科学, 2019, 46(5): 7.

[48] 林子雨. 大数据基础编程、实验和案例教程[M]. 北京: 清华大学出版社, 2017.